U0353642

新能源科技译丛

薄膜太阳能电池材料

（美）苏巴·拉迈亚·柯蒂加拉　著
思　达　何雪玲　译

中国三峡出版传媒
中国三峡出版社

图书在版编目（CIP）数据

薄膜太阳能电池材料/（美）苏巴·拉迈亚·柯蒂加拉著；思达，何雪玲译．
—— 北京：中国三峡出版社，2016.12

书名原文：Thin Film Solar Cells from Earth Abundant Materials：Growth and Characterization of $Cu_2ZnSn(SSe)_4$ Thin Films and Their Solar Cells

ISBN 978-7-80223-952-4

Ⅰ．①薄… Ⅱ．①苏…②思…③何… Ⅲ．①薄膜太阳能电池 – 材料 – 研究
Ⅳ．①TM914.4

中国版本图书馆 CIP 数据核字（2016）第 268634 号

This edition of *Thin Film Solar Cells from Earth Abundant Materials：Growth and Characterization of $Cu_2ZnSn(SSe)_4$ Thin Films and Their Solar Cells* by Subba Kodigala is published by arrangement with ELSEVIER INC．，of 360 Park Avenue South，New York，NY 10010，USA

由 Subba Kodigala 创作的本版 *Thin Film Solar Cells from Earth Abundant Materials：Growth and Characterization of $Cu_2ZnSn(SSe)_4$ Thin Films and Their Solar Cells* 由位于美国纽约派克大街南 360 号，邮编 10010 的爱思唯尔公司授权出版

北京市版权局著作权合同登记图字：01 - 2016 - 8504

责任编辑：徐 鞸

中国三峡出版社出版发行
（北京市西城区西廊下胡同 51 号　　　100034）
电话：（010）66117828　66116228
E-mail：sanxiaz@sina.com

北京市十月印刷有限公司印刷　新华书店经销
2017 年 1 月第 1 版　2017 年 1 月第 1 次印刷
开本：787×1092 毫米　1/16　印张：11
字数：248 千字
ISBN 978-7-80223-952-4　定价：40.00 元

前 言

本书介绍了光伏技术在太阳能电池加工领域的发展现状，讨论了包括薄膜太阳能电池在内的太阳能材料的制作方法与表征。与 $CuIn_{1-x}Ga_x$ Se_2（CIGS）薄膜太阳能电池相比，$Cu_2ZnSn(S_{1-x}Se_x)_4$ 太阳能电池在技术上还不够成熟。为此，本书阐述了各种材料和薄膜太阳能电池的基本特性。本书共分为五章，主要探讨了 $Cu_2ZnSn(S_{1-x}Se_x)_4$ 系统及其在太阳能电池领域的应用。

第一章主要讨论可再生能源在不同领域的应用。在太阳能发电方面，本章着重介绍了薄膜太阳能电池领域的一些代表性公司取得的业绩，便于读者了解这个行业的整体市场形势。此外，还提到了柔性薄膜太阳能电池在偏远地区的使用，并介绍了地壳中含量丰富的、适用于低成本薄膜太阳能电池的材料。本章详细描述了目前在用的太阳能电池，如 Si、CIGS、CdTe 及 Cu_2ZnSnS_4（CZTS）太阳能电池的现状，重点介绍薄膜太阳能电池。文中以原理图的方式展示了常规薄膜太阳能电池、量子点太阳能电池和等离子太阳能电池等不同类型的太阳能电池的基本工作原理，以通俗易懂的方式介绍了常规双层结构太阳能电池的物理机制，并对 CIGS 和 CZTS 薄膜太阳能电池进行了比较。

$Cu_2ZnSn(S_{1-x}Se_x)_4$ 系统在生长过程中可能会产生第二相。因此，第二章介绍了 Cu_2S、SnS、SnS_2、Sn_2S_3、ZnS、ZnSe 和 Cu_2Se 等第二相的特性，并提及了几种生成这些第二相的方法。本章还阐述了这些物质的结构特性、光学特性和电学特性。二元化合物可以用作太阳能电池的吸收层或窗口层。例如，在太阳能电池中，Cu_2S 和 SnS 被用作吸收层，ZnS 和 ZnSe 则被用作窗口层，这取决于其带隙或其他特性。本章重点讨论了 Cu_2S 和 SnS 薄膜太阳能电池的制作工艺，并简要描述了这些太阳能电池的 I-V 测试、稳定性和效率。目前的 SnS 电池效率较低，对此，我们阐述了其中的原因。Cu_2S 电池有着比较合理的太阳能转换效率（约10%），但由于缺乏稳定性，其转换效率会随着时间的推移而下降。

第三章主要介绍了如何通过真空和非真空工艺生长 Cu_2ZnSnS_4（CZTS）薄膜。选择最佳的制作工艺对于获得高质量薄膜和高效薄膜太阳能电池是至关重要的。CZTS 薄膜的生长方法有很多，包括化学溶液工艺、喷墨印刷、丝网印刷、旋转涂布、喷射沉积、真空热蒸发、反应溅射、溅射、脉冲激光沉积以及电沉积技术。$Cu_2ZnSnSe_4$（CZTSe）和 CZTSSe 薄膜的生长基本上也是采用这些方法。将生长出的金属层或半导体层（包括 CZT、CZTS 和 CZTSe）在 S 或 Se 气氛中进行硫化或硒化，可制备出适用于太阳能电池的高质量薄膜。本章最后对这种后退火工艺进行了详细的说明，并指出了所需的最佳条件。

第四章详细介绍了各种表征技术，这些表征技术非常有助于评估吸收层、窗口层及其他材料层的质量。样品特征描述中使用的表征技术包括 EDS、XRF、SIMS、ICP、XPS、XRD、拉曼光谱法等。其中，EDS、SIMS 和 ICP 技术能够详细描述样品的特征；SEM 和 AFM 用于扫描样品表面，获得粗糙度、晶粒尺寸等参数；XRD 分析方法可用于描述 CZTS、CZTSe 和 CZTSSe 等样品的特征，但无法分辨锌黄锡矿结构和黄锡矿结构，而拉曼光谱则可以分辨这两种结构。本章还详细描述了通过光致发光分析确定缺陷能级的过程。根据这些表征结果，我们对 CZTS、CZTSe 和 CZTSSe 样品进行了分析，确定其质量是否符合制作太阳能电池的要求。这些表征结果包括化合物的组分和化学态，以及样品的结构和光学特性。本章最后一部分介绍了 CZTS、CZTSe 和 CZTSSe 化合物的电性能。

第五章阐释了使用 CZTS、CZTSe 和 CZTSSe 吸收层制作薄膜太阳能电池的过程，讨论了 CZTS/CdS 和 CZTS/ZnS 等不同取向异质结的能带结构。文中通过几个实例介绍了使用不同技术制作太阳能电池的方法。样品的 I-V 表征涉及效率、串联电阻、并联电阻、开路电压、短路电流、填充因子等参数。本章解释了薄膜太阳能电池效率有高有低的原因，详细描述了吸收层的组分对电池效率的影响。吸收层的退火方法是决定光伏参数的一个重要因素。样品的载流子浓度和电阻对薄膜太阳能电池的效率也具有重要作用。本章还介绍了使用其他环保窗口层制作的电池，以及通过量子效率测量确定吸收层、缓冲层和窗口层的带隙的方法。

致　谢

　　谨向加利福尼亚州立大学 Henk W. Postma 教授致以诚挚的谢意，感谢他的亲切关怀和悉心帮助，与其富于成效的探讨和其独到的见解为本书提供了宝贵的素材。Henk 实验室团队成员为本书的撰写工作提供的巨大帮助让我终生难忘。

　　谨向数学与科学学院院长 Jerry Stinner 教授致以由衷的感谢，感谢其提供的巨大支持和鼓励，让我在有限的时间内圆满完成重要课题的撰写工作。

　　此外，谨向物理与天文学院 Lim Say-Peng 教授致以真诚的谢意，感谢其提供的大力支持以及与我在一些物理专题方面的讨论。此外，非常感谢各位教授提供的鼎力帮助和支持，他们分别是 Cristina Cadavid、Debi Choudhary、Damian Christian、Miroslov Peric、Radha Ranganathan、Yohannes Shiferaw、Duane Doty、Donna Sheng、Nicholas Kioussis、Igor Beloborodov、Bhat、Morkoc、Johnstone、Rajendra Prasad、Prabhakar Rao、Narayana Rao、Bhuddudu、Shalini Menezes、Pilkington、Hill、Tomlinson、Sudharsan、Y. K. Su、S. J. Chang 和 F. S. Juang。

　　谨向加利福尼亚州立大学电气工程系 Somanath Chattopadhyay 教授致以衷心的感谢，感谢其提供的大力支持以及与我在器件和模拟方面进行的细致入微的讨论。

　　感谢我敬爱的老师 Sundara Raja 教授及其团队针对本书主题进行的富于成效的讨论。感谢我尊敬的朋友 Mesfin Taye 博士在本书撰写过程中提供的宝贵建议和精神支持。

　　此外，还要感谢我的妻子 Mitra Vinda 女士在本书撰写过程中给予的支持和配合，以及一直以来对我无微不至的照顾。感谢我的孩子 Ashok 和 Sri Hari，感谢他们在电脑绘图方面给予的支持。

　　最后，感谢我的母亲 Sampoornamma 女士、兄弟 Chandraiah 先生、岳母 Pakkiramma 女士、内兄内弟 Prasad、Rajagopal、Venkatesh 和 Rangaiah 先生。感谢各位亲友对我的大力支持，他们分别是 Ramaiah、Jagnatham、Kodandaramaiah、Balasubramanyam、Subramanyam、Dhanalakshmi、Revathi、Ramatulasi、Lakshmidevi、Menaka、Ramana Reddy、Madhu Reddy、Ajaya Babu、Rajendra Naidu、Nagaiah、Sivaiah、Venkataramana Raju、Appala Raju、Venkata Raju、Sanjeevi、Narasimhalu、Kailasam、Jayarama Setty、Manohar Naidu、Dwarakanath、Nagaraja Naidu、Krishnamachari、Kistaiah、Sarojamma、Kistamma、Ramesh、Venkatasubbaiah、Ramamurthy、Babu、Radhakrishna、Mohan、Vani、Vidhyasagar、Vasantha、Aruna、Prabhakar Rao、Nagaraj、Munirathanam、Sarswat、Parag、Avag、Subbaraju 和 Subbamma。

目　　录

第一章　导　论

1.1　当前太阳能利用趋势

通常，我们把太阳能、风能和地热能统称为可再生能源。可再生能源是常规能源的一种替代能源。水电、燃煤和核能可以视作常规能源。切尔诺贝利和福岛的核事故让全世界认识到了核电站的危险及其给人类带来的灾难。核能占世界能源总量的7%，核能发电量占世界发电量的15%。为了加强对核电站的安全管理，国际能源署修订了安全方面的规章和指导方针。法国、日本、欧盟和美国的核电站发电量在能源总量中所占的比例分别为75%、30%、28%和19%[1,2]。目前，中国、俄罗斯、朝鲜半岛和拉丁美洲的核电站数量分别是28座、11座、5座和8座。许多国家承诺逐渐废弃核电站，以降低风险。2010年，全球能源发电总量为4 742 GW，其中太阳能发电量仅占0.78%，为37 GW。2009年，新增太阳能发电量7.1 GW，到2010年，这个数字增加了一倍多，达到了17.5 GW。德国、意大利、捷克、日本和美国的太阳能发电量分别为7.5 GW、3.8 GW、1.2 GW、0.8 GW和0.8 GW。在全球现有可再生能源中，水力发电量为0.5 TW，潮汐和洋流发电量为2 TW，地热发电量为12 TW，风力发电量为2~4 TW，太阳能发电量为120 000 TW。在上述能源中，太阳能发电量最大[3]。

全球排名前十的太阳能光伏企业Q-cells、夏普(Sharp)、尚德(Suntech)、京瓷(Keyocera)、第一太阳能(First Solar)、茂迪(Motech)、太阳能世界(Solar World)、晶澳太阳能(Jasolar)、英利(Yingli)和三洋(Sanyo)的太阳能产品产量占全球总量的53%，分别为9%、8%、8%、5%、5%、4%、4%、3%、3%和4%。事实上，传统电费成本约为0.39美元/kWh或更低。近年来，人们致力于开发成本较低的薄膜太阳能电池，替代成本较高的硅太阳能电池。与硅太阳能电池相比，非硅薄膜太阳能电池更具成本效益。此外，我们还可以对薄膜太阳能电池进行调整优化，以提高性能，而硅太阳能电池的参数调整空间有限，在提高性能方面难度相对较大。硅太阳能电池的主要缺点是：它是一种间接带隙半导体，需要一层厚度达 $180~300\mu m$ 的材料来吸收光子[4]。带隙为1.1 eV的硅材料最多只能吸收50%的可见光谱，即蓝光和绿光区域。这些因素限制了硅太阳能电池成本的降低。这就需要开发低成本、高质量的硫族化合物薄膜太阳能电池，以实现将太阳能产品的制造成本从3~5美元/W降至0.60美元/W。最近，第一太阳能公司宣布，其碲化镉太阳能电池板的发电成本为0.70~0.72美元/W，其下一步目标为开发发电成本为0.6~0.5美元/W的

薄膜太阳能电池材料

太阳能电池[5]。

  寻找合适带隙的材料对于太阳能电池的应用至关重要。因此，研究人员开始寻找地球上储量较大的太阳能材料，制造全新的吸收层，以降低薄膜太阳能电池的成本。最近，研究人员开发出了基于 $Cu(In_{1-y}Ga_y)(S_{1-x}Se_x)_2$（CIGSS）的薄膜太阳能电池，用 Zn/Sn 替代了 In/Ga，从而在一定程度上降低了太阳能电池板的成本。用 Zn/Sn 替代 In/Ga 后，$Cu(In_{1-y}Ga_y)(S_{1-x}Se_x)_2$ 变成了 $Cu_2(ZnSn)(S_{1-x}Se_x)_4$。由于市场对 In 和 Ga 的需求量很大，因此产品的成本每年都近乎翻倍。在地壳中，Cu、Zn、Sn、S 和 Se 的含量分别为 50 ppm、75 ppm、2.2 ppm、260 ppm 和 0.05 ppm，而 In 的含量只有 0.049ppm（如图 1.1 所示）[6,7]。据研究，要想获得 1 GW 的电量，需要 30 吨 In[8,9,10]。氧化铟锡（ITO）在光电屏幕显示领域发挥着重要作用，其中 In 是氧化层中的主要成分。Ga 在光发射器件中的使用率也很高。因此，光电子行业对 In 和 Ga 的市场需求影响很大。在这种背景下，人们需要寻找替代性的太阳能材料，以降低成本。太阳能行业的主要目标是在初期制造出效率高于 15%、规格小于 $1 \ cm^2$ 的实验室级钠钙玻璃（SLG）/Mo/$Cu_2(ZnSn)S_4$/CdS/ZnO/ZnO∶Al 薄膜太阳能电池，进而制造出原型薄膜太阳能电池组件，将实验室技术运用到工业生产中。目前人们选择的硫族化合物薄膜太阳能电池能够带来很大的利润，因为其使用的是地球上储量丰富的低成本 $Cu_2(ZnSn)S_4$ 吸收层。原型薄膜太阳能电池组件的规格可以扩展到 m×m 级别，用于工业生产。光电转换效率达到 13% 及以上的低成本薄膜太阳能电池板完全可以实现商业化，投放到市场上。目前的研发水平既能够开发多层结构的电池组件，也能够开发单片集成式电池组件，这是在实验室或工业领域制造薄膜太阳能电池时解决技术问题的一个主要途径。

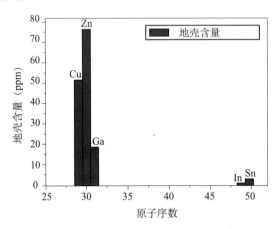

图 1.1 Cu、Zn、Sn、In 和 Ga 在地壳中的含量估计值

  各公司的目标是开发低成本太阳能电池，旨在以此降低目前使用硅太阳能电池或 $CuIn_{1-x}Ga_xSe_2$（CIGS）太阳能电池发电的成本。例如，目前薄膜太阳能电池的发电成本高于 1 美元/W，大大超出了 0.37 美元/ kW 的常规发电成本。许多公司制订

了到 2014 年将太阳能发电成本从目前的 1 美元降低到 0.60 美元的目标。目前，太阳能和氢能源研究中心公司（ZSW）的实验室玻璃和柔性衬底上 CIGS 薄膜太阳能电池效率最高可达 20.3% 和 18.7%，其有效面积为 0.5 cm^2。这与硅太阳能电池的效率接近，说明人们已经比较充分地了解了薄膜太阳能电池的各层结构[11]。第一太阳能公司用了十年时间开发高效电池板，其巨型碲化镉薄膜太阳能电池和太阳能电池板的效率分别为 17.3% 和 14.4%[5]。总部位于德国的 Avancis 公司开发出了单片集成 CIGS 薄膜太阳能电池板，面积为 30×30 cm^2，效率为 12%，功率为 30 W。在德国托尔高，一定数量的太阳能电池板串联产生了 20 MW 的发电功率。据估计，其有效面积的效率达 15.5%。瑞士联邦材料科学与技术实验室（EMPA）的研究人员宣布，其柔性衬底 CIGS 太阳能电池的效率最高达到了 18.7%，超出了之前的 17.6%。Honda Soltec 公司制造出了效率为 13% 的 CIGS 薄膜太阳能电池板。第一太阳能、纳米太阳能（Nanosolar）、Globalsolar、Muosolar、Solopower、Solexant 等几家公司大力投入到 CIGS 薄膜太阳能电池和迷你组件的开发和制造中，其目标是使全球太阳能发电量达到每年几十亿瓦量级。Ascent Solar 公司开发了柔性塑料衬底 CIGS 单片互连薄膜太阳能电池，其组件孔径效率为 11.9%，组件效率为 10.5%。Solopower 公司则制造出了金属柔性衬底 CIGS 薄膜太阳能电池板，孔径效率为 11%。但是，在伦敦金属交易市场上，这些公司在 CIGS 电池中使用的金属 In 和 Ga 非常昂贵。一种巧妙的方法是用 Zn 和 Sn 或 Ge 代替 In 和 Ga，以降低材料成本。太阳能电池板产生的能量是无污染的，而燃煤热电厂或核反应堆则会造成二氧化碳等含碳温室气体污染或辐射危险。最近，我们在日本福岛核泄漏事故中吸取了很多教训。另一方面，太阳能领域的发展可以创造更多的就业岗位，促进经济的稳健增长，这也是政府和私营领域大力开发低成本可再生能源的一个原因。

四元 p-Cu$_2$ZnSnS$_4$（CZTS）吸收层是一种性能良好的半导体材料，由于其带隙宽度为 1.5eV，与太阳能光谱很匹配，能够从太阳辐射中获得大部分强度光子，因此非常适合生产薄膜太阳能电池。到目前为止，已报道的 SLG/Mo/CZTS(Se)/CdS/ZnO:Al 薄膜太阳能电池最高效率为 10.1%[12]，但其在工业领域的应用并不多。为了降低太阳能电池的生产成本，必须提高 CZTS 薄膜太阳能电池的效率。在众多半导体材料中，选择 CZTS 作为吸收层是由于其中的所有元素在地壳中的含量都非常丰富，并且无毒、成本效益好。而 Cu(InGa)Se$_2$（CIGS）薄膜太阳能电池（效率最高可达 20.3%）中含 In 和 Ga，这两种元素在地球上含量稀少，止如前文所述，成本每年都近乎翻倍。另一方面，CZTS 是一种环保型材料，而 Ga 和 Se 都有轻微毒性。在薄膜太阳能电池应用中，需要将载流子浓度、迁移率和电阻率调节到合适的范围内，而对于 CZTS 来说，只要改变其自然掺杂物浓度便可实现这一目的，无须添加外部掺杂物。为了尽可能降低界面态密度，具有六方相 CdS 与四方晶型结构的 CZTS 出现晶格失配是可以接受的。

与在 CIGS 薄膜太阳能电池方面进行的大量研究相比，在 CZTS 薄膜太阳能电池

薄膜太阳能电池材料

方面进行的研究非常有限。为了提高太阳能电池的效率，有必要对新型廉价材料进行研究。我们提议发展 CZTS 薄膜太阳能电池，是因为其与 CIGS 薄膜太阳能电池是有可比性的。在实验室使用 Cu 靶材、ZnS 靶材和 SnS 靶材或其复合靶材，通过两级工艺射频（RF）溅射系统可使 CZTS 薄膜吸收层在镀钼玻璃衬底上生长。在第一阶段，需要对生长的 CZTS 吸收层进行几次测试，总结出组分等级、表面、结构、光学和电学等方面的性质。在第二阶段，开始制备 CZTS 薄膜太阳能电池。通过化学水浴法沉积 CdS 用作窗口材料，并通过射频工艺依次在 SLG/Mo/CZTS 上生长 i-ZnO 和 ZnO：Al 窗口层。最终，形成金属网格，完成薄膜太阳能电池结构。对制成的 SLG/Mo/CZTS/CdS/ZnO/ZnO：Al 薄膜太阳能电池需要进行几次测试，如电流—电压（I-V）测量，从而得到此类电池的效率。另外，还要测试光电参数，包括开路电压（V_{oc}）、短路电流（J_{sc}）、填充因子（FF）。通过电容—电压（C-V）测量可测出电池受主的载流子浓度，而载流子浓度决定薄膜太阳能电池的质量。我们的主要目标是制备高质量的 CZTS 薄膜吸收层和高效的 CZTS 薄膜太阳能电池，从而进一步提高太阳能电池的效率。

在薄膜太阳能电池的制备中采用了若干种技术，其中真空蒸发法是制备薄膜太阳能电池吸收层的一种领先技术。例如，德国泰尔海姆的 Solibro 公司通过共蒸发法或物理气相沉积法在溅射钼玻璃衬底上成功制备出了兆瓦级 CIGS 组件。到目前为止，该公司已经生产出了 45MW 的组件[13]。研究人员基于在硫族半导体材料，如 $Cu(InGa)(S_{1-x}Se_x)_2$ 薄膜方面的经验，通过真空共蒸发法，以较低的成本研制出高质量的 $Cu_2ZnSn(SeS)_4$（CZTSSe）薄膜太阳能电池。虽然生产高质量的 CZTSSe 比较难，但是可以通过调节生长条件实现。目前，利用通过化学旋涂法生长的 CZTSSe 制作的太阳能电池的效率最高可达 10.1%[12,14]。因此改善电池质量是生产高效薄膜太阳能电池的关键。

核事故让全世界认识到了从常规能源向可再生能源转变的必要性。在日常生活中，柔性和便携式太阳能电池板的应用比较广泛。例如，军人可在偏远地区利用柔性和便携式太阳能板为通信系统提供电力，如图 1.2 所示[15]。柔性太阳能电池板重量轻，可以卷起来携带。当然，柔性和便携式太阳能电池板还可以用于为笔记本电脑和手机充电。有时，可以将柔性太阳能电池板加装在伞形结构表面，利用阳光给电气设备充电。可再生能源的近期研究和开发促使科学界不断提高太阳能技术，旨在将温室效应降到最低、保护环境并尽量避免使用核能源。另一方面，可再生能源可缓和世界各地的核能源危机。因此，太阳能利用方面的技术创新赢得了政府部门和私人投资者的广泛关注，他们投入精力，致力于开发薄膜太阳能电池。太阳能电池板的使用寿命为 25 年左右。在其使用寿命期限内，1g 硅的发电量为 3300 kWh，而 1g 铀的发电量为 3800 kWh。硅太阳能电池发电是一个持续不断的过程，可持续数年，而核裂变发电是一次性的。

图 1.2　柔性薄膜太阳能板在偏远地区通信系统中的应用

　　过去，太阳能电池板一般只安装在建筑物顶部，但现在也可以安装在建筑物侧壁上。安装在建筑物侧壁上的太阳能电池板与安装在顶部的电池板在结性能方面有所不同。据推测，安装在建筑物侧壁上的太阳能电池板中，电池的串联电阻较高。将太阳能电池板安装在建筑物侧壁上还能大大降低占地面积。

　　从 1988 年到 2009 年，全球太阳能电池的生产规模从 35MW 增加到 11.5GW。太阳能电池的市场份额也从 2005 年的 6% 逐渐增加到 2010 年的 16% ~ 20%。最近，Shinsung Solar Energy 公司通过采用激光掺杂选择性发射极技术使硅太阳能电池（晶体 p-型 CZ 晶片）的效率达到了 20.3%。第一太阳能（First Solar）和英利绿色能源（Yingli Green）等公司是太阳能市场上的领先企业，其生产的电池组件成本约为 0.90 美元/W_p。一些公司在竞争激烈的太阳能市场中奋进求存，但最近，有一些太阳能电池公司提出破产申请。例如，Ventura Capital 从一家知名公司撤回了投资，其在该公司的投资始于 2001 年；三洋（Sanyo）也关闭了在加利福尼亚州的业务。2010 年 4 月以来，共有 13 家薄膜太阳能电池公司由于生产成本高、硅电池效率低而不得不关闭在世界各地的业务。期间，太阳能电池外资企业还缴纳了约 31% 的反倾销关税，使利润进一步降低。因此，我们应致力于生产低成本、高效率的薄膜太阳能电池。

　　从太阳能电池板制造的假设性成本分析中可知，效率为 15% 的组件成本为 39 美元/m²。各种材料的成本分别为：（1）半导体（用 Zn 或 Sn 代替 In 或 Ga），0.3 美元/m²；（2）ZnO:Al 靶材, 0.3 美元/m²；（3）钠钙玻璃，7 美元/m²；（4）背部玻璃基板，5 美元/m²；（5）乙烯-醋酸乙烯酯（EVA），4 美元/m²；（6）调制部件，6 美元/m²；（7）嵌板工艺，5 美元/m²；（8）装运箱，2 美元/m²；其他材料，2 美元/m²；废物处理，1 美元/m²；灌注，1 美元/m²；旁通二极管，0.3 美元/m²；缓冲层，1 美元/m²；其他，1.8 美元/m²。总成本约为 38 美元/m²[16]。这是依据目前拟用的半导体材料成本进行的粗略估算，可能与实际成本略有出入。

1.2　薄膜太阳能电池的工作原理

当能量高于吸收层带隙的光子到达太阳能电池时，就会在吸收层中形成电子空穴对。这些电子空穴对在 *p-n* 结的空间电荷区被电场分离。能量低于吸收层带隙的光子将通过吸收层传输。生成的载流子浓度增加，开路电压也随之增加。当结在费米能级的位置发生变化时，就会进入非平衡状态。与电子电路中的二极管不同，结偏置对于太阳能电池来说不是必要的。如图 1.3 所示，电极将生成的电荷载流子从太阳能电池上收集起来。在传统的薄膜太阳能电池中，吸收层由 *p*+ 和 *p* 组成的双层构成。在该双层中，使钼层顶部的 CZTS/Se 样品中 Cu 含量略高或使用化学计量的 Cu 量，可以获得 *p*+。*p*+ 层能够使晶粒尺寸增加或使层生长速率提高。紧挨着 *p*+ 的是 *p* 吸收层，*p* 层比 *p*+ 层的电阻高，可使用 *n*-缓冲层作为整流结。吸收层中的 *p*+ 和 *p* 层还有另外一个优势，那就是 *p*+ 的带隙略高于 *p*，即带隙存在递变，也就是说，在太阳能电池中，吸收层的带隙从后至前是逐渐减小的。如图 1.4 所示，当光子到达太阳能电池时，价带上的电子被激发到导带，再进入较低的潜在边缘区，然后到达空间电荷区。背场作用可能阻止电子扩散到背表面参与复合。电场靠近钼层，会使得太阳能电池中少数载流子的密度增加。在薄膜太阳能电池中，缓冲层通常由 CdS 构成，其电阻可高达千兆欧姆。事实上，*p-n* 结产生于 *p*-CZTS 层和 *n*-CdS 层之间。靠近 CdS 缓冲层，形成了 *n* 和 *n*+ZnO 层。要从薄膜太阳能电池上收集电荷载流子，*n*+ 层是必不可少的。由于 CdS 的电阻较高，为了达到适当的电传导，要将具有中度电阻的 *n*-ZnO 层涂覆在 CdS 上。高效薄膜太阳能电池能够有效地降低成本和增加电池的使用寿命。太阳能电池的电流（*J*）和电压（*V*）的关系可以表示为[17]：

$$J = J_o \left[\exp \frac{q}{A k_B T}(V - J R_s) - 1 \right] + \left(\frac{V - R_s J}{R_{sh}} \right) - J_L \qquad (1.1)$$

其中

$$J_o = J_{oo} \exp\left(\frac{-E_a}{A k_B T} \right) \qquad (1.2)$$

R_s 为串联电阻，R_{sh} 为并联电阻，J_L 为光照辐射所产生的电流，J_o 为反向饱和电流，J_{oo} 为反向饱和电流系数，A 为二极管因子，k_B 为玻尔兹曼常数，T 为绝对温度，E_a 为缺陷态激活能。

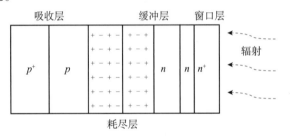

图 1.3　常规 *p-n* 结薄膜太阳能电池

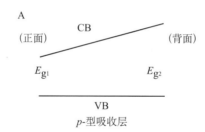

图 1.4　CZTS/Se 薄膜太阳能电池正递变带隙剖面示意图

假定 $J = 0$ 和 $J_L = J_{SC}$，太阳能电池的开路电压（V_{oc}）可以根据公式（1.1）和（1.2）得出，如下所示：

$$V_{oc} = \frac{E_a}{q} + \frac{Ak_B T}{q} \ln\left(\frac{J_{sc}}{J_{oo}}\right) \tag{1.3}$$

为了测试电池的效率（η），应求出短路电流（J_{sc}）、开路电压（V_{oc}）、最大电压（V_m）和最大电流（I_m）（如图 1.5）。

$$\eta = V_m I_m / V_{oc} J_{sc} \times 100\% \tag{1.4}$$

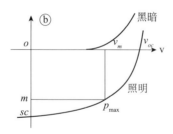

图 1.5　黑暗条件和照明条件下太阳能电池的 *J-V* 特性

将量子点和等离子体纳入常规太阳能电池，可提高太阳能电池的效率。量子点和等离子体太阳能电池的基本原理将在下文进行讨论。

1.3　量子点太阳能电池

模拟工作有助于开发和设计实验性量子点太阳能电池，即 *p-i-n* 结太阳能电池。最终结果表明，*p-i-n* 太阳能电池的光电参数值可能高于常规太阳能电池。在 $2E_g < hv < 3E_g$ 条件下，量子点太阳能电池的预期效率约为 40%～45%。Luque 和 Marti[18]首次开发出了中间带量子点（IBQD）太阳能电池。中间带量子点太阳能电池的物理原理为：当光子撞击常规太阳能电池时，如果光子能量（*hv*）大于 *p*-吸收层的带隙（E_g），则价带上的电子被激发到导带，而在 *p*-吸收层/QD/*n*-窗口层量子点太阳能电池中，电子吸收了能量小于吸收层带隙的光子（i），从价带跃迁到中间带。同理，电子吸收光子（ii）后会从中间带跃迁到导带。这说明在中间带量子点太阳能电池中会发生多个跃迁。这意味着在低能光子（能量低于 *p* 型吸收层的带隙）中，会产

薄膜太阳能电池材料

生多个电子空穴对,如图 1.6 所示[19]。此外,对于高能光子(iii),电子会从价带跃迁到导带。因此,中间带量子点太阳能电池的效率得以提高。中间带层必须以未填充的密度状态进行隔绝(i),这样的密度状态能够接收来自吸收层价带的电子。至于常规的太阳能电池,其缺点是低能光子通过太阳能电池传输而未用于吸收。

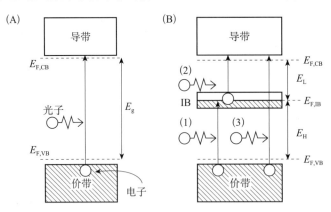

图 1.6　(A)常规太阳能电池和(B)量子点中间带太阳能电池能带示意图

GaAs/InAs 量子点太阳能电池一直是研究的焦点,但这种电池具有一定的毒性且价格昂贵。因此,在制作量子点太阳能电池时,我们尽可能选择便宜而且无毒的替代性太阳能材料。下面给出了量子点太阳能电池光电参数的推导,与常规太阳能电池稍有不同。此外,常规太阳能电池的最终效率(U)可采用下述 Shockley-Queisser 方法估算:

$$U(xg) = 生成的光子能量/输入功率 = hv_g Q_s / P_s \qquad (1.5)$$

其中,Q_s 为黑体辐射温度下单位时间单位面积上入射频率大于 v_g 的量子数量,P_s 为总入射功率。从最终效率与带隙的对比图中可以看出,带隙为 1.08 eV 时的最高效率为 44%,但在实际中,效率被限制在 33.3%。需通过改变太阳能电池结构来提高电池效率。因此,应采用 p-i-n 结构提高开路电压或短路电流密度,或使两者同时提高,从而提高电子空穴对的产生率。从热力学的角度来看,开路电压(V_{oc})和短路电流(J_{sc})的关系可以表示为:

$$eV_{oc} = E_o + kT \ln(h^3 c^2 / 2\pi KT)(N_{incident}/E_o^2) \qquad (1.6)$$

其中,$N_{incident} = J_{sc}/q$,E_o 是半导体和中间带材料激发能级(量子限域 E_s)的合并带隙,而其他符号也有各自的通常意义。在 p-i-n 太阳能电池中,激发能级发挥了巨大的作用。p-i-n 太阳能电池的电流—电压关系可以表示为:

$$J = J_L - J_{rec} - J_o \left[\exp (qV/nkT) - 1 \right] \qquad (1.7)$$

其中,J_{rec} 是 J_L 的函数。针对硅进行的试验结果显示,$J_{rec} \approx 0.8 J_L$。电池的效率随着量子点的不断增加而提高,这是因为电池中的光电流增加了[20]。但是,在某些情况下,由于俄歇复合的参与,不带量子点的太阳能电池的效率比带量子点的电池效率更高[21]。因此,量子点的增加起到了重要的作用。

1.4 等离子体太阳能电池

通过对硅吸收层进行表面钝化，可以提高块体硅太阳能电池的效率，这要求硅吸收层的表面有几个锥形结构，可以向吸收层内部进行多重反射，以增加电池内部的光程长度[22]。但是，经证明，这种钝化处理并不适用于薄膜太阳能电池，因为薄膜太阳能电池的厚度小于块体硅太阳能电池的钝化表面厚度。有两种类型的等离子体，局域等离子体和传导型等离子体，可以用于提高太阳能电池的效率。在金属纳米颗粒中激发的等离子体被称为局域等离子体。等离子体能够增强电场强度，因此，在很薄的吸收层具有较低的载流子迁移率时，光伏电池的光电流会增强[23]。金属纳米颗粒，如 Ag、Au 和 Cu，均被用于制作等离子体太阳能电池。存在于薄膜太阳能电池上的金属纳米颗粒结构具有一个很大的消光截面，能够将光散射到高折射率的太阳能电池吸收层内，并将其耦合。因此，吸收层的吸收率增强，如图 1.7（A）所示。另一方面，纳米结构在较大的角度范围内重新分配了进入吸收层的光，因此光程长度增加，从而使吸收层的吸收率提高。亚波长尺度粒子的尺寸应小于入射光的波长。但这个设计有一个缺点，那就是纳米粒子会吸收部分的光。可以采取替代性方法避免部分光被纳米粒子吸收。表面等离子体激元（SPPs）被定义为存在于金属和电介质间界面上的表面电荷密度的传导波。如图 1.7（B）所示，金属被置于吸收层的底部。在半导体和金属层的界面处，借助亚波长尺寸或纳米级沟槽，入射光耦合到表面等离子体的传导中，这样，能通量就会在吸收层内向横向传导，而不是向正常方向传导[24,25]。

图 1.7 等离子体太阳能电池原理图
（A）光在半导体内部的反射和 （B）传导型表面等离子体激元

1.5 使用地球上储量丰富的材料制作薄膜太阳能电池

表 1.1 中列出了几种地球上储量丰富的硫属化合物或四元化合物的物理参数，如分子量、熔点、结构、晶格参数和带隙[26]。根据带隙的不同，其中一些化合物可用作吸收层材料，还有一些可作为窗口层材料。具有较高带隙的材料可以用来制作太阳能电池吸收层。如果多余的硅被用在与硅相关的三元化合物中，则三元化合物的带隙可从直接跃迁转变为间接跃迁。

表 1.1　不同三元化合物的物理参数

化合物	M	M_T	结构	晶格常数			$d(g/cm^{-3})$	$E_g(eV)$	$\rho(\Omega \cdot cm)$	参考文献
				a	b	c				
Cu_2ZnSiS_4	43.6	—	正交晶	7.435	6.396	6.135	—	3.25	—	[26]
$Cu_2ZnSiSe_4$	67.1	—	正交晶	7.823	6.72	6.44	—	2.33	—	
$Cu_2ZnSiTe_4$	91.4	700	四方晶	5.98	—	11.78	—	1.47	—	
Cu_2ZnGeS_4	49.2	1120	正交晶	7.57	6.47	6.13	—	2.10	—	
$Cu_2ZnGeSe_4$	72.6	890	四方晶	5.606	—	11.04	—	1.63	—	
$Cu_2ZnGeTe_4$	96.9	—								
Cu_2ZnSnS_4	54.9	990	四方晶	5.43	—	10.81	—	1.5~1.39	—	
$Cu_2ZnSnSe_4$	78.4	805	四方晶	5.693	—	11.33	—	1.0	—	
$Cu_2ZnGeSe_4$	—	—	四方晶	5.61	—	11.05	5.54	1.29	1	[27]
Cu_2ZnGeS_4	—	—	正交晶	7.5	6.48	6.18	4.35	2.1	2×10^{-3}	
$Cu_2ZnSiSe_4$	—	—	—	7.83	6.73	6.44	5.25	2.33	2×10^3	
$Cu_2ZnSnTe_4$	102.7	—	—	—	—	—	—	—	—	
Cu_2CdSiS_4	49.5	—	正交晶	7.598	6.486	6.258	—	—	—	
$Cu_2CdSiSe_4$	72.9	—	正交晶	7.99	6.824	6.264	—	—	—	
$Cu_2CdSiTe_4$	97.3	650	四方晶	6.12	—	11.79	—	—	—	
Cu_2CdGeS_4	55	1020	正交晶	7.7	6.55	6.28	—	—	—	
$Cu_2CdGeSe_4$	78.5	840	正交晶	8.088	6.875	6564	—	1.2	—	
$Cu_2CdGeTe_4$	102.8	—	—	—	—	—	—	—	—	
Cu_2CdSnS_4	60.8	926	四方晶	5.59	—	10.84	—	1.37	—	
$Cu_2CdSnSe_4$	84.3	780	四方晶	5.832	—	11.39	—	0.96	—	
$Cu_2CdSnTe_4$	108.6	—	—	—	—	—	—	—	—	

注：根据 Shockley-Queisser 光子平衡计算，CZTS 的理论效率为 30%，FF = 90%，V_{oc} = 1.5 eV/2q = 750 mV，J_{sc} = 29 mA/cm^2，V_{oc} 接近关系式 $E_g/q - V_{oc}$ = 0.8 V（V_{oc} = 700 mV）[28]。

注：M 表示分子量，M_T 表示熔点，d 表示密度。

有几种地球上储量丰富的二元半导体太阳能材料，如 SnS、SnSe、Cu_2S、ZnS、ZnSe 等，将在下一章进行讨论。可以通过将地球上储量丰富的元素与可用的三元化合物混合成合金制得五元化合物。可用的三元化合物见表 1.1。例如：$Cu_2Zn(Sn_{0.3}Ge_{0.7})(SSe)_4$ 可以通过合成 Sn、Ge 或 S、Se 制得，以获得适合用作太阳能电池吸收层的合成物。

第二章　$Cu_2ZnSn(S_{1-x}Se_x)_4$二元化合物的生长及使用这类化合物制作的薄膜太阳能电池

2.1　Cu_2S 和 Cu_2Se 吸收层

硫化铜（Cu_xS）会形成许多相，如蓝铜矿（CuS）、斜方蓝辉铜矿（$Cu_{1.75}S$）、蓝辉铜矿（$Cu_{1.8}S$）、久辉铜矿（$Cu_{1.95}S$）和辉铜矿（Cu_2S）。据报道，通过溶液法生长的硫化铜膜，CuS、$Cu_{1.4}S$ 和 Cu_2S 相的带隙分别为 1.26 eV、1.96 eV 和 2.31 eV[29]。随着厚度分别从 700 nm 和 500 nm 减小到 100 nm，Cu_2S 的直接（间接）带隙从 1.2（1.8）eV 和 1.4（2.1）eV 增加到 1.8（2.9）eV[30]。实际上，在室温条件下，Cu_2S 的直接带隙为 1.2 eV，间接带隙为 1.8 eV，吸收系数为 10^4 cm^{-1}，p 型电导率为 10^{-2} $(\Omega \cdot cm)^{-1}$[31]。由于人眼视觉向光性为 550 nm，因此 Cu_2S 在用作汽车阳光控制涂料中有比较好的前景。在防辐射镜片中，随着波长的增加，Cu_2S 对日光的反射率降低，透射率增加，而随着膜厚度的增加，透射率则降低。Cu_2S 的带隙为 1.1~1.4 eV，随着样品中铜的减少，$Cu_{2.8}S$ 和 CuS 的带隙分别增加至 1.5 eV 和 2.0 eV。由于在正常环境下，Cu_2S 会退化为 $Cu_{2-x}S$ 相，也就是说，Cu 扩散到 CdS 中，造成 Cu_2S/CdS 薄膜太阳能电池老化，所以其性能也会下降。

在衬底温度为 23~280℃ 的条件下，使用化学溶液 $CuCl_2 \cdot 2H_2O$、$CS(NH_2)_2$、乙醇和丙三醇，通过喷雾热分解（SP）技术，使 Cu_2S 膜在氟掺杂氧化锡（SnO_2：F）玻璃衬底上生长，生长出的 Cu_2S 显示四方晶体结构，晶格参数为 a = 3.9962 Å 和 c = 11.287 Å。但是，如果在水:乙醇:丙三醇=7:2:1 的溶液中，水的含量比略高，那么晶体结构将变为正交晶系的辉铜矿，晶格参数为 a = 15.246 Å、b = 11.884 Å 和 c = 13.494 Å[32]。不同的是，通过化学水浴沉积（CBD）法生长的 Cu_2S 为六方晶型结构，晶格参数为 a = 3.959 Å 和 c = 6.784 Å，在 X 射线衍射（XRD）谱中，（342）衍射峰强度很高[31]。通过超声电化学法制成 CuS、$Cu_{1.8}S$ 和 $Cu_{1.97}S$ 纳米晶体，使用 Ag/AgCl 电极，分别采用 0V、−0.6V 和 −1.2V 的电位对硫酸铜溶液、硫代硫酸钠和柠檬酸进行超声处理。采用离心分离法收集析出的晶体，并使用蒸馏水和乙醇进行清洗。CuS（六方晶系）、$Cu_{1.8}S$（六方晶系）和 $Cu_{1.97}S$（正交晶系）晶体的 X 射线衍射图谱如图 2.1 所示[33]。随着 Cu_xS 中 x 的变化，通过真空蒸发生长的 Cu_xS 膜显示出了不同的电阻率和载流子浓度，如图 2.2 所示，如 x = 1.998 时，电阻率为

$3.5 \times 10^{-2} \Omega \cdot cm$，其他相下则 $< 10^{-2} \Omega \cdot cm$。图中，$a$、$b$、$c$、$d$ 分别代表辉铜矿、辉铜矿加久辉铜矿、久辉铜矿、久辉铜矿加蓝辉铜矿相[34]。实际上，Cu_xS 样品的电阻率为 $10^{-2} \sim 100 \Omega \cdot cm$[35]。

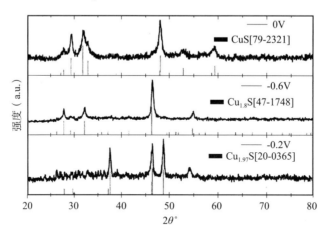

图2.1　化合物 CuS、$Cu_{1.8}S$ 和 $Cu_{1.97}S$ 的 X 射线衍射图谱

$Cu_{2-x}Se$ 是一种 p 型半导体，直接带隙和间接带隙分别为 $2 \sim 2.3$ eV 和 $1.25 \sim 1.5$ eV。这种半导体适用于光伏电池，采用多种常规技术制得，如真空蒸发、闪蒸、电沉积、化学溶液法等。截至目前，公开报道的 $Cu_{2-x}Se/CdS$ 的效率为 8.8%[36]。$Cu_{2-x}Se$（$x = 0.2$）膜为立方结构，晶格参数为 5.739 Å，与 $CuInSe_2$ 的晶格参数相近。因此，当 $Cu_{2-x}Se$ 在其中充当寄生相时，就很难清楚地区分 $CuInSe_2$ 薄膜中的 $Cu_{2-x}Se$ 相。应注意，$CuInSe_2$ 是一种广泛用于薄膜太阳能电池的半导体。

2.2　Cu_2S 太阳能电池

CdS 适用于制作 Cu_2S 太阳能电池的窗口层，其与 Cu_2S 的晶格失配为 4%，界面态密度为 $5 \times 10^{13} cm^{-2}$。Reynolds 于 20 世纪 50 年代首次提出了 Cu_2S/CdS 结的光伏效应[37]，而后在 20 世纪 70 年代，电池效率逐渐提高到了 8.5%[38]。p 型和 n 型半导体的几个分量，如晶格常数、带隙和电子亲和能，在异质结的形成中起到了重要作用。另一方面，能带偏移决定了结的特性和薄膜太阳能电池的效率。p-Cu_2S/n-CdS 太阳能电池的原理图如图 2.3 所示。能带偏移可以使用简单的安德森模型进行粗略估计。价带偏移：

$$\Delta E_v = E_{g2} - E_{g1} - \Delta E_c \tag{2.1}$$

其中，E_{g1} 和 E_{g2} 分别为 Cu_2S 和 CdS 层的带隙。导带偏移：

$$\Delta E_c = \chi_2 - \chi_1 \tag{2.2}$$

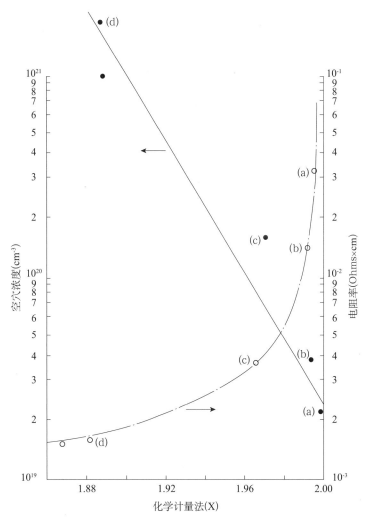

图2.2 电阻率和空穴浓度随 Cu_xS 中 x 的变化情况

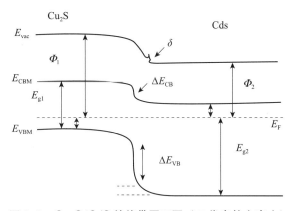

图2.3 Cu_2S/CdS 的能带原理图（$\boldsymbol{\Phi}$ 代表势垒高度）

薄膜太阳能电池材料

根据相关文献,导带偏移的范围为 $0.2 \sim 0.3$ eV,但是通过 X 射线光电子能谱技术(XPS)对该太阳能电池进行的研究显示,导带偏移的值为零。根据 CdS($\chi_2 = 4.6$)和 Cu_2S($\chi_1 = 4.25$)的电子亲和能值,得出导带偏移的值为正值,为 0.35 eV,价带偏移的值约为 0.85 eV[39]。由于 Cu_2S 的解理具有不确定性,因此很难确定 Cu_2S 电子亲和能的精确值。最小值应该在 $0.2 \sim 0.3$ eV 的正向范围内,使太阳能电池的转换效率更高[40]。有几种制造 Cu_2S/CdS 异质结太阳能电池的方法,拓扑法是其中一种比较有潜力的新技术。在该工艺过程中,首先将厚度为 $0.1 \sim 0.4$ μm 的 Zn 涂到 25 μm 厚的 Cu 片上,然后再沉积一层 30 μm 厚的 CdS 层,晶粒尺寸为 5 μm,电阻率为 $1 \sim 10$ $\Omega \cdot cm$。将 Cu/Zn/CdS 层缓缓浸入亚铜离子溶液中,形成一层厚度为 100nm 的 Cu_2S 层。在 Cu_2S 生长之前,CdS 层通常会受到 HCl 的侵蚀,形成织构表面,从而使更多的光子留在太阳能电池中。通过蒸发,在 Cu_2S 上制备 Au 栅线,用于电接触。最后,生长 SiO_2 层,作为减反层,完成电池结构。在 87.9 mW/cm^2 的光照强度下,$Cu/CdS/Cu_2S/Au/SiO_2$ 电池的效率为 9.15%,如表 2.1 所示[41]。如图 2.4 所示,在衬底温度为 480℃ 的条件下,使用化学溶液 $InCl_3$,通过喷射沉积方法使 ITO 层在派热克斯玻璃(一种耐热玻璃)衬底上生长,发生的化学反应为:$2InCl_3 + 3H_2O \rightarrow In_2O_3 + 6HCl$。生长出的 0.5 μm 厚度 ITO 膜具有 7 Ω/sq 的方阻和 90% 的透射率。然后,在衬底温度为 420℃ 的条件下,使用 $CdCl_2$ 溶液和含有 5wt% $AlCl_3$ 的硫脲溶液,通过相同的技术,生长 Al 掺杂 CdS 层,化学溶液的反应为:$CdCl_2 + SC(NH_2)_2 + 2H_2O \rightarrow 2NH_4Cl + CdS + CO_2$。在相同的高度,未掺杂 CdS 膜显示出(0002)择优取向,而 Al 掺杂膜则显示出(101)和(002)峰。将通过喷射沉积得到的 3 μm 厚度 CdS:Al 膜和 8 μm 厚度未掺杂 CdS 膜浸入到 0.06 M 的 CuCl 溶液中(pH 值为 4),在 99° C 条件下形成厚度为 50 nm 的 Cu_2S 膜。在这个过程中,Cu_2S 转化发生如下反应:$CdS + 2CuCl \rightarrow Cu_2S + CdCl_2$。为了克服 Cu_xS 的非化学计量,将一层 50 nm 厚的 Cu 沉积到 Cu_xS 上,以补偿 Cu 的不足,然后在 130℃ 温度条件下,在空气中退火处理 2 小时。最后,所有物质叠层沉积形成的派热克斯玻璃/ ITO/CdS:Al/CdS/Cu_2S/Cu 电池的效率显示为 7.4%(如图 2.5 所示)。

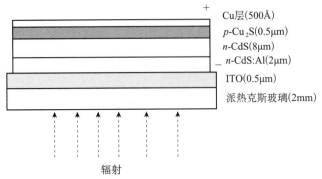

图2.4 效率为 7.4% 的 Cu_2S/CdS 太阳能电池的结构示意图

包含 Cu 层和不包含 Cu 层的两种典型电池的效率分别为 6% 和 4%[42]。同理，在衬底温度为 420℃的条件下，使用化学溶液 CdCl₂ 和 AlCl₃·6H₂O 通过喷射沉积技术将 Al 掺杂 CdS 薄膜沉积到 ITO 镀膜玻璃衬底上，然后通过同样的技术将 Cd₀.₉₅Zn₀.₀₅S 沉积到衬底上。在 90℃温度条件下，将玻璃/ITO/CdS:Al/Cd₀.₉₅Zn₀.₀₅S 样品浸入到 CuCl 溶液中几秒钟，形成 CuₓS 膜，然后在 150℃温度条件下，在 H₂ 气氛中对样品进行退火处理。通常通过在 CuₓS 侧使用 Hg 接触以及在 ITO 侧使用银浆来测量电池的性能。玻璃/ITO/CdS:Al/Cd₀.₉₅Zn₀.₀₅S/CuₓS 电池的效率为 3.8%，对较高的 Zn 值（10%）响应较弱，这可能是由于在样品的界面处形成了 Zn 以及较大的晶格失配（如图 2.6 所示）[43]。

表 2.1　Cu₂S/CdS 电池的光电参数

吸收层工艺	V_{oc}（mV）	J_{sc}（mA/cm²）	FF（%）	R_s（Ω·cm²）	R_{sh}（Ω·cm²）	η（%）	参考文献
浸入	516	21.8	71.4	–	–	9.15	[41]
浸入	445	23.7（I）	70	2.5	2k	7.4	[42]
浸入	420	22（I）	–	–	120	3.8	[43]
固态	500	5.75（I）	63	–	–	7.2	[45]
固态	520	21.8	56	–	–	6.4	[44]
固态	470	37.1	60	–	–	10.4	[46]
固态	480	10.25	–	2.6	303	3	[47]
溅射	585	13.3	63	–	–	4.9	[48]
纳米晶	600	5.63	47.4	–	–	1.6	[49]

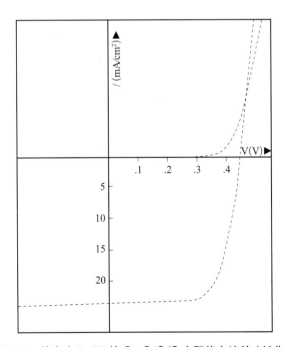

图 2.5　效率为 7.4% 的 Cu₂S/CdS 太阳能电池的 I-V 曲线

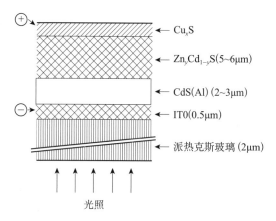

图2.6 效率为 3.8% 的 $Cu_xS/ZnCdS$ 太阳能电池的原理图

Cu_2S/CdS 结还可以通过固相反应法制得。首先，在衬底温度为 200℃ 的条件下，用圆柱形石墨电阻器加热石英坩埚，使沉积速度达到 12 nm/s，通过真空蒸发法使 CdS 粉末生长成 $10\sim15~\mu m$ 厚的 CdS 层，再通过真空蒸发技术生长出 $0.3~\mu m$ 厚的 CuCl 层，然后在 140℃ 温度和 10^{-3} Pa 压强下真空加热 4 分钟，使 CuCl 和 CdS 发生固态反应，生成 $0.15~\mu m$ 厚的 Cu_2S 层。最后，用甲醇将样品清洗干净。显然，在 Cu_2S 上形成的 Cu_2O 层使电池的效率提高了 6.4%，如图 2.7 所示[44]。同理，首先通过真空蒸发使 CuCl 沉积到玻璃/Ag/CdS 上，然后在 170℃ 的温度下真空加热 5 分钟，在 CdS 上形成 Cu_2S，反应如下：$CdS + 2CuCl \rightarrow CdCl_2 + Cu_2S$。将样品浸泡到水或酒精中，除去样品上残留的 $CdCl_2$，然后在 180℃ 的温度下，在空气中退火处理 5 分钟，使 Cu_2S 和 CdS 之间形成突变结。最后，玻璃/Ag/CdS/Cu_2S 结构上形成 Au 栅线，薄膜太阳能电池制作完成，效率为 7.2%，Cu_2S 膜的带隙为 1.2 eV[45]。不同的是，Cu_2S/CdS 电池是在导电玻璃衬底上制作的。通常选择薄层电阻为 10 Ω/sq、在波长为 $0.3\sim1.2~\mu m$ 时 $T = 85\%$ 的 Sb 掺杂 SnO_2 薄膜来制作薄膜太阳能电池。这种薄膜通过喷雾热分解技术生长在玻璃衬底上，在本底压力为 3×10^{-6} Torr、衬底温度为 200℃ 的条件下，使用 CdS 颗粒通过真空蒸发沉积成 $5~\mu m$ 厚的 CdS 膜。在这一连续的过程中，CuCl 膜生长在玻璃/SnO_2:Sb/CdS 层上，在 200℃ 的温度下加热 5 分钟，使其发生固态反应，形成 200 nm 厚的 Cu_2S 层。然后，用蒸馏水将样品清洗干净，接着在 180℃ 温度、10^{-2} Torr 压强条件下真空加热 5 分钟。最后，将银浆涂覆在 Cu_2S 上，完成由玻璃/SnO_2/CdS/Cu_2S/Ag 构成后板结构的薄膜太阳能电池的制作（如图 2.8 所示），其效率为 10.4%[46]。同样地，在衬底温度为 70℃ 的条件下，通过真空蒸发的方法，使 CuCl 生长到玻璃/ITO/CdS/CdZnS（Zn = 10%）上，厚度为 $0.25\sim0.7~\mu m$，然后在 200℃ 的温度下退火处理 1 分钟。如前所述，在 Cu_xS 中，x 取决于样品的厚度，例如，在样品厚度为 $0.2~\mu m$ 和 $0.4\sim0.5~\mu m$ 时，x 的值分别为 1.97 和 1.995。电池（Zn = 10%）在 150℃ 的温度下热处理 20 分钟后所显示的效率为 3%，$V_{oc} = 480$ mV，$J_{sc} = 10.25$ mA/cm^2，而未经处理的样品（Zn = 10%）则显示出较差的光电活性。不含 Zn 的电池表现出相同的效率，但是 V_{oc} 值较低，为 420 mV；电流值较高，为 15 mA/cm$^{2[47]}$。

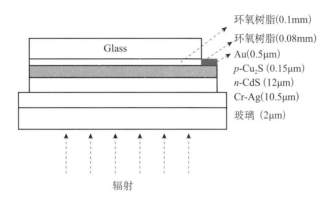

图 2.7　效率为 6.4% 的 Cu_2S/CdS 薄膜太阳能电池的结构示意图

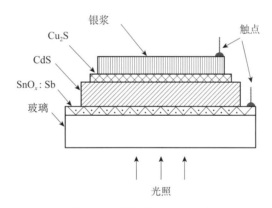

图 2.8　后板结构 Cu_2S/CdS 薄膜太阳能电池示意图

不同的是，100～300 nm 厚的 Cu_2S 层直接生长在 10 μm 厚的被蚀刻的 CdS 层（蒸发）上，采用了反应溅射技术。使用纯 Cu 靶材，H_2S 用作反应气体，Ar 用作烧蚀气体，与 H_2S 的流量比为 20%～25%，射频（RF）功率为 180 W，腔室压力为 0.4 Pa。生长出的 Cu_2S 的电阻率为 10^{-2} Ω·cm，这可能是由于形成了假正交晶系结构或六方晶型结构。对 Cu_2S 薄膜进行的霍尔测量显示：$p = 2 \times 10^{20}$ cm^{-3}，$\mu = 2 \sim 4$ cm^2/(V s)，$\rho = 10^{-2}$ Ω·cm。将厚度为 250 nm、叉指间距为 700 μm、宽度为 80 μm 的 Au 栅线加到电池上，然后在 160℃ 的温度下加热 1 小时。对于含有康宁玻璃/Au/CdS/Cu_2S/Au(40 nm)/Cu(1 μm)/Au(40 nm) 的电池，蒸发 CdS 膜层的效率为 4.9%，而溅射 CdS 膜层的效率为 1%$^{[48]}$。一般都通过热灌注法在十二硫醇和十八烯酸混合溶液中使用乙酰丙酮合铜和二乙基二硫代氨基甲酸铵制造 Cu_2S 纳米晶。首先在镀 ITO 玻璃衬底上通过旋转涂布的方法涂上一层 300 nm 厚的六方晶型结构 Cu_2S 纳米晶，然后通过同样的方法，沉积一层 100 nm 厚的 CdS 纳米棒。玻璃/ITO/Cu_2S/CdS 电池的

效率为 1.6%[49]。一般来说，电池应具有 25 μm 厚的 CdS 层，避免电池出现短路问题。

2.3 SnS、SnS$_2$ 和 Sn$_2$S$_3$ 吸收层

SnS 具有正交晶（D_{2n}^{16}）（硫锡矿）结构，晶格常数为 a = 3.98 Å、b = 4.33 Å、c = 11.18 Å。在该结构中，六个 S 原子围绕一个 Sn 原子，其中的三个 S 原子保持在距离为 2.68 Å 的位置，原子间角度为 88°10′、88°10′ 和 95°8′，其他三个 S 原子的距离为 3.38 Å，原子间角度为 118°、118° 和 75°[50]。有以下几种 SnS 生长技术：体相、真空、化学水浴沉积（CBD）和喷雾热分解（SP）。体相 SnS 是合成的：在 600℃ 的温度下，将化学计量的 Sn 和 S 在石英管中发生反应，在井式炉中将温度升高至 900℃，然后再降至 650℃，最后，将安瓿冷却至室温[51]。不同的是，当使用高纯度 Sn 和 S 时，要将高纯度 Sn 和 S 的化学计量混合物在 0.13 Pa 的压强下密封在排空的石英管中，保持 450℃ 持续 7 天、700℃ 持续 10 天，升温速率为 25℃/h，再以 25℃/h 的缓冷速率冷却至室温，避免硫的蒸气压过高而引起意外爆炸。通过扫描电子显微镜（SEM）观察磨碎的 SnS 块，可知其粒径为 50～70 μm。经能谱仪（EDS）分析，可知其组成为 Sn：S = 50.2：49.8。在衬底温度为 270～350℃、腔室压力为 5×10^{-4} Pa 的条件下，使用体相 SnS 通过热壁气相沉积技术使 SnS 薄膜在 0.65 μm 厚的镀钼玻璃衬底上生长，石英管的管壁温度更高，为 590℃[52]。常见的正交晶结构 SnS 可以采用较为简单的化学水浴沉积方法制得，即：将 1 g SnCl$_2$·2H$_2$O 溶解于 5 M 丙酮中，加入 3.7 M 三乙醇胺（TEA）、1 M 硫代乙酰胺和 4 M NH$_3$，在 55℃ 下保持 8 小时。然而，闪锌矿结构的 SnS 也可采用化学水浴沉积方法、通过控制沉积成分制得，即：将 2.26 g SnCl$_2$·2H$_2$O 溶解于乙酸：HCl = 3：1 的溶液中，并加入 3.7 M 的三乙醇胺、30% 的 NH$_3$ 和 0.1 M 的硫代乙酰胺，并置于室温下。为了得到 450 nm 厚的膜，需要连续进行四次沉积。在 500℃ 的空气中退火处理 30 分钟，可将锌矿结构的 SnS 膜转换成正交晶结构的 SnS，但同时会形成附加 SnO$_2$ 相。通过进一步的退火处理，即在更高的温度（550℃）下退火处理更长的时间（2 小时 30 分），可以将 SnS 膜完全转化为 SnO$_2$[53]。在衬底温度为 180℃ 且溶液流速为 6 mL/min 的条件下，使用 0.1 M SnCl$_2$·2H$_2$O 和 N，N-二甲基硫脲或 0.2 M CS(NH$_2$)$_2$，通过喷雾热分解技术也可使 SnS 膜在镀 SnO$_2$ 的玻璃衬底上生长[54]。

SnS 膜呈暗灰色，为单相正交晶结构，a = 4.294～4.329 Å，b = 11.195～11.215 Å，c = 3.986～3.996 Å（JCPDS 39～354），没有附加的寄生相，如 SnS$_2$、Sn$_2$S$_3$、SnO 或 SnO$_2$，（111）为择优取向，如图 2.9 所示[52]。在大多数情况下，生长温度为 200℃ 时，SnS 相显示（111）为择优取向，或在 X 射线衍射（XRD）谱中显示（111）、（040）和（131）强度峰。随着生长温度从 200℃、250℃、265℃ 增加到 285℃，SnS 的择优取向从（111）变至（040），而随着膜的厚度从 0.3 μm

增加到 1.5 μm，SnS 的择优取向从（111）变至（101）。但是，在衬底温度为 300℃的条件下，使用 4 N 纯 SnS 单源，通过真空蒸发法生长的 SnS 膜的择优取向也显示为（111），随着退火温度从 300℃升高到 400℃，其择优取向不发生变化[55-58]。通过喷射沉积方法制得的 SnS 膜显示（111）为择优取向，以及显示（120）、（131）、（151）、（061）、（042）和（251）峰[54]。

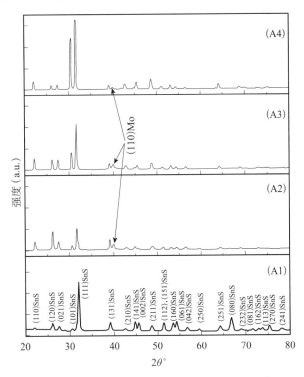

图 2.9　不同衬底温度（A_1）体相、（A_2）290℃、
（A_3）320℃和（A_4）350℃下，在 Mo 上生长的 SnS 薄膜的 X 射线衍射图

可根据光谱透射率（T_λ）和反射率（R_λ）数据确定光吸收系数（α），公式如下：

$$\alpha = 1/t \ln \left[(1 - R_\lambda)^2 / T_\lambda \right] \tag{2.3}$$

式中，t 表示膜厚度。使用另一个简单的关系式，可以得出光学带隙（E_g），如下所示：

$$\alpha = A (hv - E_g)^m / hv \tag{2.4}$$

式中，A 为常数；m 取决于光跃迁过程，对于直接允许跃迁、直接禁止跃迁和间接允许跃迁，m 的值分别为 1/2、3/2 和 2。

由透射光谱推导得到 SnS 膜的典型间接带隙为 1.3 eV，如图 2.10 所示。Sn 膜为 p 型导电性[50]。非晶和晶体 SnS 膜的间接带隙分别为 1.4 eV 和 1.38 eV，而直接带隙分别为 2.18 eV 和 2.33 eV[59]。在衬底温度为 300℃的条件下，使用 SnS 粉末，

薄膜太阳能电池材料

通过电子束沉积方法生长出（111）取向的 SnS 膜，其间接带隙和直接带隙分别为 1.23 eV 和 1.38 eV，根据光电导性测量得出的激活能分别为 0.25 eV 和 0.36 eV[60]。

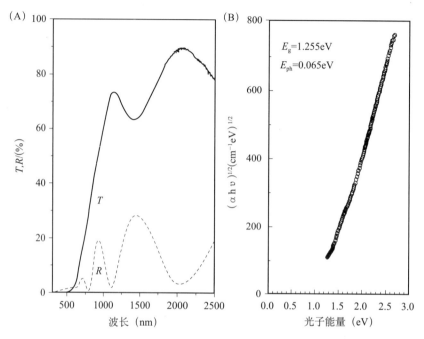

图 2.10 （A）SnS 的透射光谱和反射光谱以及 （B）（αhυ）$^{1/2}$ 与 hυ 关系图

然而，通过真空蒸发（VE）法和喷雾热分解（SP）法生长出的 SnS 膜的直接带隙分别为 1.48 eV 和 1.32 ~ 1.33 eV[54,58,61]。SnS$_2$ 的带隙为 2.12 ~ 2.44 eV，导电性为 n 型。另一个 Sn$_2$S$_3$ 相的直接带隙为 0.95 eV，其 n 型电导率为 10^{-5}（Ω·cm）$^{-1}$，激活能为 0.85 eV[50]。在衬底温度为 300℃和 350℃的条件下，使用 SnS 粉末，通过真空蒸发法生长出的 SnS 薄膜显示 SnS 和 Sn$_2$S$_3$ 相，不计源温度，其直接带隙分别为 1.45 eV 和 1.65 eV，对应的源温度为 300℃。由于硫的损失，对于恒定的源温度 300℃，随着衬底温度从 100℃升高到 400℃（温度上升步幅为 50℃），S/Sn 值从 1.11 下降到 0.98。同样，对于恒定的衬底温度 300℃，随着源温度从 300℃升高到 500℃，Sn/S 值从 0.9 增加到 1.6。这可能是由于硫具有较高的蒸气压[62]。决定薄膜带隙的不仅有生长温度，还有退火处理的条件。在 400℃的真空中退火 30 分钟后，SnS 膜的带隙从 1.3 eV 降至更低。这可能是由于第二相的再结晶和抑制。在量子效率测量中，1.1 eV 处出现扭折可能是由于对 SnS 膜间接带隙的响应[63]。结构也是决定膜带隙的一个因素，具有闪锌矿（ZB）和正交晶（OR）结构的 SnS 膜的带隙分别为 1.7 eV 和 1.2 eV[64]。表 2.2 列出了通过不同技术生长的 SnS 膜的直接带隙或间接带隙。

表 2.2 SnS 薄膜的间接带隙（E_{gi}）和直接带隙（E_g）

SnS 膜	E_{gi}（eV）	E_g（eV）	生长	参考文献
非晶质	1.4	2.18	真空蒸发（VE）	[59, 67]
结晶质	1.38	2.33		
结晶质	1.07	–	真空蒸发（VE）	[68]
结晶质	1.0	–	喷射	[69]
结晶质	–	1.32	喷射	[70]
非晶质	1.51	–	化学浴水沉积（CBD）	[71]
非晶质	1.1	–	化学浴水沉积（CBD）	[72]
非晶质	1.1	–	化学浴水沉积（CBD）	

通过电沉积（ED）技术在镀有 SnO_2:F 玻璃衬底生长上的 δ-SnS（无序结构）薄膜可通过退火处理转换成 α-SnS 膜（有序结构），其带隙也从 1.05 eV 增加到 1.22 eV[65]。通过化学水浴沉积技术生长的 SnS 膜，随着膜的厚度从 70 nm、270 nm 增加到 500 nm，其间接带隙分别从 0.82 eV、1.07 eV 增加到 1.22 eV，但是随着膜的厚度进一步增加至 900 nm，其间接带隙降低至 1.19 eV。前者可能是由于衬底对膜的压力，后者则可能是由于晶粒尺寸增加和张力减小[66]。带隙不仅受厚度或退火处理的影响而变化，还会随腔室压力的变化而变化，使用 3 in. 靶材通过射频（RF）溅射技术在钠钙玻璃衬底上生长的 SnS 膜（生长 1 小时）的组分比为 Sn：S = 39：61。随着腔室压力从 5 mTorr、10 mTorr、30 mTorr 增加至 60 mTorr，SnS 膜的间接带隙从 1.18 eV 降至 1.08 eV，如表 2.3 所示[73]。

表 2.3 溅射沉积参数对带隙和电阻率参数的影响

样品	Ar 压力（mTorr）	功率（W）	Sn/S	厚度（μm）	粒径（nm）	E_{gi}（eV）	ρ（Ω·cm）
A_5	5	150	1.07	1.58	198	1.18	1100
A_6	10	160	1.08	1.06	195	1.12	13 900
A_7	30	150	1.1	0.46	100	1.08	97 000
A_8	60	150	1.02	0.23	30	–	33 000

在拉曼光谱中，SnS 膜的拉曼峰出现在 173、181、219 和 286 cm^{-1} 处，分别接近 B_{1u} – 178 ± 5、Ag – 218 ± 25、192 ± 2、B_{2g} – 290 ± 4 cm^{-1}，但是对于 Sn_2S_3，40 nm 厚的样品在 153 cm^{-1} 处也出现了拉曼峰[74]。对于在 300℃、340℃ 和 520℃ 的温度下进行硫化处理的样品，拉曼光谱中出现了 162 cm^{-1}、193 cm^{-1} 和 223 cm^{-1} 模。对于 Sn_2S_3 相，拉曼峰出现在 237 cm^{-1} 和 254 cm^{-1} 处。而对于 SnS_2 和 Sn_2S_3 相，拉曼峰则出现在 316 cm^{-1} 和 307 cm^{-1} 处[75]。对在衬底温度为 200℃ 的条件下通过真空蒸发生长出的 SnS 膜进行 X 射线光电子能谱分析，结果显示，在 160.8 eV 处出现了 S-$2p_{3/2}$，在 485.4（+2）eV 和 486.4（+4）eV 处出现了 Sn-$3d_{5/2}$。将这些结果与 Sn（IV）和 Sn（II）化合物进行比较，结果表明，在 0.8 ~ 1.0 eV 范围内发生了变化，

薄膜太阳能电池材料

显示出了 SnS_2 或 Sn_2S_3 相，即存在 SnS + SnS_2 相[74]。

在衬底温度为350℃、455℃和488℃的条件下通过喷雾热分解技术生长出的硫化锡膜的电阻率分别为32.91 $\Omega \cdot cm$、7.2 $\Omega \cdot cm$ 和0.02 $\Omega \cdot cm$。在350℃条件下生长出的膜，其迁移率为139 $cm^2/(V\ s)$，载流子浓度（p）为 $1.37 \times 10^{15} cm^{-3}$，激活能为0.38 ~ 0.45 eV。在320 ~ 396℃条件下生长出的SnS膜也显示出了较高的电阻率，即 8.2×10^3 ~ $1.9 \times 10^4 \Omega \cdot cm$[76,77]。随着沉积温度不断升高，电阻率从 $5 \times 10^3 \Omega \cdot cm$ 变化到 $5 \Omega \cdot cm$，当生长温度 > 450℃时，膜（SnS_2）的导电性为 n 型[61]。同样，通过射频技术生长出的SnS膜的暗电导率为 3×10^{-3} $(\Omega \cdot cm)^{-1}$，激活能为0.31 eV[50]；随着退火温度升高，SnS膜的电阻率从37.4 $\Omega \cdot cm$ 降低至 9 $\Omega \cdot cm$[56]。含有10%多余S的SnS的电容—电压（CV）分析显示：Na = $11.6 \times 10^{15} cm^{-3}$，$W = 3.01 \times 10^{-5} cm$，势垒高度为0.56 eV，电阻率为13 ~ 20 $\Omega \cdot cm$，$n = 6.3 \times 10^{14}$ ~ $1.2 \times 10^{15} cm^{-3}$，霍尔迁移率为400 ~ 500 $cm^2/(V\ s)$[58]。

生长温度（T_s）决定了相的形成：在350℃ < T_s < 400℃时形成SnS相，在 T_s > 400℃时形成 SnS_2 相，在 T_s < 300℃时形成 Sn_2S_3 相[61]。在衬底温度为376 ~ 396℃的条件下，使用0.1 M 的 $SnCl_2 \cdot 2H_2O$、0.1 M 的 N,N-二甲基硫脲和异丙醇化学溶液（Sn/S = 1，流量为5 mL/min，使用压缩空气作为载气）通过喷雾热分解技术生长出的SnS膜质量更好，显示出 SnS_2（15.24°）和 Sn_2S_3（65.90°）相。在更高的温度（455℃）条件下沉积的膜的直接带隙为1.74 eV，并具有附加相 SnS + SnS_2。当生长温度升高至488℃时，带隙增加至2.0 eV，且形成不同相 SnS + SnO_2[77]。同样，使用 H_2S 和 $SnCl_4$，通过电容耦合的13.56 MHz 射频流放电室生长出的硫化锡膜，可形成不同的相，对于 n-SnS_2，采用的衬底温度为150℃，功率密度为25 mW/cm^2，而对于 p-SnS，采用的衬底温度为200℃，功率密度为250 mW/cm^2。流量的调整方式以能够得到SnS和 SnS_2 薄膜为准。在透明导电氧化物（TCO）上生长的 SnS_2 的电导率为 1.0×10^{-2} $(\Omega \cdot cm)^{-1}$，激活能为0.13 eV，带隙为2.167 eV[50]。不使用毒性 H_2S，在0.11 W/cm^2 功率下，通过在Ar气中进行直流磁控溅射，使Sn层沉积，然后在管式炉中使用压力为5 mbar 和流量为40 mL/min 的 N_2 气进行硫化，在不同的温度（300℃、340℃、430℃和520℃）下形成SnS，并保持10分钟。要将Sn样品硫化，需要在130℃条件下使硫颗粒（99.999%）蒸发。在硫化温度为300℃时，形成SnS和 SnS_2 复合相，而在硫化温度为340℃时，会观察到SnS相、SnS_2 相和 Sn_2S_3 相。SnS_x 膜的间接带隙为1.16 ~ 1.17 eV，与硫化温度无关。硫化温度为430℃时，形成 SnS_2 和 Sn_2S_3 相，而硫化温度为520℃时，形成SnS和 SnS_2 相[74]。将0.04 M $SnCl_4 \cdot 5H_2O$ 和0.08 $M(NH_4)_2S$ 溶液搅拌20分钟后，形成棕红色的 SnS_2 沉淀，将其清洗干净并在105℃的真空中干燥2小时，可得到 SnS_2 相膜。使用 SnS_2 沉淀，将非晶质黄棕色 SnS_2 膜沉积到玻璃衬底上，然后在300℃、350℃和400℃的温度下退火处理50分钟[78]。

在衬底温度为150℃、腔室压力为50 mTorr、等离子体功率密度为25 mW/cm^2

的条件下，使用 $SnCl_4$、H_2S 和 H_2 气（总流量为 25 sccm），通过等离子体增强化学气相沉积（CVD）技术制备不同的 SnS_2 相、Sn_2S_3 相及其复合相。$Q_{SnCl4}/(Q_{SnCl4} + Q_{H2})$ 的流量（Q）比（g）决定了相的形成，$g = 0.6$ 和 $g < 0.2$ 时形成 SnS_2 相，$g = 0.49$ 时形成 Sn_2S_3 相。当 g 值更高时，形成 SnS_2 和 Sn_2S_3 以及 $SnCl_4$ 相[79]。Sn_2S_3 薄膜也是通过喷雾热分解技术制成的，条件是衬底温度为 270℃，使用化学溶液 $SnCl_2 \cdot H_2O$ 和 $CS(NH_2)_2$（Sn：S = 2：3），并使甲醇：去离子水 = 1：1。为了维持化学溶液的稳定性，需在其中加入几滴 HCl[80]。通过同样的技术也可以生成膜，但条件稍有不同，即：衬底温度为 320℃，使用 0.1 M $SnCl_2$ 和 N,N-二甲基硫脲，水与异丙醇的混合比 = 1：3[81]。同样，在衬底温度为 275℃、300℃ 和 325℃ 的条件下，使用 $SnCl_2 \cdot 2H_2O$ 和 N,N-二甲基硫脲（pH 值为 2），通过喷雾热分解技术（喷雾率为 5mL/min）生长出的膜显示出 Sn_2S_3 相；$Sn/S = 1.7$ 和 2.3 时，为 Sn_2S_3 相；$Sn/S = 1$ 时，为 SnS 相。

经退火处理的 SnS_2 膜呈现出六方晶型结构，择优取向为（001），并显示出（100）、（101）和（110）峰[78]。同时，单相 Sn_2S_3 显示出正交晶结构，晶格常数为 $a = 8.824$Å、$b = 13.98$Å 和 $c = 3.735$Å，（211）为强度峰[82]。

由于形成了不同的相，随着 Sn 的硫化温度从 300℃ 增加到 520℃，带隙从 1.46 eV 降低到 1.26 eV[75]。在温度为 300℃、350℃ 和 400℃ 条件下进行退火处理的非晶 SnS_2 和膜的带隙分别为 2.41 eV、2.39 eV、2.38 eV 和 2.35 eV。由于在 SnS_2 的表面形成了 SnO_2，退火温度为 400℃ 时，带隙较低，为 2.35 eV[78]。随着沉积温度分别从 275℃、300℃ 升高到 325℃，并保持 $Sn/S = 1.7$，Sn_2S_3 膜的带隙分别从 2.2 eV、2.0 eV 降低到 1.9 eV[79,80,82]。随着厚度从 20 nm 增加到 40~60nm，带隙从 2.15 eV 到 2.28 eV 不等，Sn_2S_3 相时带隙接近 1.9 eV[74]。

2.4　SnSe 和 $SnSe_2$ 吸收层

SnSe 和 $SnSe_2$ 分别具有 p 型和 n 型导电性。前者为正斜方晶结构，晶格常数为 $a = 11.42$Å、$b = 4.190$Å 和 $c = 4.460$Å，（210）和（402）为强度峰。通过 X 射线光电子能谱（XPS）分析确定其组分为 Sn：Se = 47.45：43.1，腐蚀膜在 488.6 eV 和 497.3 eV 处的结合能分别为 Sn-3d$_{5/2}$ 和 Sn-3d$_{3/2}$[83]。SnSe 和 $SnSe_2$ 膜可以通过不同的技术制得。在温度为 55℃、电势为 −0.56 V（NHE）的条件下，使用 50 mM 的 $SnCl_2$ 和 5 mM 的 SeO_2（pH = 2.8），通过电沉积（ED）技术使 SnSe 膜在镀有氧化锡的玻璃衬底上生长，然后在温度为 200℃ 的条件下在空气中退火处理 30 分钟，此时直接带隙为 1.05 eV[84]。通过一个杂化工艺流程，即使用电沉积（ED）技术和真空蒸发技术分别使 Se 和 Sn 沉积，然后在温度为 200℃ 的条件下在 N_2 气中退火处理，形成 SnSe 和 $SnSe_2$ 相膜，其带隙为 0.9~1.6 eV，电导率为 0.01~0.2 $(\Omega \cdot cm)^{-1}$[85]。

2.5　SnS 薄膜太阳能电池

使用简单的物理参数就能构建出两种化合物 p-SnS/n-CdS 的能带图。SnS 的电子

薄膜太阳能电池材料

亲和能在能带图构建中是不可缺少的，可以使用与势垒高度之间的简单关系，由 p-SnS/Ag 肖特基结确定，公式如下：

$$\Phi_b = E_g - (\Phi_m - x) \qquad (2.5)$$

式中，E_g（1.3 eV）为半导体的带隙，Φ_m 为金属（Ag）的功函数，x 为半导体（SnS）的电子亲和势。设 p-SnS/Ag 肖特基结的平均势垒高度为 0.649 eV[86]。有几项报告显示，Ag 的功函数从 4.76 eV（单晶）到 4.25 eV（薄膜）不等[87]。当前所用的是外延纯 Ag 层的功函数，为 4.52 eV[88]。因此，可得出 SnS 的电子亲和势为 3.9 eV。硫化锡的同类化合物 SnS_2 的电子亲和势为 4.2 eV，接近于 SnS 的电子亲和势[89]。使用前面提到的简单关系，可确定价带偏移（ΔE_v）和导带偏移（ΔE_c）为 0.82 eV 和 0.36 eV，其中 $x_{CdS} = 4.6$ eV，$x_{SnS} = 3.9$ eV，$E_{gCdS} = 2.42$ eV，$E_{gSnS} = 1.3$ eV。导带偏移为正时构造出的 p-SnS/n-CdS 的能带图如图 2.11（A）所示。但是，对通过化学水浴沉积（CBD）和电沉积（ED）技术制得的玻璃/ITO/CdS（CBD）/SnS（ED）进行 X 射线光电子能谱（XPS）分析，确定价带偏移（ΔE_v）的值为 1.34 eV，根据这个值，通过一个简单的关系（$\Delta E_c = E_{g2} - E_{g1} - \Delta E_v = 2.4 - 1.3 - 1.34 = -0.24$ eV）得出导带偏移为负（-0.24 eV），如图 2.11（B）所示。通过化学水浴沉积（CBD）技术制得的相同结构的玻璃/ITO/CdS（CBD）/SnS（CBD）的价带偏移 $\Delta E_v = 1.59$ eV，由此得出导带偏移为 -0.49 eV。对于通过电沉积（ED）技术在 SnS（$E_g = 1.3$ eV）上生长的环保窗口 InS_xO_y（$E_g = 2.75$ eV）层，通过 X 射线光电子能谱（XPS）分析，可知其作用的价带偏移为 0.77 eV，正导带偏移为 0.68 eV[90]。导带偏移的正值和负值分别为 I 型和 II 型异质结。在后一种类型中，界面态的密度很高，能够为载流子复合提供良好的环境。因此，载流子浓度降低会减小开路电压，最终使电池的效率降低。通过真空蒸发技术在玻璃/ITO/n-CdS 上生长 p-SnS 膜，然后沉积 Ag 电极，得到的玻璃/ITO/n-CdS/p-SnS/Ag 电池效率较低，为 0.29%，如图 2.12 所示[58]。同理，使用 0.03 M 的 $SnSO_4$ 和 0.1 M 的 $Na_2S_2O_3$ 的水溶液（pH 值为 2.7），通过不同的电沉积（ED）技术将正斜方晶结构 p-SnS 薄膜镀到玻璃/ITO/n-CdS 或玻璃/TTO/n-CdZnS 上，通过化学水浴沉积（CBD）技术，使 CdS 或 CdZnS 生长出来。由 CdS 和 $Cd_{1-x}Zn_xS$（$x = 0.13$）制得的电池效率分别为 0.22% 和 0.71%[91]。不同的是，SnS 膜是通过化学水浴沉积（CBD）技术在玻璃/SnO_2:F/CdS 上生长的。将 $SnCl_2 \cdot 2H_2O$ 加入冰乙酸中形成化学水浴溶液，并保持温度为 60℃。向溶液中加入几滴 HCl，维持所需的 pH 值水平，然后加入 3.7 M 的三乙醇胺（TEA）、15 M 的氨和 0.1 M 的硫代乙酰胺。通常对最终的化学溶液连续进行五次沉积，得到较厚的 SnS 膜。单次沉积大约持续 5~6 小时，获得 100 nm 厚的 SnS 层，直接带隙为 1.7 eV。将玻璃/SnO_2:F/CdS/SnS 结构在温度为 300℃、压力为 300 mTorr 的 N_2 气中进行退火处理，或在 125~550℃ 的空气中进行退火处理。最后，在玻璃/SnO_2:F/CdS/SnS 电池结构上形成银浆，$V_{oc} = 380$ mV，$J_{sc} = 0.05$ mA/cm^2。使用同样的化学水浴沉积（CBD）技术，将 CuS 膜沉积到玻璃/SnO_2:F/CdS/SnS 叠层上，制成另一种类型的玻璃/SnO_2:F/CdS/SnS/CuS 电池，然后在 315℃ 的温度条件下退火处理 1 小时，将玻璃/SnO_2:F/CdS/SnS/CuS 叠层转换成玻璃/SnO_2:F/CdS/Cu_2SnS_3（$E_g = 0.93$ eV）薄膜太阳能电池。CuS 生长所用的化学水浴由 1 M 的 $CuCl_2 \cdot 2H_2O$、3.7 M 的三乙醇胺（TEA）、15 M 的氨、1 M 的 NaOH 和 1M 的硫脲制成。玻璃/SnO_2:F/CdS/Cu_2SnS_3/Ag 电池的 $V_{oc} = 340$ mV，$J_{sc} = 6$ mA/cm^2[92]。同样的，将 Sn_xS_y 膜在 340℃ 条件下硫化处理所形成的 SnS/CdS/ZnO:Ga 电池的效率为 0.17%[75]，而用 0.5 μm 厚的 SnS（OR）制成的电池的效率也仅为 0.2%[64]。通过 CdS 和 In 两种蒸发源在玻璃/SnO_2/SnS 生长上的 CdS:In（2%）膜的带隙为 2.44 eV，电阻率为 5.5×10^{-3} Ω·cm，载流子浓度为 2.8×10^{19} cm^{-3}，迁移率为 40 cm^2/（V s）。在玻璃/SnO_2/SnS/CdS:In 层上生长 0.4 μm 厚的 In 为电极，完成电池结构。通过 I-V 确定玻璃/SnO_2/p-SnS/n-CdS 电池的效率为 1.3%，载流子浓度为 1.4×10^{15} cm^{-3}，通过电容—电压（CV）测量，得到内建电压为 0.72 V[54]。

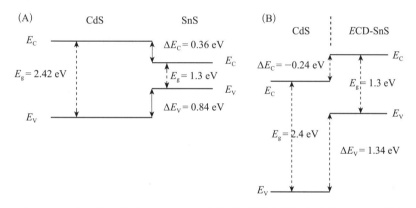

图 2.11　（A）导带偏移为正时的 SnS/CdS 薄膜太阳能电池的能带示意图和

（B）导带偏移为负时的 SnS/CdS 薄膜太阳能电池的能带示意图

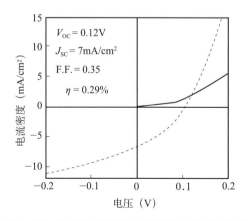

图 2.12　SnS/CdS 薄膜太阳能电池的 *I-V* 曲线

薄膜太阳能电池材料

使用 SnS 单源粉末，通过热蒸发方法在玻璃/ITO/n-ZnO 上生长的 p-SnS 薄膜在 31.56°处显示（111）为择优取向，在 250℃ 的温度条件下退火处理 1 小时后，出现强度峰，同时纯 SnS 的组分从 Sn：S = 52.41：47.59 变为 Sn：S = 53.08：46.92。在 SnS 膜沉积之前，使用 0.01 M 的 ZnNO$_3$ 和 0.1 M 的 KNO$_3$ 非水性二甲亚砜溶液，通过电沉积（ED）技术使 ZnO 在玻璃/ITO 上生长。表 2.4 中给出了玻璃/ITO/n-ZnO/p-SnS 电池的光电参数[93]。不同的是，SnS 薄膜是通过 CVD 脉冲调制技术生长出的，即用 N$_2$ 气作载气，在 N$_2$ 气中使用 bis（N，N'-二异丙基乙脒基）tin（II）（Sn（MeC（N-iPr）$_2$）$_2$）和 4% 的 H$_2$S 进行脉冲调制。为了将 Sn 前驱体和 H$_2$S 注入反应室，应分别维持 100 mTorr 和 240 mTorr 的分压。衬底和前驱体的温度分别为 200℃ 和 95℃。生长出的 1.5 μm 厚的 SnS 层呈现柱状结构和片晶结构。在 SnS 层上，在 120℃ 的条件下，使用 Zn（C$_2$H$_5$）$_2$ 和 H$_2$S 前驱体通过原子层沉积（ALD）技术生长出 25 ~ 30 nm 厚的 Zn（O，S）和 10 nm 厚的 ZnO，然后分别通过射频（RF）溅射和电子束蒸发技术，在 SnS/Zn（O,S）/ZnO 上生长出 200 nm 厚的 ITO 层和 500 nm 厚的 Al 金属栅线。Zn（O，S）中的 S/Zn 值决定了 SnS/Zn（O,S）的能带结构：如果 S/Zn > 0.6，则显示出 I 型结，ΔE_c > 0.5 eV，因此，势垒会阻碍光生电子流；S/Zn < 0.5 时，不存在载流子收集问题，且 0.71 cm^2 的玻璃/Mo/SnS/Zn（O,S）/ZnO/ITO/金属栅线电池效率较低，ΔE_c < 0.5 eV 时，串联电阻为 6 Ω·cm^2；而 S/Zn = 0.37 时，电池效率为 1.8%。美国可再生能源实验室测量得出的效率略高，为 2.04%[57]。不同的是，在 60℃ 的条件下，使用 1.4 mM 的碘化镉或硫酸镉和 0.14 M 的硫脲，通过化学水浴沉积（CBD）方法使 CdS 缓冲层在化学气相沉积（CVD）SnS 上生长（持续 4 分钟）。然后，在 10% 的氧气中，使用 Zn 和 Zn-Al 靶材通过射频（RF）溅射技术生长出 ZnO 和 ZnO：Al 膜。由于硫的损失，在 T_s > 300℃ 的条件下生长出的 SnS 膜 Sn 含量稍微过量。有趣的是，Sn 和 S 扩散到 Mo 中，而不是通过 Mo 形成 SnS 相。使用 5 μm 厚的 SnS 膜制成的电池效率为 0.5%（见表 2.4），其中 SnS 膜是在 350℃ 的条件下生长的[52]。

表 2.4 SnS 薄膜太阳能电池的物理光伏特性

电池	V_{oc} (mV)	J_{sc} (mA/cm^2)	FF (%)	η (%)	R_s (Ω·cm^2)	R_{sh} (Ω·cm^2)	n	$J_0 \times 10^{-7}$ (mA/cm^2)	参考文献
SnS/CdS	120	7	0.29	–	–	–	–	–	[158]
SnS/CdS	270	2.36	35	0.22	–	–	–	–	[91]
SnS/CdZnS	288	9.16	27	0.71	–	–	–	–	
SnS/CdS	183	2.7	34	0.17	–	–	–	–	[75]
SnS(OR)/ SnS(ZB)/CdS	370	1.23	44	0.2	500	18k	–	5	[64]
SnS/CdS	260	9.6	53	1.3	–	–	–	–	[54]
SnS(CVD)/CdS	132	3.63	29	0.5	40	350	4	–	[52]

续表

电池	V_{oc} (mV)	J_{sc} (mA/cm²)	FF (%)	η (%)	R_s ($\Omega \cdot cm^2$)	R_{sh} ($\Omega \cdot cm^2$)	n	$J_o \times 10^{-7}$ (mA/cm²)	参考文献
SnS/ZnO，S	220	16.8	47.7	1.8	–	–	–	–	[57]
	244	19.42	43	2.04	–	–	–	–	
SnS/SnS	280	9.1	29.9	0.74	–	–	–	–	[95]
SnS/ZnO	120	39.91 μa	33	0.003	5.57k	1.64k	1.28	1.0	[93]
SnS/CdO	471	0.3	71	0.1	270	34 936	–	–	[96]
电解质	320	0.65	65	0.54	–	2.5k	–	–	[97]

制备 p-SnS/n-Si 异质结时，首先通过射频（RF）溅射的方法将 Sn 膜溅射到玻璃/Mo 上，然后在 250℃ 的熔炉中硫化 40 分钟，在衬底温度为 200℃、腔室压力为 1 Pa 时，分别使用流量为 4 sccm、4 sccm 和 12 sccm 的 PH_3、SiH_4 和 H_2，通过热丝 CVD 法生长出 n 型 a-Si 层。电池具有 400 nm 的 p-SnS/n 型 α-Si 异质结，其中，SnS 的组分为 Sn：S = 0.91：1，直接带隙为 1.35 eV。最后，通过溅射技术在玻璃/Mo/SnS/Si 上生长 ITO 层，在 30 mW/cm² 低照度下，玻璃/Mo/SnS/Si/ITO 电池的 V_{oc} = 289mV，J_{sc} = 1.55 mA/cm²[94]。制备纳米线同质结太阳能电池时，SnS 和 S 为 SnS 纳米线的生长源。通过在 Ar 气中掺入 5% 的 H_2 气作为载气，将 0.05 sccm 的 B_2H_6 流（12 分钟）和 0.5 sccm 的 PH_3（8 分钟）引入 CVD 石英腔室中，从而将 n 和 p 掺杂剂分别掺入 SnS 纳米线。该层组分为 Sn：S：P：B = 47.13：49.37：3.02：0.48，（101）为主峰。通过旋转涂布方法使纳米线之间的空间充满绝缘的聚甲基丙烯酸甲酯（PMMA）。在 p-n 同质结顶部，先后生长出 200 nm 的 ITO 和 50 nm 的 Ti 或 200 nm 的 Al 叉指结构。Al/p-SnS(B)/n-SnS(P)/ITO 电池的 V_{oc} = 650 mV，J_{sc} = 7.64 mA/cm²[95]。最后，将直径为 0.2 cm、厚度为 0.8 μm 的 Al 圆片沉积在玻璃/SnO_2:Sb/n-SnS_2/p-SnS 上，从而完成同质结薄膜太阳能电池的结构，其中，V_{oc} = 350 mV，J_{sc} = 1.5 mA/cm²[50]。还可制备 SnS 电解质电池，0.52 cm² 的玻璃/氟掺杂氧化锡（FTO）/TiO_2/SnS + 电解质 + Pt/FTO/玻璃太阳能电池的效率为 0.1%。在太阳能电池的工艺中，首先使用 TiO_2 浆（染料），通过刮片技术在镀有 FTO 的玻璃衬底上制备 TiO_2 多孔层，然后通过化学水浴沉积（CBD）技术沉积 SnS 层。要沉积 SnS 层，应将 0.95 g 的 $SnCl_2$ 溶解于 5 mL 丙酮中，然后在制得的溶液中加入 8 mL 98% 的三乙醇胺（TEA）、8 mL 0.1 M 的硫代乙酰胺（CH_3CSNH_2）、6 mL 24% 的氨和去离子水，得到 100 mL 的化学溶液，并将其在 75℃ 的水浴温度中放置 1 小时。通过电解质将镀 Pt 的 FTO 玻璃衬底（玻璃/FTO/Pt）与玻璃/FTO/TiO_2/SnS 相连，完成电池的结构。从 $\ln (R/Ro)$ 与 $1000/T$ 的对比图中可以看出，在 111～144℃ 的温度范围内，通过化学水浴沉积（CBD）方法生长出的 SnS 膜的激活能为 0.22 eV，原因是缺乏 Sn[96]。光电化学电池 p-SnS/Fe^{3+} 和 Fe^{2+}/Pt 的效率较低，为 0.54%[97]，而具有不同传导窗口层的电池，如 CdO、Cd_2SnO_4 和 SnO_2:F，性能也较差，V_{oc} 为 130～230 mV[98]。

众所周知，在低效率太阳能电池（如图 2.12）中能观察到交叉 *I-V* 响应，这是由电池中的二次结控制的。交叉 *I-V* 响应在高效太阳能电池中也很常见，但这是由太阳能电池 *p-n* 突变结的 *I-V* 响应控制的。

2.6 太阳能电池的窗口层

2.6.1 ZnS

由于 ZnS 的带隙为 3.6 eV，因此能够在 0.4 ~ 14 μm 的范围内传输辐射，与 CIGSS 吸收层具有良好的晶格失配，且在波长范围为 2 ~ 11 μm 时，具有 2.19 ~ 2.26 的高折射率。ZnS 的热膨胀系数为 $7.4 \times 10^{-6}/℃$，密度为 4.1 g/cm^3。直径为 80mm、厚度为 4mm 的块状样品是通过 CVD 技术生长的。在沉积室中使用 Zn 蒸气（载气为 Ar，反应气体为 H_2S）生长出 ZnS，生长温度为 700 ~ 820℃，压力为 500 ~ 1 000 $Pa^{[99]}$。同样，将沉积室压力控制在 60 mTorr 并保持 30 分钟，使用 Zn 靶材和 H_2S 反应气体，通过反应射频溅射技术可使 ZnS 膜在 1 in × 1 in 的 Si 和钠钙玻璃衬底上生长。在 H_2S 流量为 5 ~ 7 sccm 的条件下，可生长出化学计量比薄膜，若 H_2S 流量不在这个范围内，生长出的薄膜会含有过量的硫[100]。不同的是，在衬底温度为 350℃、沉积室压力为 10^{-3} mbar（4.5 小时）的条件下，可使用二乙基二硫代氨基甲酸单锌 $Zn(S_2CN(C_2H_5)_2)_2$ 前驱体，通过 CVD 技术使 ZnS 膜在（100）Si 衬底上生长[101]。

在温度为 80℃ 且 pH 值为 10.5 ~ 11（15 分钟）的条件下，可使用锌盐（0.16 M）、硫脲（0.6 M）和氨（7.5 M）溶液，通过 CBD 技术生长出氧化 ZnS(O,OH) 膜。在化学溶液中加入三乙胺或肼，可得到更好的沉积效果。用 10% 的 NH_3 溶液洗涤经沉积得到的 ZnS 层，以除去表面残留的物质[102]。同样，在衬底温度为 90℃（3 小时）的条件下，使用低浓度的溶质，包括 0.077 M 的 $ZnCl_2$、0.071 M 的 $(NH_2)_2CS$、1.39 M 的 NH_3 和 2.29 M 的 $(NH_2)_2$，通过 CBD 技术生长的 ZnS 膜呈立方结构。加入 HCl，将化学溶液的 pH 值控制在 10、10.31、10.99 和 11.50。在 pH 值为 11.50、10.99、10.31 和 10 时生长出的膜的带隙分别为 3.67 eV、3.81 eV、3.88 eV 和 3.78 eV。膜的生长速率随着溶液 pH 值的降低而提高。带隙的变化可能是由于膜的结构发生了变化[103]。使用 150 次循环的 $[Zn(EN)_2]^{2+}$ 和 S^{2-}，通过连续离子层吸附反应（SILAR）法生长出的 600 ~ 700 Å 厚的膜的带隙为 3.67 $eV^{[104]}$，在 pH 值为 10.6 时生长出的膜的电阻率为 10^4 $\Omega \cdot cm$，带隙为 3.66 ~ 3.93 $eV^{[105]}$。在 NH_3 = 1.49 M 条件下生长的膜比在 NH_3 = 1.39 M 条件下生长的膜的透射率更高。另一方面，在较高的 NH_3 浓度下生长的样品比在较低 NH_3 浓度下生长的样品带隙略高，如表 2.5 所示[106]。在氩气氛中退火处理 1 小时，随着温度从 200℃、300℃、400℃ 升高到 500℃，ZnS（白色）的带隙逐渐从 3.8 eV、3.62 eV、3.43 eV、3.16 eV 降低到 2.99 eV，这说明量子尺寸效应的影响慢慢消除了。ZnS 膜的电阻率约为 10^4 $\Omega \cdot cm^{[102]}$。

表 2.5 NH_3 浓度对 ZnS 带隙的影响

样品	$ZnCl_2$	$SC(NH_2)_2$	NH_3	$(NH_2)_2$	E_g (eV)	ΔE_g (eV)
溶液 A	0.077	0.071	1.49	2.29	3.68	–
H_2 退火	–	–	–	–	3.5	0.18
溶液 B	0.077	0.071	1.39	2.29	3.45	–
H_2 退火	–	–	–	–	3.27	0.18

在溅射膜中，闪锌矿结构和六方晶结构在 28.5° 处出现了衍射峰[100]。但是，在 400℃ 条件下生长出的 ZnS 膜仅呈现六方晶结构，衍射峰为（101）、（102）和（103），而在 350℃ 和 300℃ 的生长温度下，膜呈现立方结构，在 28.5°（111/002）、47.5°（220/111）和（200）处出现了衍射峰。生长温度为 250℃ 时出现前两个衍射峰。对于六方晶结构，在温度为 400℃、压力为 10 mbar 的条件下，通过 0.6 s 的二乙基锌（DEZ）脉冲、2.2 s 的氮气吹扫、1 s 的 H_2S 脉冲和 3.3 s 的氮气吹扫，使用原子层沉积（ALD）技术生长的膜呈六方晶结构，并具有 h（101）、h（102）和 h（103）[107]。由于能带结构的变化，随着 Zn/S 值从 0.7 增加到 1.8，光学带隙逐渐从 3.72 eV 降低到 3.58 eV[100]。对于纤锌矿 ZnS，拉曼峰出现在 69 cm^{-1}、275 cm^{-1}、279 cm^{-1}、285 cm^{-1} 和 353 cm^{-1} 处，而对于闪锌矿结构，拉曼峰出现在 278 cm^{-1} 和 351 cm^{-1} 处[108,109]。

2.6.2 ZnSe

ZnSe 适合用作太阳能电池的窗口层，其带隙为 2.67 eV，具有 n 型半导性，载流子浓度为 5.6×10^{16} cm^{-3}，迁移率为 300 cm^2/(V s)[110]。在温度为 60℃ 的条件下，通过 CBD 技术在吸收层上生长 Zn(Se,O)，作为太阳能电池的窗口层。化学水浴包含硫酸锌（30 mM 的 $ZnSO_4$）、硒脲（SU）（15 mM 的 NH_2CSeNH_2）、氨（1.4 M 的 NH_3）、亚硫酸钠（30 mM 的 Na_2SO_3）和肼（1.6 M 的 N_2H_4）[111]。在温度为 70℃ 的条件下，可通过 CBD 技术使一层非常薄的 $Zn(Se,OH)x$ 缓冲层（厚度为 7 nm，晶粒尺寸为 20～25 Å）沉积在经 $NH_2-NH_2 \cdot H_2O$ 处理的 CIGSS 吸收层上，先后生长出 ZnO(110 nm)、ZnO:Al(400 nm)、Ni-Al 栅线和 MgF_2（120 nm）减反层，制成玻璃/Mo/CIGSS/Zn(Se，OH)$_x$/i-ZnO/ZnO:Al/Ni-Al 电池。最后，0.5 cm^2 的玻璃/Mo/CuInGa(S,Se)$_2$/Zn(OH)$_2$/Zn(Se,OH)/i-ZnO(100 nm)/ZnO:Ga(100 nm)/Al-Ni 薄膜太阳能电池的转换效率为 14.4%，接近 CdS 缓冲层太阳能电池的转换效率（14.6%），而没有 Zn(Se,OH) 缓冲层的玻璃/Mo/CuInGa(S,Se)$_2$/Zn(OH)$_2$/ZnO 电池的效率较低，仅为 10.7%。化学水浴沉积（CBD）的 Zn(Se,OH)$_x$ 电池性能比（MOCVD）ZnSe 电池好，在没有 MgF_2 减反层的情况下，0.6 cm^2 的 CIGSS/Zn(Se,OH)/i-ZnO/ZnO:Ga 电池效率为 13.67%，与有减反层的电池相比略低。同理，对于经 Zn 处理的 CIGSS 吸收层，0.5 cm^2 的玻璃/Mo/CIGSS/Zn(Se,OH)/ZnO 电池的效率从 12.7% 增加到 14.5%[112]。

第三章　四元和五元 $Cu_2ZnSn(S_{1-x}Se_x)_4$ 吸收层的生长

3.1　$Cu_2ZnSn(S_{1-x}Se_x)_4$ 的生长

本章批判性地描述了当前不同技术的发展现状，并讨论了如何采用一系列沉积工艺制备高质量的 $Cu_2ZnSn(S_{1-x}Se_x)_4$（CZTSSe）薄膜。吸收层的制备主要依靠生长技术，如真空或非真空工艺、腔室压力以及衬底温度。其中，真空蒸发法是一种值得推荐的技术，可用于大规模、大面积生长纯吸收层，且不会产生杂质。该技术可用于生长 $Cu_2ZnSn(S_{1-x}Se_x)_4$ 双层膜，而这种双层膜非常适合制作薄膜太阳能电池。通过控制源温度可以轻易地改变薄膜的组分。但该技术还存在一个明显的缺点：外掺杂有一定的难度。

由于 $Cu_2ZnSn(S_{1-x}Se_x)_4$ 在室温（RT）下具有高热电发电率和低电阻率，其在热力发电领域的应用越来越引起人们的重视。与 $CuSbS_2$ 一样，Cu_2ZnSnS_4（CZTS）是一种新型的 3D 薄膜太阳能电池材料[113]。CZTS 和 $Cu_2ZnSnSe_4$（CZTSe）都是潜在的半导体吸收材料，因为其具有合适的带隙（分别为 1.5 eV 和 1.1eV）。由CZTSe 和 CZTS 的固溶体制成的新型 $Cu_2ZnSn(S_{1-x}Se_x)_4$ 半导体可用作薄膜太阳能电池的吸收层，其中的一些元素在地球上储量很丰富。在制作 $CuIn_{1-x}Ga_xSe_2$（CIGS）薄膜太阳能电池中用到的 In 和 Ga 元素在地球上储量都不是很高，且成本每年都近乎翻倍。CZTS 吸收层也可以作为 CIGS、硅太阳能电池等的代替品，但潜在问题是，这种化合物严重地分离出第二相，导致薄膜太阳能电池的光电参数不稳定[17]。因此，在了解了具有最佳带隙（1.21 eV）的 CIGS 薄膜太阳能电池具有 20.3% 的最高效率后，应着眼于寻找新的太阳能代替材料[11]。为了在一个范围内得到最佳带隙，我们深入研究了 $Cu_2ZnSn(S_{1-x}Se_x)_4$ 化合物的生长过程。这种化合物的优势是，通过调整 $Cu_2ZnSn(S_{1-x}Se_x)_4$ 中 x 的成分可以使带隙在 1.1 ~ 1.52 eV 之间变化。

3.2　Cu_2ZnSnS_4 的生长

目前有几种生长 Cu_2ZnSnS_4 的常规技术方法，成本有高有低。在本节中，我们会对这些技术进行讨论。

CZTS 的相图

Cu_2ZnSnS_4 的相图显示了块状或薄膜状 CZTS 的生长路径。相图有助于避免在

CZTS 化合物生长时分离出第二相。

在 Sn 溶液中，CZTS 溶质的摩尔百分比（X）可记作 X = CZTS［mol%］/（CZTS［mol%］+ Sn［mol%］）×100。将 5N 纯 Cu、Sn、S 与 6N 的 Zn 密封在真空碳包覆石英管（直径 10mm）中，以 200℃/h 的速率升温至 1100℃，保持 24 小时，使其均匀混合，再降温至 900℃。最后，在十天内以每天 4～5mm 的速度将安瓿从加热炉中取出，使样品快速冷却至室温。当 X = 30% 时，低共熔点为 680℃。如图 3.1 所示，温度为 680℃ 时，如果 CZTS 相图中 X < 30%，Sn 相会从 CZTS 相中分离出来；当 30% < X < 60% 时，显示 SnS$_x$ 和 CZTS 两个相；当 X > 60% 时，显示单相 CZTS。从 X 射线衍射图谱可以看出，当 X = 80% 时，显示 CZTS 和 Sn 相，而当 X = 50% 时，显示 CZTS 相、SnS$_x$ 相和 Sn 相。当温度低于 820℃ 时，CZTS 相和 SnS$_x$ 相共存。在温度为 900℃ 且 X = 70% 时显示单相 CZTS。生长的晶体尺寸为：直径 10mm，长度 25mm。该单晶显示 a = 5.455 Å、c = 10.880 Å，在 X 射线衍射图谱上，很难将 ZnS 和 Cu$_2$SnS$_3$ 相从 CZTS 中排除。因此，拉曼光谱可以用于确定真正的相。单相 CZTS 在温度低于 830℃ 时出现相变，而 Cu$_2$SnS$_3$ 在温度达到 747℃ 时出现相变。Cu$_2$SnS$_3$ 和 ZnS 的混合物分别在 736℃ 和 816℃ 时出现相变。CZTS 与 ZnS 的相变温度相近。温度 > 800℃ 时，Cu$_2$SnS$_3$ 和 ZnS 发生互扩散，可能形成 CZTS，在这种情况下，会出现单相 CZTS，而非 Cu$_2$SnS$_3$ 和 ZnS 两种不同的相。CZTS 晶体和 Cu$_2$SnS$_3$ 的带隙分别为 1.5eV 和 0.93eV。在生长方向上单晶显示出贫 Cu 富 Zn 和 Sn。为了研究其电性质，在通过垂直移动加热器法生长的 p-CZTS 单晶中使用 Au 作为欧姆接触，生长出的组分为 0.96 < Cu/(Zn + Sn) < 0.99 和 1.05 < Zn/Sn < 1.14 的晶体的载流子浓度为 10^{16}～10^{17} cm^{-3}，迁移率为 15～35 cm^2/(V s)，ρ = $10^2 \Omega \cdot$cm$^{[114-117]}$。可以根据 CZTS

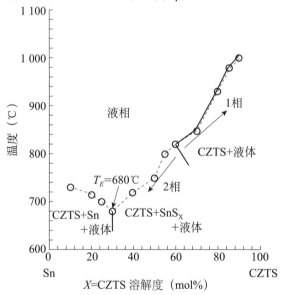

图 3.1 CZTS-Sn 伪二元系统相图

薄膜系统的太阳能转换效率绘制相图。富 Cu 区域显示电池效率较低，可以看出 Cu、Zn 和 Sn 的组分。高效率电池由 CZTS 薄膜制成，显示贫 Cu 富 Zn 贫 Sn，如图 3.2 所示。要制作高效率电池，非常重要的一点是保证足够的 Sn 组分。Cu、Zn、Sn 和 S 组分与 V_{oc} 和 J_{sc} 的关系图，与太阳能电池效率图差异明显[118]。

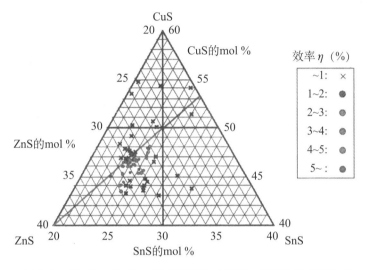

图 3.2 Cu₂ZnSuS₄伪二元系统相图（根据太阳能电池效率绘制）

3.2.1　真空热蒸发

在源温度分别为 1 300℃、300℃、1 400℃和 80℃的条件下，同时蒸发 Cu、Zn、Sn 和 S（持续 1 小时），可生长出 Cu₂ZnSnS₄（CZTS）膜。可以看出，在衬底温度为 400℃和 600℃条件下生长的膜的厚度分别为 0.7 μm 和 0.1 μm。对于在 400℃条件下生长的膜，在不旋转衬底的情况下，其组分为：Cu/(Zn + Sn) = 0.7 ~ 1.3、Zn/Sn = 0.6 ~ 1.6、S/金属 = 1[119]。通常来说，在钠钙玻璃衬底上生长 CZTS 薄膜的最佳条件是：衬底温度为 550℃，生长时间为 120 分钟。在 CZTS 薄膜中，保持 Zn/Sn = 1.1 和 S/金属 = 0.93，Cu/(Zn + Sn) 会在 0.82、0.86、0.94 到 1.06 之间变化[120]。不同的是，在衬底温度为 150℃的条件下，使用克努森渗出容器（Knudsen effusion cells），通过 Cu、Zn、Sn 和 S 真空热蒸发（Veeco 源瓶），然后在 570℃的真空中进行退火处理[121]，可在镀钼钠钙玻璃衬底上生长出 600nm 厚的 CZTS 薄膜。CZTS 薄膜可通过硫化真空蒸发的 CZT 金属前驱体制得：首先，通过直流磁控溅射的方法在钠钙玻璃衬底上镀一层 250 nm 厚的 Mo，然后在 2×10^{-6} Torr 的压力下，通过真空热蒸发技术依次沉积 Zn（130 nm）、Cu（200nm）和 Sn（230 nm），再进行硫化处理，在 300 ~ 500℃、温度变化率为 6.5℃/min 的不同温度条件下，等温硫化 8 小时，制得 CZTS 薄膜。在 400℃和 500℃温度下硫化的膜的晶粒尺寸分别为 20 nm 和 25 nm[122]。

薄膜太阳能电池材料

在衬底温度为150℃的条件下，可通过电子束蒸发方法生长出金属层。在镀钼钠钙玻璃衬底上按顺序镀330 nm 厚的 ZnS、150nm 厚的 Sn 和 90～130nm 厚的 Cu。在 $N_2 + H_2S$（5%）中，使用不锈钢真空室对玻璃/Mo/ZnS/Sn/Cu 前驱体层进行退火处理。使用红外线（IR）灯通过真空室的石英窗加热衬底。升温至200℃和500℃（温度变化率为10℃/min 和 2℃/min），将硫化温度保持在550℃，持续3小时。硫化处理后，用 N_2 替代 H_2S，以 2℃/min 的降温速度将炉温降至300℃，然后自然冷却至室温，Zn/Sn 值从 1.51 减小至接近化学计量比，但是 Cu/(Zn + Sn) 值增大，同时 S/(Cu + Zn + Sn) 值也从 0.48 增大到 1.15[123]。

与之前生长不同的是，在 CZTS 或 CZTSe 薄膜的生长中，可以采用二元化合物和单个元素。

对于 CZTS 或 CZTSe 薄膜在不同衬底温度（300℃、400℃和500℃）下的沉积，Cu、ZnS、ZnSe、Sn、SnS$_2$、S 和 Se 的源温度分别为 1 200℃、700℃、700℃、1 000℃、450℃、270℃和300℃[124]。不同的是，二元化合物 CuS、SnS 和 ZnS 稳定地共同蒸发到钠钙玻璃衬底上，S 则通过渗出容器进行蒸发。渗出容器被加热到210℃，但裂化反应区保持在500℃。将衬底温度保持在550℃，升温速度和降温速度分别为50℃/min 和 15℃/min。通过硫蒸发源向样品提供充足的硫蒸气，直到将衬底温度降至200℃，然后使衬底自然冷却至室温。生长层的表面与底层稍有不同，说明形成了 CuS 层。很难通过 X 射线衍射区分 CuS 相与 CZTS，这是由于其他 Cu_2SnS_3 和 ZnS 相的衍射角存在重叠[125]。

在 CZTS 薄膜生长中，采用共蒸发技术可以很好地控制膜的组分，但这种技术无法大规模应用，因此提出了混合沉积技术。Cu、Sn、ZnS 和 S 源被用于沉积 CZTS 薄膜，特别是 S 源蒸发器，是用裂化装置制成的。在室温下沉积 Mo/SnS$_x$/CuS 叠层，将 CuS 的厚度保持在850 nm，SnS$_x$ 的厚度保持在620 nm，从而将 Cu/Sn 值保持在2。将叠层样品分成两部分，在硫蒸气中，分别在300℃和380℃进行退火处理。在衬底温度为220℃、300℃和380℃时，在两种经退火处理的叠层样品上沉积650 nm 的 ZnS，即样品 B_1（300℃）和样品 B_2（380℃）。对于样品 B_2，在温度为150℃的条件下，ZnS 薄膜沉积到 Mo 上，然后在300℃、380℃、450℃和520℃的衬底温度下沉积 Cu、Sn 和 S，在开始的11分钟内，锡首先被蒸发，在生长温度为380℃和450℃（样品 B_2）时，形成硫化铜，生长速度为 35 nm/min。由于金属流动性较高，ZnS 解离为 Zn 和 S，而随着衬底温度的升高，Sn 的掺入量减少。在样品 B_1 中，在衬底温度为300℃的条件下沉积的膜为 Cu_2SnS_3 相，以及 $Cu_{2-x}S$ 和 SnS 相，而在380℃条件下沉积的膜为 Cu_2SnS_3 和 Cu_3SnS_4 相。对于样品 B_1，再蒸发作用导致 Sn 损失，即：$3Cu_2SnS_3(s) \rightarrow 2Cu_3SnS_4(s) + SnS(g)$，这是由于380℃下存在 1×10^{-4} Pa 的高蒸气压[126]。不同的是，在温度为150℃的条件下，通过电子束蒸发使 ZnS、Cu 和 Sn 先后沉积到镀钼的玻璃衬底上。在 N_2 气流中，使用流量为 10 sccm 的 H_2S（5%）将生长出来的 CZTS 前驱体硫化。在将这些层硫化的过程中，使用了带有涡轮泵的不锈钢真空室并用红外线灯加热。在前驱体层中，Cu 的厚度为 60~220 nm，而 ZnS 和 Sn 的厚度分别设为 340 nm 和 160 nm。在 520℃ 的温度下将膜硫化 3 小时，升温速度保持在 5℃/min，然后将膜自然冷却至室温。为了使 Cu/(Zn + Sn) = 0.8~0.9，默认 ZnS、Cu 和 Sn 的最佳厚度分别为 330 nm、120 nm 和 160 nm。虽然膜在 510~550℃ 的温度下进行硫化（温度变化步幅为 10℃），但其组分并没有出现太大的差异[127]。

在衬底温度为 550℃ 的条件下，通过物理气相沉积（PVD）技术使二元化合物依次生长玻璃/Mo/SnS/CuS/ZnS 膜。在温度为 180℃ 的条件下，使用硫渗出容器补偿损失的硫，可使腔室压力达到 1×10^{-2} Pa [128]。不同的是，在衬底温度为 470℃、真空压力为 3×10^{-4} Torr 的条件下，使用石英灯加热器，通过二元化合物 ZnS、SnS、Cu 和 S 共蒸发使 CZTS 薄膜（样品 B_3）在蓝宝石/GaN（i）、蓝宝石/GaN/GaN 高电阻（ii）和玻璃衬底上生长。同样通过电子束蒸发使 Cu/Sn/Zn 层在钠钙玻璃衬底上生长，并进行硫化（样品 B_4）。与样品 B_4 相比，样品 B_3 的生长致密且均匀，Cu/(Zn + Sn)、Zn/Sn 和 S/金属分别为 0.96、1.43 和 1.11[129]。在室温下，使用钨舟通过 CZTS 块单源热蒸发使 CZTS 前驱体膜沉积到玻璃/Mo/ZnO 上。CZTS 块的制备方法是：将 Cu、Zn、Sn 和 S 元素放入排空的石英管中，在 200℃ 的温度中加热 4 小时，然后逐渐加热到 1100℃，再将样品逐渐冷却至 650℃ 并保持 4 小时，使其达到同质性，然后冷却至室温。对石英管重复热循环三次，使元素完全混合[130]。

3.2.2 溅射

溅射是一种经济可行的磁性半导体薄膜生长技术，能够使层中的成分均匀生长并均匀分布，此外，还能减少物质损失。通过真空蒸发的方法很难生长高熔点材料。因此，溅射成为了一种必然的替代技术。通过溅射技术可生长出具有耐热性、耐腐蚀性、低摩擦的装饰性涂层，这在几年前就已被人们所熟知，主要应用于光学和电子领域。1852 年，Grove 首次提出了溅射工艺。溅射系统不是一项简单的技术，而是一项在某些方面意义深远且可持续的技术，可应用于制作薄膜的光学、磁性和导电涂层。通过溅射技术生长的薄膜密度较高，且对衬底的附着力较大。在阴极和阳极之间施加高直流电压，同时在低压下引入氩气。真空下，阴极和阳极之间发生气体辉光放电。自由离子和电子被相反电极吸引。为了使等离子体或自持辉光放电继续，阴极产生的二次电子产生了更多的 Ar^+ 离子。高能快离子通过一系列的碰撞将能量传递给靶原子。阴极释放的电子使 Ar 原子电离，然后再次释放出电子。电子加速离开阴极，与中性 Ar 原子的外电子层上的电子相互作用。从 Ar 中释放出来的电子与 Ar 原子发生碰撞，释放出更多的电子和光子。释放出的光子在室内形成辉光。这一过程持续循环，产生了等离子体。等离子体由中性气体原子、离子和电子组成，被定义为介于固体、液体、气体之间的第四类物质。等离子体停留在靠近靶材表面的位置。等离子体中高能重、快速移动的 Ar 离子轰击靶材，溅射出靶材原子。也就是说，正离子被靶材的负电荷吸引。在正 Ar 离子与靶材碰撞的过程中发生了动量传递，这意味着在轰击离子和喷射出的原子之间发生了动量传递。喷射出的原子移动到衬底，与衬底结合，并在衬底上凝结。在二极管溅射中，电子轰击衬底，造成沉积速度缓慢。高质量稀土磁体，如 NdFeB，具有较高的居里温度和工作温度，将其插入阴极下面，形成磁场，如图 3.3 所示。

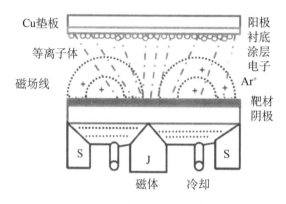

图 3.3　溅射沉积过程示意图

　　电子向阳极或衬底移动的过程中，磁场会引起电子沿磁场线螺旋运动。因此，电子会移动很长的距离，由于磁场的作用，导致 Ar 原子发生更多的电离。高度平衡的靶材会约束表面附近的离子和电子，将等离子体扩散到整个靶材表面，并尽量减小对衬底的轰击，提高溅射速率。磁体将等离子体保持在较高的密度状态，并将到达时的能量保持在较高水平。氩的电离密度为 10^{10} ion/cm^3，通过磁控溅射技术，可将密度增加到 10^{13} ion/cm^3。磁体的磁场呈半圆形，能够捕获电子并改变二次电子的运动轨迹，从而影响靶材区域附近的溅射气体的电离。磁场位于距离上述靶材表面 0.5~1 in. 的位置。生成的更多的离子会将更多的原子从靶材中喷射出来，并产生更多的稳态等离子体。溅射气体的原子量接近靶材的原子量。例如，Al$_2$O$_3$ 的溅射率较低，为 0.05，而 Ag 的溅射率较高，为 2.8。溅射原子的能量较高，比真空蒸发原子高 0.1 eV，从而使膜结构致密。溅射率由溅射功率水平、衬底和靶材之间的距离、溅射气体的纯度、衬底、阳极的位置、室、入射角、磁体磁导率和磁场强度决定。

　　尽管一些轰击离子从靶材上反射回来并发生电离，但很少能到达衬底，对膜产生破坏影响。此外，靶材上一直存在二次电子和中性原子。喷射出的电子加入到等离子体中，电离 Ar 离子或入射到腔室的外壁或衬底上，产生热量。电场和磁场无法控制反射的中性原子和气体粒子。可选的方法就是将衬底偏置。从靶材中喷射出来的原子在衬底上凝结，形成连续膜。事实上，最初膜的形成可能是不连续的或是呈岛状的，但是由于原子的流动性导致原子扩散，最后形成的膜是连续的。偏置对于磁性薄膜的生长尤为重要。溅射结构避免了粒子在衬底上的飞溅。如果电子的加速方向与磁场线呈 90°，那么靶材表面上就会发生均匀腐蚀。如果这个角度比较陡，将会出现夹断式腐蚀。厚重的靶材还会造成膜再沉积或产生绝缘层。要使绝缘子沉积，需要 10^{12} V 左右的高电压，但维持高电压是很危险的，可能会产生电弧，损坏靶材或系统的其他部分。可以选择的一种方法就是射频溅射，使正电荷可以停留在等离子体上。交变电压可以消除靶材表面上的正电荷。

最近，AQT 公司称其生产出了效率为 10% 的 CZTS 太阳能电池，所使用的 CZTS 薄膜就是通过溅射技术生长出来的[131]。要制备 CZTS 薄膜，首先，在压力为 5 mTorr 的 Ar 气中，使用单质 Cu、Zn 和 Sn 靶材，在射频功率为 60 W 的条件下，将 Zn/Cu/Sn/Cu 叠层沉积到玻璃衬底上。在这些叠层沉积之前，要将腔室基准压强维持在 10^{-6} Torr。在双温区炉中，将叠层分别在 520℃ 和 570℃ 的温度下硫化 10 分钟和 30 分钟[132]。同理，通过直流磁控溅射技术生长出低电阻和良好附着在钠钙玻璃衬底上的 Mo（99.95%）双层，厚度为（500 + 250）nm，然后在 2×10^{-3} mbar 的腔室压力下，使用相应的 4N 纯靶材通过直流溅射技术先后生长出 260 nm 厚的 Zn、185 nm 厚的 Cu 和 300 nm 厚的 Sn。Zn、Cu 和 Sn 靶材所采用的溅射功率密度分别为 $0.16 \sim 0.38$ W/cm^2、0.16 W/cm^2 和 $0.11 \sim 0.16$ W/cm^2。最后，在温度为 525℃、压力为 5.6×10^{-1} mbar 的 5N 纯单质硫中对生长出的金属前驱体进行硫化，制得 CZTS 膜。通过电感耦合等离子体质谱法（ICP-MS）检出其组分为 Cu/(Zn + Sn) = 0.9 和 Zn/Sn = 1.3 [133]。不同的是，CZTS 薄膜是通过对 Cu 采用直流溅射、对 Sn 和 Zn 采用射频溅射生长出来的，并将 H_2S（14%）/Ar（86%）通入沉积室，进行反应溅射。衬底温度为 $100 \sim 530$℃[134]。事实上，将 Cu、Zn 和 Sn 的单个元素放在磁盘上的不同位置，作为单源靶材，在 0.5 Pa 的 Ar 气氛中（Ar 气流量为 50 sccm，衬底旋转速度为 20 rpm），通过射频溅射将标准厚度为 0.65 μm 的 Cu-Zn-Sn 薄膜沉积到玻璃/Mo 上。在 Mo 沉积之前，用绿色碳粉摩擦玻璃衬底的表面，使其具有一定的粗糙度，提高膜与衬底结合的牢固度。随着 Cu、Zn 和 Sn 靶材段的角度比不断变化，前驱体膜的组分不断变化。将前驱体膜置于封闭的玻璃管中，在 0.05 Pa 的压力下在单质硫粉的硫蒸气中用红外线灯炉进行退火处理。在对前驱体膜进行退火处理后，CZTS 薄膜的厚度从 0.65 μm 增加到了 2.2 μm[118,135]。不同的是，单晶 Cu-Zn-Sn 合金磁盘组分比为 Cu：Zn：Sn = 2：1：1，厚度为 6 mm、直径为 6 cm 的溅射靶材被用于沉积金属膜。将衬底与靶材之间的距离保持在 12 cm，旋转速度为 4 rpm。在层的溅射过程中，使用流量为 40 sccm 的 H_2S 作为活性气体和溅射气体。保持腔室压力为 1 Pa、衬底温度为 500℃，将薄膜的沉积持续 60 分钟。X 射线能量色散谱（EDS）分析表明，Cu：Zn：Sn：S = 27.17：10.76：12.73：49.34，说明生长出的膜中贫 Sn[136]。

使用混合靶材，如 4 in. 的 Cu、SnS 和 ZnS，在镀钼玻璃衬底上共同沉积 CZTS 薄膜，采用的射频功率分别为 80 W、100 W 和 155 W。在 CZTS 薄膜沉积之前，将衬底预溅射 3 分钟。将生长出的 CZTS 前驱体膜硫化[137]。在室温、腔室工作压力为

薄膜太阳能电池材料

0.2 Pa、靶材与衬底之间的距离为 15 cm 的条件下，通过射频溅射技术，对相似但不同组合的 2 in. 的 CuSn（Cu：Sn = 2：1）和 ZnS 靶材进行溅射，生长出 CZTS 薄膜。为了优化靶材的射频功率，将 CuSn 的射频功率保持在 35 W、45W、55W、60 W，同时保持 ZnS 的射频功率恒定，为 70 W。将生长出的样品在 H_2S（5%）+ Ar 气中硫化 1 小时（压力为 9 Torr、温度为 510℃）。在 45 W 的射频功率下生长出的膜为多晶，次峰位于 31.789°，这可能是由于 SnS/Sn_2S 相的存在；而在 55 W 和 65 W 的射频功率下生长出的膜则可能为 $Cu_4Sn_7S_{16}$ 和 SnS/Sn_2S_3 相[138]。相似的是，CZTS 薄膜是在腔室压力为 0.2 Pa、靶材与衬底之间的距离为 15 cm 的条件下使用 Cu_2Sn 和 ZnS 靶材通过射频溅射技术形成的。保持 ZnS 靶材的射频功率恒定为 70 W；为了优化生长条件，也可以将 $CuSn_2$ 靶材的射频功率保持在 45 W、55 W、65 W，可以用样品编号表示，如 1、2、3。在慢升温速率 2℃/min 和快升温速率 21℃/min 条件下硫化的样品，分别被指定为 S_1、S_2、S_3 和 F_1、F_2、F_3[139]。

在温度为室温、压力为 1.6 Pa 的氩气中，可使用二元靶材，如硫化亚铜（Cu_2S）、硫化锌（ZnS）和二硫化锡（SnS_2）（直径为 2 in.）和硫（S）粉，通过射频溅射技术沉积 CZTS 薄膜。c-面蓝宝石衬底以 10 rpm 的转速旋转，从而使沉积厚度保持均匀。将生长出的膜在 400℃ 的氩气中退火处理 1 小时[140]。通常，针对 Cu_2S、ZnS 和 SnS_2 分别采用 110W、90W 和 45 W 的射频功率，使用直径为 3in. 的 Lesker Torus 溅射源，通过射频溅射技术使 CZTS 薄膜沉积在（110）结构的镀钼玻璃衬底（7.5 cm×7.5 cm）上，生长速度为 0.844 μm/h。由于等离子体的产生，在不加热的情况下衬底的温度可达到 125℃。腔室压力维持在 1～10 mTorr，氩气流量保持在 10 sccm。在硫蒸气压下，将生长出的膜在管式炉中进行退火处理，制得 CZTS 薄膜[141]。

单质 CZTS 靶材用于膜的沉积：将组分比为 $Cu_2S: ZnS: SnS_2: S = 2: 1.5: 1: 1$ 的硫族化合物粉末用乙醇润湿，以 350 rpm 的转速球磨 8 小时，然后在 50℃ 的温度下干燥。将混合粉末在 700℃ 的温度和 20 MPa 的压力下进行热压，使直径达到 2 in.、厚度达到 4 mm（1/6 in.），然后使用管式炉在 700℃ 的 Ar 气中烧结 4 小时[142]。类似地，也可通过在 250 MPa 的压力下冷压 Cu_2S、ZnS 和 SnS_2 的混合物制得单质 CZTS 靶材[143]。不同的是，将化学计量的单个 Cu、Zn、Sn 和 S 元素混合，然后真空密封于石英管中，在 1050℃ 的温度下加热 48 小时，然后自然冷却至室温。最后，将块状的 CZTS 研磨成粉末，制成薄膜沉积所用的靶材[144]。

在腔室压力为 0.2 Pa、原子束枪放电电压为 7 kV、电流为 5 mA、衬底温度为 90℃ 的条件下，使用单质 CZTS 靶材通过原子束溅射沉积 CZTS 薄膜。在室温下沉积到康宁 7059 衬底上的膜显示出（112）峰以及未在 X 射线衍射中确认的峰，表明其为多相；而在较高温度（90℃）下生长出的膜则仅显示出（112）峰，表明其为单相[144]。单质 CZTS 靶材也可以用于 CZTS 薄膜的沉积，采用射频溅射技术，以 75 W 的射频功率溅射 2 小时。在 250～400℃ 的温度条件下，使用直径为 30 mm 的石英管

在 $Ar + S_2$ 气体中退火处理 1 小时，以克服贫硫问题。生长出的膜贫 Cu，同时 Zn 和 Sn 浓度较高。为了得到化学计量比的 CZTS 薄膜，溅射靶材的组分应为 Cu_2S：ZnS：$SnS_2 = 2：1.5：1$。在射频频率为 13.56 MHz、溅射 Ar 气流量为 2 sccm、吹扫 Ar 气流量为 10 sccm、工作压力为 25 mTorr、射频功率为 50～150 W 的条件下，在康宁 7059 玻璃衬底上完成溅射（持续 2 小时）。射频功率超过 100 W 时，会出现贫 Cu 和 Sn 增加，这是由于等离子体密度发生了变化。在射频功率为 75 W 的条件下生长并在 400℃温度下进行退火处理的膜的电阻率为 0.47 Ω·cm，带隙为 1.51 eV[143]。同理，在腔室压力为 0.6 Pa、功率为 75 W、氩气流量为 30 sccm 的条件下，使用单质 CZTS 靶材（在 750℃的氩气中烧结 Cu_2S、ZnS、SnS_2 和 S 制得）在康宁 7059 玻璃衬底上生长的 CZTS 薄膜，在沉积温度为室温时，显示出非晶性质，而在温度从 100℃升高到 300℃（温度上升步幅为 50℃）条件下生长出的膜则显示出晶体结构[145]。

3.2.3 脉冲激光沉积

脉冲激光沉积（PLD）是一项使用 CZTS 颗粒生长太阳能电池 CZTS 薄膜的可行技术。在压力为 1 Pa 的氩气中将 Cu、Zn、Sn 和 S/Se 粉末密封在排空的熔融石英管中，然后将其加热到 650℃，CZTS 和 CZTSe 的加热速率分别为 0.5℃/min 和 2℃/min，再静置 48 小时，制成块状 CZTS/Se 化合物。将硫和硒灌充制成粉末，分别在 850℃和 800℃温度下煅烧 96 小时。将保存在石墨箱中的粉末在 60 MPa 的氩气压下在 800℃和 750℃保持 5 分钟。最后，CZTS 颗粒被制成脉冲激光沉积（PLD）源[146]。不同的是，仅使用二元含硫化合物就可以制得 CZTS 颗粒。将 Cu_2S：ZnS：$SnS_2 = 1：1：1$（相当于 Cu：Zn：Sn：S = 2：1：1：4）的金属硫化物粉末混合，转化成颗粒，密封在排空的石英管中并加热到 750℃，升温速度和降温速度均为 2℃/min，在相同的温度下静置 24 小时。在压力为 2×10^{-2} Pa 的真空中，在不同的温度条件下，通过脉冲激光沉积（激光功率密度 0.85 J/cm^2），采用波长为 248 nm、重复频率为 30 Hz 的 KrF 准分子激光将厚度为 4 mm、直径为 30 mm 的 CZTS 颗粒烧蚀，使薄膜在 n-GaP (100) 衬底上生长。与 1.5 J/cm^2 的能量密度相比，能量密度为 0.7 J/cm^2 时制得的膜质量更高。也可以采用较高的激光能量，即 1 J/cm^2、1.5 J/cm^2、2 J/cm^2、2.5 J/cm^2 和 3 J/cm^2，衬底温度从 300℃变化到 450℃（温度上升步幅为 50℃），衬底旋转速度为 500 rpm。对于在 350℃和 400℃的温度下沉积的膜，可以观察到 $Cu_{2-x}S$ 相，但是在衬底温度为 400℃时生长的膜显示出了良好的结晶度。将通过激光烧蚀生长出的膜在 400℃的 $N_2 + H_2S$ 气氛中退火处理 1 小时，以提高结晶度[147-150]。对制备方法进行轻微调整，生长出 CZTS 薄膜。将 Cu_2S：SnS_2：ZnS = 1：1：1 的粉末进行球磨并制成颗粒，在 750℃的真空中加热 4 小时，升温速度和降温速度均为 2℃/min。在 1.5×10^{-5} Torr 的真空中，采用波长为 248 nm、脉冲宽度为 25 ns、密度为 1.5～2.5 J/cm^2、重复频率为 10 Hz 的 KrF 准分子激光沉积 CZTS 薄膜。使衬底与靶材保持平行，距离为 4 cm，旋转速度为 500 rpm。将生长出的 CZTS 薄膜在400℃的$N_2 + H_2S$气氛中退火处理1小时，温度变化率为3℃/min[151,152]。

3.2.4 纳米晶的合成

由于带隙的可调性、高吸收系数和多重激子的存在，纳米晶，如量子点、纳米线、纳米带，在半导体行业中的应用前景良好。通过热注射工艺制成CZTS纳米晶。将乙酰丙酮铜（Ⅱ）、乙酸锌（乙酰丙酮锌）和乙酸锡（Ⅳ）（乙酰丙酮氯化锡（ⅳ））在惰性条件下溶解于油酰胺中，在150℃的真空中加热0.5小时，然后冷却至125℃。通过声波降解法将硫粉单独溶解于油酰胺中，溶液会变成橙黄红色。在300℃的温度下，将S和金属前驱体同时注入三辛基氧化膦（TOPO）（表面活性剂溶液）中，使得$Cu/(Zn + Sn) = 0.8$、$Zn/Sn = 1.2$。在75分钟的反应过程中，每隔15分钟收集一次等分试样。在300℃的温度下持续45分钟后形成CZTS纳米晶，组分为$Cu:Zn:Sn:S = 2:1:1:4$[116,153,154]。将副产品溶液过滤后，在纳米粒子中加入己烷，防止干燥。采用丝网印刷技术依次使用收集的纳米粒子沉积CZTS薄膜。现在也使用数码喷墨印刷技术使膜均匀生长，这也是一项比较有前景的技术[155]。在惰性气体或硫环境中，将CZTS薄膜在550℃管式炉中退火处理0.5小时，将纳米粒子CZTS层转变为大尺寸晶粒层。将纳米粒子转变为大晶粒的原因在于，大晶粒吸收层能够抑制薄膜太阳能电池的非辐射中心，从而提高太阳能电池的效率。溶液中溶质的浓度会系统地变化，以获得不同组分的CZTS薄膜。CZTS成膜工艺的流程图如图3.4所示，该图清晰地介绍了膜的生长过程。不使用有毒性的TOPO，将乙酰丙酮铜、乙酰丙酮锌、乙酰丙酮锡溶解于油酰胺中，制得体积摩尔浓度为2:1:1的溶液，作为初始溶液，并加热到225℃。然后将单独溶解在油酰胺中的硫加入初始溶液中，使这些化学溶液反应1小时，冷却至室温。将形成的CZTS晶体使用有机化学溶液清洗，如己烷、氯仿和甲苯。使用油酰胺的原因在于它是一种良好的溶剂，具有较高的沸点，可以作为表面活性剂抑制纳米晶的脉冲性。正如预期一样，处理温度决定了相的形成，对于同样的化学溶液，单晶体CZTS在240℃以上的温度条件下形成，而CuS晶体在180℃以下的温度条件下形成[156]。类似的，将1.332 mmol、0.915 mmol和0.75 mmol的Cu、Zn和S前驱体在惰性气体中溶解于油酰胺，将温度升高到225℃，向其中加入4 mL 1 M的硫油酰胺，在225℃保持30分钟。在己烷和乙醇中进行离心分离得到CZTS晶体，然后用己烷和异丙醇（1:2）清洗，使用离心机以10 000 rpm的转速清洗5分钟。用氩气对沉淀物进行干燥，沉淀物与己硫醇混合形成浓度为200 mg/mL的油墨。采用刮刀涂布技术（用透明胶带作隔离）将CZTS油墨涂覆在镀钼1 μm厚的玻璃衬底上。为了获得1 μm厚的涂层，要进行两次油墨涂布。将CZTS前驱体膜在300℃的空气中退火处理1分钟。将CZTS置于石墨箱中，在500℃的温度下，在Se蒸气中退火处理20分钟，形成CZTSSe薄膜。另一方面，晶粒尺寸增加[157]。不同的是，在N_2气氛中，将100 mg的$Cu_2ZnSn(S_2CNEt_2)_{10}$前驱体、5 mL的十八烯和3 mL的十八烯酸混合在三颈烧瓶，并加热到

220℃，将 2 mL 的油酰胺注入烧瓶中，同时用磁力搅拌溶液，无色的溶液由黄色变为暗褐色。在这一温度下保持 1 小时，然后冷却至室温。最后，将 5 mL 的乙醇加入到初始溶液中，用离心机分离然后轻轻倒出。生长出的纳米晶的组分为 Cu∶Zn∶Sn∶S = 26∶14∶18∶42[158]。

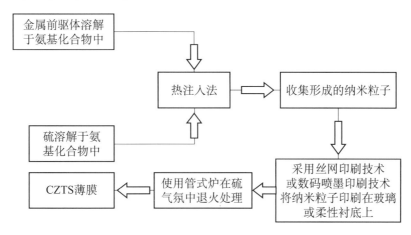

图 3.4 通过热注入法制作 CZTS 薄膜的工艺流程图

可以通过不同的化学添加剂溶液制得 CZTS 纳米晶体。在 120℃ 的温度下，将 0.1 mM 的 $CuCl_2 \cdot 2H_2O$、0.05 mM 的 $ZnCl_2$ 和 0.05 mM 的 $SnCl_4 \cdot 5H_2O$ 溶解于 1 mL 的十二硫醇（DDT）中，在 240℃ 的温度下，将其注入到装有 2 mL 的正十二硫醇（DDT）和 2 mL 的油酰胺或 4 mL 的十八烯酸的三颈烧瓶中，静置 1 小时。将得到的混合物转移到乙醇中，然后分散到环己烷中[159]。不同的是，在 120℃ 的温度下，将 1 g 硫溶解于 40 mL 的十八胺中，磁力搅拌 10 分钟。在 160℃ 的温度下，将 0.4 g 氯化亚铜（I）、0.444 g 脱水乙酸锌（II）和 0.708 g 五水氯化锡（IV）溶液添加到 S 溶液中。将混合溶液置于 200℃ 的高压釜中 6 小时，形成深色的 CZTS 沉淀物，用离心法收集，然后在 500℃ 的温度下退火处理[160]。不使用有毒性的化学溶液，在 170℃ 的温度下，将单质硫溶解于 35 mL 的乙二醇中，同时不断搅拌，得到的化学溶液可用来制备 CZTS 纳米晶。将金属盐，如乙酸锌二水合物、氯化锡二水合物、乙酸铜一水合物分别溶解在 10 mL 的乙二醇中，然后加入到 15 mmol 的三乙醇胺（TEA）中，将得到的溶液与硫溶液逐滴混合。用离心机分离反应后的溶液，获得纳米粒子。在一些样品中加入聚乙烯醇，作为黏结剂。使用由 CZTS 纳米粒子制作的油墨在玻璃衬底上形成 CZTS 薄膜，在 150℃ 的空气中干燥，然后在 550℃ 的温度下退火处理 10 分钟，同时将硫的温度保持在 200℃。具有化学计量组分的前驱体溶液显示样品中贫 Sn，表明具有强烈的亲硫性和亲铜性（样品 B_5）。溶液中过量的硫导致膜中贫 Cu，而 Cu 是高效太阳能电池中不可缺少的（样品 B_6 和 B_7）。在溶液中，将过量的 Sn 盐加入到前驱体溶液中（样品 B_8、B_9 和 B_{10}），如表 3.1 所示。黏结剂会导致 X 射线衍射中峰强度的降低[161]。

表 3.1　化学溶质浓度对 CZTS 薄膜组分的影响

样品	溶质浓度（mmol）				组分		
	Cu	Zn	Sn	S	Cu/(Zn+Sn)	Zn/Sn	S/金属
B_5	1	0.5	0.5	4	1.3	3.5	0.8
B_6	1	0.5	0.5	8	0.9	1.2	1.1
B_7	1	0.5	0.5	12	1.0	1.2	1.0
B_8	1.2	0.5	0.63	12	1.1	1.0	0.9
B_9	0.8	0.5	0.63	12	1.0	1.0	0.8
B_{10}	1	0.5	0.63	12	0.7	0.9	1.1

在 60℃ 的温度下，将 0.5 M 的乙酸铜（Ⅱ）一水合物、0.3 M 的脱水乙酸锌（Ⅱ）和 0.25 M 的脱水氯化锡（Ⅱ）溶解于 50 mL 的 2-甲氧基乙醇中，然后加入 0.05 M 的硫脲，制成前驱体溶液。将阳极氧化铝（AAO）模板浸入到前驱体溶液中，在阳极氧化铝模板上形成纳米线（作为前驱体膜），在 550℃ 的硫气氛中退火处理 1 小时，然后置于 1 M 的 NaOH 溶液中进行蚀刻。最后，将滤纸敷在模板上，提取纳米管。纳米线（200 nm）和纳米管的组分分别为 2:1.1:0.9:4.4 和 2:1.2:0.9:4.3[162]。使用固体硫代替硫脲，与 $CuCl_2$、$(C_2H_3O_2)_2Zn$、$SnCl_4$ 混合，置于一个聚四氟乙烯内衬不锈钢高压釜中，然后向该物质中添加乙二胺，得到 80% 的溶液。将高压釜密封，在 180℃ 的温度中放置 15 分钟，形成 CZTS 晶体[163]。不同的是，加入氨（NH_4OH）并在室温下搅拌 10 分钟后，0.2 M 的 CuAc（40 mL）、0.1 M 的 ZnAc（40 mL）、0.1 M 的 $SnCl_2$（40 mL）和 0.2 M 的硫代乙酰胺（TAA）混合溶液的 pH 值变为 7。溶液的颜色由透明变为褐绿色。用 700 W 的微波功率将溶液辐照 10 分钟，溶液会变为暗蓝色，再以 3 000 rpm 的转速进行离心分离 10 分钟，将 CZTS NC 晶体与前驱体溶液分离[164]。

通过 SnS、ZnS 和 CuS 的连续化学水浴沉积（CBD）过程，使 CZTS 薄膜在镀钼玻璃衬底上生长，形成玻璃/Mo/SnS/ZnS/CuS。首先通过化学水浴沉积的方法将 SnS_x 薄膜涂覆在镀钼玻璃衬底上，化学水浴溶液的制作方法为：将脱水氯化锡溶解于 5 mL 0.83 M 的丙酮中，然后加入 12 mL 3.7 M 的含水三乙醇胺和 65 mL 的去离子水，以及 10 mL 4 M 的氨。在室温下将衬底置于化学水浴溶液中保持 18 小时，然后用去离子水清洗。将玻璃/Mo/SnS_x 样品浸入到 ZnS 化学水浴溶液中，在 75℃ 温度下保持 1 小时。ZnS 化学水浴溶液由 0.13 M 的脱水柠檬酸钠、0.2 M 的脱水乙酸锌、0.72 M 的氢氧化铵和 0.6 M 的硫脲组成。为了得到足够的厚度，要进行两次 ZnS 沉积。将玻璃/Mo/SnS_x/ZnS 样品置于 0.1 M 的 Cu^{2+} 水溶液中保持 1 分钟至 4 小时。在样品上的 Cu 离子交换之前，将样品在 400℃ 的空气中退火处理 3 小时，然后在 500℃ 的 H_2S 气氛中硫化 2 小时[165]。不同的是，CZTS 化合物是使用不同的二元 CuS、ZnS 和 SnS 纳米晶通过化学水浴沉积技术制成的。将 0.5 M 的氯化铜、98% 的 TEA、1 M 的硫脲、24% 的氨溶液、1 M 的氢氧化钠溶液和去离子水混合，在 50℃

温度下静置 1 小时，得到 CuS 沉淀。将 1 M 的氯化锡、98% 的 TEA、1 M 的 C_2H_5NS（TAA）、24% 的氨和去离子水混合，在 75℃ 温度下静置 1 小时，得到 SnS 沉淀。将 1 M 的氯化锌、98% 的 TEA、1 M 的 TAA、24% 的氨溶液和去离子水混合，在室温下静置 1 小时，形成 ZnS 纳米晶。用去离子水和乙醇清洗沉积物，然后用离心机分离。最后，将二元 CuS、ZnS 和 SnS 化合物置于加热炉中，在 50℃ 温度下进行干燥，按化学计量比制成颗粒或进行混合。将混合的粉末置于管式炉中，在 1.0×10^{-2} Torr 的压力下使用不同的温度退火处理 1 小时。为了克服样品退火处理过程中的 S 缺乏问题，需在熔炉中使用 110°C 的温度对硫进行加热[166]。

3.2.5　旋转涂布

旋转涂布是一种比较简单的 CZTS 薄膜生长技术。将氯化亚铜（0.01 M CuCl）、氯化锌（0.026 M $ZnCl_2$）和四氯化锡（0.010 M $SnCl_4 \cdot 5H_2O$）溶液的 pH 值保持在 2，与 20 mL 的乙二醇混合，然后加入到 0.088 M 的 TAA 和 20 mL 乙二醇的混合物中。在混合两种溶液之前，将它们在 50℃ 的温度下充分搅拌 30 分钟，使其充分溶解。将 10 mL 的等分溶液加入到混合溶液中。用微波加热炉将前驱体溶液在 190℃ 的温度下加热 30 分钟后，用离心机分离，然后用水和乙醇将沉淀物清洗干净。将 CZTS 纳米粒子分散在乙二醇中并进行超声处理，制成前驱体溶液。将前驱体溶液以 300 rpm 的转速旋转涂布 30 s，然后以 1 500 rpm 的转速旋转 30 s，如图 3.5（A）所示。将通过旋转涂布制得的 CZTS 前驱体样品置于 80℃ 的电热板上加热。为获得 3 μm 厚的样品，需重复旋转涂布 19 次。用 0.8 g 的硫化锡（II）和硫粉将生长出的样品在 400℃ 的 N_2 气流中退火处理 20 分钟，得到 2.4 μm 厚的 CZTS 样品[167]。不同的是，将 ZnS 和 Cu_3SnS_4 纳米粒子混合在己硫醇中，形成前驱体油墨，进行旋转涂布。前者是通过将脱水乙酸锌和硫混合在油酰胺中并加热到 240℃ 制得的；后者是通过将乙酰丙酮铜、氯化锡、硫和油酰胺混合并加热到 250℃ 制成的。将前驱体油墨旋转涂布在不同的衬底上，如玻璃/Mo、玻璃/Mo/Sn（10 nm）、玻璃/Mo/Sn（20 nm），然后在 200℃ 的温度下加热 5 分钟，除去有机溶剂，然后在 540℃ 的 H_2S（5%）+ Ar

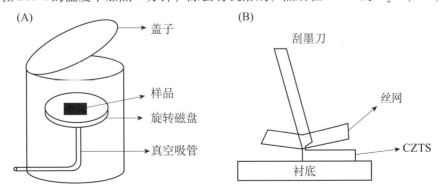

图 3.5　（A）通过旋转涂布法生长 CZTS 薄膜的示意图和（B）CZTS 薄膜丝网印刷示意图

的气氛中硫化1小时。在200℃的温度下加热后，旋转涂布得到的前驱体样品显示出$Cu_{2-x}S$相，但在540℃的温度下对样品进行硫化处理后$Cu_{2-x}S$相消失了。此外，样品中还出现了MoS_2相[168]。将2 M氯化铜、1.2 M氯化锌、1 M氯化锡和8 M硫脲混合成的化学溶液加入到H_2O：乙醇 =70：30的溶液中，在室温下搅拌几小时。使用前驱体溶液通过旋转涂布的方法沉积CZTS层[169]。

将2 M氯化铜、1.2 M氯化锌、1 M氯化锡和8 M硫脲混合成的化学溶液加入乙醇中，体积比为70：30。搅拌几分钟后，最终溶液变为黄色。通过旋转涂布的方法将CZTS前驱体层涂覆在玻璃衬底上，将其加热到110℃，除去溶剂，然后在250℃的氮气氛中再次加热，进行预退火。将旋转涂布和加热过程重复两次，以获得至少2 μm厚的CZTS薄膜。在550℃的温度下进行退火处理，将纳米结构的前驱体层转变成晶粒尺寸大于400 nm的多晶结构。化学反应可以表示为：$2CuCl_2 + ZnCl_2 + SnCl_2 + 4SC(NH_2)_2 + 8H_2O \rightarrow Cu_2ZnSnS_4 + 4CO_2 + 8NH_4Cl$[167]。不同的是，将乙酸铜一水合物（0.44 mmol）、脱水乙酸锌（2.2 mmol）和脱水氯化锡（0.22 mmol）溶解于50 mL的2-甲氧基乙醇中。向上述溶液中加入5 mL单乙醇胺（MEA），作为稳定剂。为了将全部的化学物质溶解，要在45℃温度条件下搅拌1小时。使用该化学溶液以4000 rpm的转速将CZTS层旋转涂布30 s，然后在300℃的空气中加热。将沉积过程重复五次，获得较厚的膜。最后，在500℃的$N_2 + H_2S$（5%）气氛中退火处理1小时，其显示出的化学组分为Cu：Zn：Sn：S = 26：14：13：47[170]。CZTS纳米晶也可使用两种不同的浓缩化学溶液制成。将乙酸铜（II）一水合物、脱水乙酸锌（II）和脱水氯化锡（II）溶解于2-甲氧基乙醇中，浓度为0.35 M，最后加入氨。要得到1.75 M的浓度，应将化学物质溶解于2-甲氧基乙醇、乙酸铵和去离子水中。最后，向溶液中加入MEA，作为稳定剂。维持溶液中Cu/（Zn + Sn） = 0.87、Zn/Sn = 1.15。在45℃温度条件下将化学溶液搅拌1小时后，以3 000 rpm的转速将溶液旋转30 s。将涂布的前驱体膜在300℃的温度下加热5分钟。要得到1.75 M的溶液，重复五次沉积；要得到0.35 M的溶液，重复三次沉积。将生长出的膜在500℃的H_2S（5%） + N_2气氛中进行退火处理[171]。采用该工艺，将0.2 mmol的S在60℃的条件下溶解于油酰胺中，然后冷却至室温，再与溶解于油酰胺溶液中的0.1 mmol的$Cu_2(CH_3COO)_4$、0.05 mmol的$Zn(CH_3COO)_2 \cdot 2H_2O$和0.05 mmol的$Sn(CH_3COO)_4$混合。在240℃的$N_2$气氛中将最终溶液加热1小时，从而将CZTS纳米粒子逐层沉积到镀有ITO的玻璃上。在180℃或低温下制备的纳米粒子显示CuS相[172]。

3.2.6 丝网印刷

使用丝网印刷方法可使CZTS薄膜在柔性聚酰胺衬底上生长。将5N纯Cu、Zn、Sn和S粉末（Cu：Zn：Sn：S = 2：1：1：4.05）与乙醇及3~15 nm的玛瑙球混合，然后装满玛瑙小瓶。将用乙醇润湿的粉末以100 rpm的转速球磨12小时。将混合的粉末在40℃的真空下干燥24小时，制成球状颗粒，然后置于石英管中，在600℃的

Ar 气氛中烧结 2 小时。然后将烧结芯块以 100 rpm 的转速湿法球磨 24 小时，制得 CZTS 微粒。将 5% 的 CZTS 微粒分散到 95% 重量的异丙醇中，搅拌 6 小时，然后加入到乙基纤维素和异丙醇中，得到 CZTS 油墨。使用丝网目数为 120、丝线直径为 60 μm 的尼龙单丝织物对油墨进行丝网印刷。聚酰胺薄膜的厚度通常为 100 ~ 120 μm。丝网印刷用于在玻璃衬底或柔性衬底上形成薄膜。聚焦移动显微镜，可以调节衬底与丝网之间的距离，获得所需的膜厚度，如图 3.5（B）所示。CZTS 丝网印刷从三个不同的层进行：样品 B_{11}（湿法球磨），样品 B_{12}（烧结），样品 B_{13}（最终球磨）。样品 B_{11} 显示为非 CZTS 层，样品 B_{12} 和 B_{13} 显示（112）择优取向，表明形成了 CZTS 薄膜[173]。与之前不同的是，通过 CBD 得到的 CuS、SnS 和 ZnS 纳米晶发生固态反应，将制得的 CZTS 粉末与丙酮混合，再与乙基纤维素乙醇溶液和松油醇混合，最后进行搅拌。使用目数为 77 T 的模板和橡胶刮板丝网印刷机将制备的 CZTS 浆涂覆在玻璃衬底上。将丝网印刷的 CZTS 层在 125℃ 温度条件下加热 15 分钟，然后在不同的温度（400℃、450℃、500℃ 和 550℃）下退火处理 1 小时，除去多余的有机溶剂。CZTS 样品在烧结温度为 400℃ 和 450℃ 时显示出单相。但是，在较高的烧结温度（500℃）下，通过 X 射线衍射反射（102）、（103）、（006）和（110）确认，样品逐渐变为第二相的六方晶形 CuS[174]。

3.2.7 电沉积

电化学沉积是一项发展潜力较大的技术，能够利用低成本的化学物质使半导体薄膜在环境空气中生长到导电衬底上。该技术所用的设备成本较低，可以大规模应用。通过电沉积，可以采用不同的方法生长 CZTS 薄膜。一种方法是首先制出 Cu-Zn-Sn 前驱体，然后进行硫化；另一种方法是通过单步法使 CZTS 薄膜直接生长到导电衬底上。

使用三电极电池通过单步电沉积使 Cu-Zn-Sn 金属前驱体膜在镀钼玻璃衬底上生长，其中 Ag/AgCl 作为参比电极，铂作为对电极，采用相对于参比电极的 -1.1 V 到 -1.2 V 的 potentiostat（HZ-500；Hokuto Denko 公司），持续 20 分钟。化学溶液包含 20 mM 五水硫酸铜（II）、0.2 M 七水硫酸锌、10 mM 脱水氯化锡（II）和 0.5 M 脱水柠檬酸钠[175]。使用金属氯化物代替金属硫酸盐来沉积金属前驱体，将 $CuCl_2$、$SnCl_2$ 和 $ZnCl_2$ 溶解于摩尔比为 1：2 的氯化胆碱（$C_5H_{14}ONCl$）和乙二醇（$C_2H_6O_2$）的混合溶液中，将 Cu、Sn 和 Zn 共沉积到 100 nm 厚的玻璃/Cu 上。采用三电极体系进行金属层的沉积，如在 -1.15V 的恒电位下，Pt 作为对电极，玻璃/Cu 作为工作电极，Ag/AgCl 作为参比电极。使用单质硫作为源，氩气作为载气，将电沉积的金属层在 450℃ 的温度下硫化 0.5 ~ 1 小时。如果膜的厚度增加超过 5 μm，则 CZTS 薄膜会发生脱落[176]。

通过单步电沉积，使用 -1.05 V 的电位（相对于饱和甘汞电极（SCE））在室温下持续 45 分钟，使 CZTS 薄膜前驱体生长出来，所用的化学溶液由 20 mM 的 Cu-

SO_4、10 mM 的 $ZnSO_4$、20 mM 的 $SnSO_4$ 和 20 mM 的 $Na_2S_2O_3$ 组成。用酒石酸将溶液的 pH 值调节为 4.5~5，使用柠檬酸钠（$Na_3C_6H_5O7$）作为络合剂。使用络合剂和不使用络合剂形成的前驱体膜显示为非晶和小晶粒样品。经退火处理的样品显示出多晶性，但是使用 0.2 M 络合剂时，结晶性更佳。超出这个浓度，膜的质量就会下降。将生长出的 CZTS 前驱体膜在 550℃ 的氩气氛中退火处理 1 小时[177]。类似地，使用由 0.02 M 的 $CuSO_4 \cdot 5H_2O$、0.015 M 的 $ZnSO_4 \cdot 7H_2O$、0.02 M 的 $SnCl_2 \cdot 2H_2O$、0.001~0.015 M 的 $Na_2S_2O_3$、0.2 M 的 $Na_3C_6H_5O_7$ 和 0.01 M 的 $C_4H_4K_2O_6 \cdot {}^1/_2H_2O$ 络合剂组成的电化学溶液，使用 -1.05 到 -0.15 V 的恒电位（相对于 Ag/AgCl）在室温下持续 15 分钟，使 CZTS 薄膜在导电 ITO 或镀钼玻璃衬底上生长。首先将膜在 100℃ 的 $N_2 + H_2S$（5%）气氛中退火处理 20 分钟，然后在 550℃ 的温度下退火处理 1 小时。原生膜包含 Cu_xSn_y 和 Cu_5Zn_8 相，而随着 $Na_2S_2O_3 \cdot 5H_2O$ 的浓度从 1 mM、5 mM、10 mM 增加到 15 mM，膜的强度降低，而浓度超过 15 mM 时，膜会从衬底上脱落。这可能是由于溶液中的 S 增加，与金属团簇发生了反应。最后，经过处理的膜显示为单相。除了 $Na_2S_2O_3 \cdot 5H_2O$ 浓度为 15 mM 的情况外，均观察到了 Cu_xS[178]。

将 Cu/Sn/Cu/Zn 叠层前驱体膜通过恒电位沉积到镀钼玻璃衬底（2.5 cm × 2.5 cm）上，在三电极电池中，采用叠元素层工艺将镀钼玻璃衬底安装到直径为 4.8 cm 的圆柱形聚丙烯块上，其中铂作为对电极，Ag/AgCl 作为参比电极。使用 3 M 的 NaOH、0.1 M 的 $CuSO_4$、0.2 M 的山梨醇、0.9 mM 的 Empigen BB（表面活性剂），在电位为 -1.2V、转速为 150 rpm 的条件下沉积 Cu；使用 50 mM 的 Sn（SO_3CH_3）$_2$、1 M 的 CH_3SO_3H、3.6 mM 的 Empigen BB，在电位为 -0.72 V、转速为 100 rpm 的条件下沉积 Sn；使用 0.1 M 的 $ZnSO_4 \cdot 7H_2O$、pH 值为 3 的氢离子缓冲溶液、0.5 M 的 K_2SO_4，在电位为 -1.2 V、转速为 150 rpm 的条件下沉积 Zn。在 Cu 沉积之前，在酸性条件下使用 $PdCl_2$ 对衬底进行敏化[179]。另一种 Cu/Sn/Zn 叠层通过电沉积按顺序沉积到玻璃/Mo/Pd 衬底上，使用的化学溶液包括硫酸铜（0.594 M）+ H_2SO_4（10 vol%）、硫酸锡（0.0931 M）+ H_2SO_4（8.15 vol%）和硫酸锌水溶液。为了避免 Cu-Sn-Zn 前驱体层从玻璃/Mo 衬底上剥落，需使用 $PdCl_2$ + HCl 溶液通过电沉积方法将 Pd 沉积到玻璃/Mo 衬底上[180]。不同的是，对 S 使用 -0.7 V 的电位、对 Sn 使用 -0.7 V 的电位、对 Zn 使用 -0.65 V 的电位、对 Cu 使用 -0.55 V 的电位，按照 S/Sn/S/Cu/S/Zn/S/Cu 的顺序进行沉积，在室温下重复两次 EC-ALE。采用 1 cm × 1 cm 银多晶体衬底作为工作电极，进行抛光，并在浓氨溶液中浸泡 5 分钟，然后置于浓硫酸中保持 20 分钟，最后在蒸馏水中进行超声处理。采用 Pt 箔片作为对电极，Ag/AgCl/饱和的 KCl 作为参比电极。支持电解质由 $HClO_4$ 和 NH_3 组成，pH 值为 9.6。将由 2.5 mM 的 Na_2S、2.5 mM 的 $SnCl_2$、2.5 mM 的 $ZnSO_4$ 和 2.5 mM 的 $CuSO_4$ 组成的化学溶液与氨缓冲溶液混合，用 N_2 进行吹扫，除去溶液中的氧[181]。

通过恒电位沉积将 Cu、Zn 和 Sn 等金属先后沉积到镀钼玻璃衬底上，使用铂作为对电极，Ag/AgCl 作为参比电极。使用 1.5 M 的 NaOH、0.1 M 的山梨醇、50 mM

的 $CuCl_2$，在电位为 -1.14 V 的条件下沉积 Cu；使用 2.25 M 的 NaOH、0.45 M 的山梨醇、55 mM 的 SCl_2，在电位为 -1.21V 的条件下沉积 Sn；使用 pH 值为 3 的氢离子缓冲溶液和 0.15 M 的 $ZnCl_2$，在电位为 -1.20 V 的条件下沉积 Zn。将硫连同金属层一起放入石墨容器，然后置于管式炉中，将金属层硫化。将炉管置于 100℃ 的真空中进行干燥，然后充入氩气，将压力控制在 1 bar。将样品在 550℃ 的温度中加热 2 小时，温度变化速率为 40℃/min。最后，用氮气对该体系进行吹扫，然后自然冷却至室温。CZTS 薄膜呈现暗灰色，表面粗糙，晶粒尺寸为 $0.2 \sim 0.5$ μm[182]。

在电位为 -1.2V（4.5 mA/cm²）的条件下，使用 0.088 M 的氯化锌和 0.49 M 的酒石酸钾钠作为络合剂，首先将 Zn 金属层镀到 SnO_2:F 玻璃衬底上，然后在电位为 -0.48 V（3 mA/cm²）的条件下，使用氰化物溶液（1.3 M 的 NaCN、0.017 M 的 Na_2SO_4、0.068 M 的 ZnCN、0.018 M 的 $Na_2SnO_3 \cdot 3H_2O$ 和 0.78 M 的 CuCN），将铜沉积在络合剂上，最后在电位为 -1.6V（10 mA/cm²）的条件下，使用 0.088 M 的氯化锡和 0.49 M 的酒石酸钾钠使锡沉积。通过监测每种元素的沉积时间，将膜的组分调节为 Zn：Cu：Sn $= 1:2:1$。在 550℃ 的温度下将样品加热 2 小时，同时在 150℃ 的温度下加热硫。在 CZTS 薄膜中，观察到 Sn 为第二相[183]。

3.2.8 喷雾热分解

将由 0.02 M 的 CuCl、0.01 M 的 $ZnCl_2$、0.01 M 的 $SnCl_4$ 和 0.08 M 的 $(CH_3NH)_2CS$ 组成的初始化学溶液连同 50% 的乙醇喷涂到玻璃衬底上，流量为 $2.5 \sim 3$ mL/min，使用氮气作为载气，流量为 3.2 mL/min。衬底与喷嘴之间的距离一般保持在 15 cm。将 S 与 Cu 的比例维持在 3:1，以免形成络合化合物 $CuCl(SC(NH_2)2.5H_2O)$。使 CZTS 薄膜在不同的衬底温度（$280 \sim 330$℃）下生长，温度变化步幅为 20℃。不使用乙醇时，在衬底温度为 $280 \sim 360$℃ 条件下沉积的膜显示缺乏硫，而使用 30 vol% 乙醇时沉积的膜则显示出化学计量比[184]。在生长时间为 1 小时的条件下，膜显示出第二相，如 CuS 和 Cu_2S，而在生长时间为 0.5 小时的条件下未显示出第二相[185]。在沉积温度为 290℃ 且使用由 0.01 M 的氯化铜、0.005 M 的乙酸锌和 0.04 M 的硫脲组成的化学溶液时，除了 CZTS，喷雾沉积的膜还显示出 Cu_2SnS_3 和 Cu_xS 相，而在沉积温度为 330℃ 时，除了 CZTS，显示出了微弱的第二相 Cu_xS。最后，在沉积温度为 370℃ 和 410℃ 时，观察到单相 CZTS[186]。不同的是，在所有的喷雾沉积膜中都观察到了 $ZnSnO_3$ 相（$E_g = 2.42$ eV）。将 0.01 M 的 $CuCl_2$、0.005 M 的乙酸锌、0.005 M 的 $SnCl_2$ 和 $SC(NH_2)_2$ 溶液与甲醇混合，通过超声喷雾沉积技术，在 $280 \sim 360$℃ 的衬底温度（变化间隔为 20℃）下进行喷雾沉积，持续进行 45 分钟[187]。不同的是，CZTS 薄膜是使用结合的 $Cu(S_2CNEt_2)_2$、$Zn(S_2CNEt_2)_2$ 和 $Sn(Bu_2(S_2CNEt_2)_2)$ 前驱体通过气溶胶辅助气相沉积技术生长的。将比例为 2:1:1 的 Cu、Zn 和 Sn 前驱体溶解于 10 mL 的甲苯中，使用流量为 160 sccm 的氩气作为载气，在不同的衬底温度（360℃、400℃、440℃ 和 480℃）下沉积 90 分钟，膜的颜色呈暗褐色，（112）为一个择优取向[188]。

3.3 Cu$_2$ZnSnSe$_4$的生长

3.3.1 共蒸发

将 Cu、Zn、Sn 和 Se 共蒸发到镀钼玻璃衬底上，保持 Cu 束源瓶温度为 1 480℃，衬底温度为 200℃、260℃、320℃和 370℃。在另一种制备方法中，将衬底温度保持在 320℃，Cu 束源瓶的温度为 1250℃、1 275℃、1 350℃和 1 400℃。对于 T_{Cu} = 1 480℃ 和 T_s = 200℃，样品 B$_{14}$ 的组分为 Cu/(Zn + Sn) = 0.61、Zn/Sn = 1.21、Se = 50.05%。在样品 B$_{17}$ 中观察到单相 CZTSe，组分为 Cu/(Zn + Sn) = 0.89、Zn/Sn = 1.31、Se = 46.92（T_{Cu} = 1480℃，T_S = 370℃）。CZTSe、ZnSe 和 Cu$_2$SnSe$_3$ 相的衍射图有些相似。在衬底温度大于 330℃时生长出的 CZTSe 膜显示，首先形成 ZnSe，然后随着 CZTSe 的生长，Sn 扩散到 CZTSe 中[189]。使用 Cu、Zn、Sn 和 Se 作为源材料，在衬底温度 为 500℃，背底压力为 5 × 10^{-4} Pa，流量比为 Zn/Cu = 1、Sn/Cu = 15、Se/Cu = 27 的 条件下，也可以将 CZTSe 薄膜共蒸发到钠钙玻璃衬底上[190]。

CZTSe 膜的沉积与 CIGS 的生长过程相同。在蒸发过程中，用 Zn 和 Sn 代替 In 和 Ga。将 Zn（202.55 nm）和 Sn（284 nm）的滤光片改为用于监测电子碰撞发射 光谱仪的速率。CZTSe 膜在衬底温度为 470 ~ 500℃的条件下生长，接近于 CIGS 生 长所需的衬底温度。在整个沉积生长过程中维持 Sn 和 Se 的超压力，但 Cu 和 Zn 的 沉积速率在整个第一阶段的过程中均保持恒定。保持 Cu/(Zn + Sn) 大于 1，以便在 开始时得到富 Cu 的膜，然后制出贫 Cu 的膜，从而制得 CZTSe 双层膜。众所周知，与贫 Cu 的 CZTSe 膜相比，富 Cu 的 CZTSe 膜晶粒尺寸更大。此外还发现，CZTSe 中 Na 的浓度低于 CIGS 膜中 Na 的浓度，这是由于前者具有相对较低的衬底温度。Na 穿过 Mo 从衬底迁移到 CZTSe 膜的概率低于迁移到 CIGS 的概率。CZTSe 电池结附近的 电子束诱导电流（EBIC）线与 CIGS 相似[191]。如前所述，在开始的 12.5 分钟内，维 持 Cu 的蒸发略高于化学计量的 CZTSe 的蒸发，即 Cu/(Zn + Sn) > 1。从起始时间到 第 8 分钟，Mo 的发射率增大，温度降低。在 12.5 分钟时，Cu 的生长停止，Sn 和 Zn 的生长继续，同时 Cu$_x$Se$_y$ 相开始形成。由于 Cu 蒸发停止，样品表面的辐射发射率 降低，温度升高。在 20 分钟时，Cu$_x$Se$_y$ 相被消耗完。温度逐渐升高，升温速度或与 Cu 的蒸发率成比例。为了弥补 Sn 和 Se 的损失，在 Cu 和 Zn 蒸发停止后，要使其继 续进一步蒸发，如图 3.6 所示。CZTSe 的沉积共持续了 40 分钟，得到了足够厚的 膜。最终在样品底部和顶部分别获得了富 Cu 和贫 Cu 的薄膜。在薄膜太阳能电池的 制造中，在 CZTSe 生长之前，通常首先将 Mo 镀到玻璃衬底上，然后通过电子束蒸 发方法沉积一层 15 nm 厚的 NaF[192]。用热真空蒸发技术蒸发 Zn 不容易维持恒定的 蒸发流量，因此，在蒸发室内，用 ZnSe 源代替 Zn。用晶体厚度监控系统单独监测 单个元素的流量，维持所需的膜组分[193]。

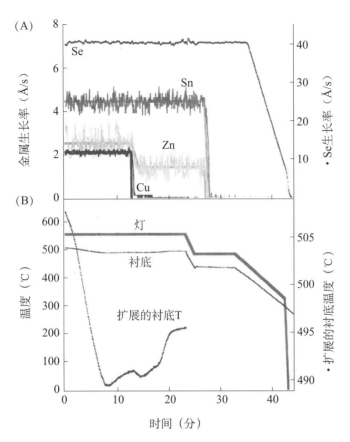

图3.6　（A）元素生长速率随时间变化的曲线和（B）衬底和灯的温度随时间变化的曲线

3.3.2　溅射

在室温下采用 0.16 W/cm^2 的功率密度和 2×10^{-2} mbar 的腔室压力，通过直流磁控溅射沉积 SLG/Mo(3N)/Zn(5N) – 380 nm/Sn(4N) – 460 nm/Cu-280 nm 的金属叠层。衬底与靶材之间的距离保持在 10 cm。采用石英舟作为蒸发源，用 5 N 的 Se 颗粒制出 Se 蒸气。将源温度从室温升高至 250℃（温度变化时间为 30 分钟），并保持 80 分钟，而将衬底温度从室温逐渐升至 150℃（温度变化时间为 15 分钟），并保持 90 分钟，然后将温度逐渐升至 375℃（温度变化时间为 25 分钟），如图 3.7 所示。当衬底温度达到 270℃ 时，关闭源。向室内引入 Ar 气，将 Se 的压力调节至 $10^{-5} \sim 10^{-2}$ mbar。同样地，在衬底温度为 500℃ 的条件下可制得另一种类型的样品。如果是在更高的温度下生长，则会观察到 Zn 和 Sn 损失。腔室压力还会影响样品的组分，在压力为 10^{-4} mbar、衬底温度为 375℃ 或 500℃ 的条件下，Zn 损失高于 Sn 损失。在衬底温度为 375℃、压力为 10^{-5} mbar 的条件下生长出的膜的组分为 Cu/(Zn + Sn) >1 和 Zn/ Sn = 1.1 ~ 1.2。通过将 Cu 的厚度从 280 nm 减小到 195 nm，并保持膜中 Zn-340 nm 和 Sn-460 nm 恒定，可以制得贫 Cu 的 CZTSe 膜。在膜中的某些位置观察

到了 $Cu_{2-x}Se$ 相[194]。

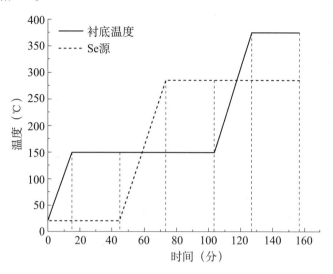

图 3.7　衬底和 Se 源温度随时间变化的曲线

　　将二元 CuSe、Cu_2Se、ZnSe 和 SnSe 化合物混合，放入塑料容器中研磨 2 小时。对于直径为 2 in. 的靶托，在 5T 下将 10 g 粉末加压。将靶材与衬底支架之间的距离保持在 5 cm。使用流量为 2 sccm 的 Ar 气流进行溅射。先对靶材进行 15 分钟的预溅射，以清理靶材的表面，然后进行 2 小时的正式溅射。每三轮替换一个新的靶材，以获得高质量的 CZTSe 膜。在从室温到 175℃ 的不同温度下完成沉积。在室温条件下使用组分为 CuSe：ZnSe：SnSe = 2：1：1（B_{14}）、CuSe：ZnSe：SnSe = 2：2：1（B_{15}）和 CuSe：Cu_2Se：ZnSe：SnSe = 2：1.1：2：1（B_{16}）的靶材制成的膜的组分分别为 Cu：Zn：Sn：Se = 34.47：13.01：18.38：34.14、27.81：18.12：15.42：38.64 和 16.94：19.67：10.23：53.16。使用额外的二元化合物 Cu_2Se 会提高膜中的 Se 组分。在 150℃ 的衬底温度下，可使用靶材 B_{16} 得到接近化学计量比的膜（25.57：16.28：10.40：47.78），而在 175℃ 条件下生长出的膜却是非化学计量比的（48.69：8.51：4.79：38.01），这是由于 Zn 和 Sn 进行了再蒸发。使用靶材 B_{16} 在室温下生长出的膜显示出柱状和多孔结构。在生长温度为 150℃ 时，观察到膜的结构致密而紧凑，而在 175℃ 条件下生长出的膜则显示出非均匀的形态[195]。混合过程也被用于生长 CZTSe 膜：使用 5N 的纯靶材，通过直流溅射将 Zn、Sn 和 Cu 沉积到镀钼玻璃衬底上，然后在 345℃ 的温度下将 Se 蒸发到/Mo/Zn/Sn/Cu 叠层上。在 270℃ 时关闭温度，使 Se 再蒸发停止。最后，在 500～520℃ 的温度下，压力为 1 mbar 的氩气和 Se 蒸气组合气体中，将样品硒化处理 30 分钟[196,197]。

3.3.3　脉冲激光沉积

　　将 Cu_2Se、ZnSe、Sn 和 Se 粉末在乙醇中球磨并在 60℃ 的空气中干燥，然后在

250 MPa 下冷压，制成颗粒，将颗粒在 2 sccm 的 Ar 气流中以 530℃的温度烧结 4~6 小时。1 in. ×1 in. 的 CZTSe 颗粒或靶材的组分为 Cu/(Zn + Sn) = 1.011、Zn/Sn = 1.1、Se/金属 = 0.872。依次使用有机溶液丙酮、乙醇和蒸馏水进行清洗，然后在氮气中干燥。衬底与靶材之间的距离保持在 5 cm，腔室压力维持在 1.6×10^{-4} Pa。采用的 Nd: YAG 激光的波长为 1064 nm，脉冲能量为 300 mJ，频率为 10 Hz，脉冲持续时间为 25 ns，激光能量密度为 1.5 J/cm²。靶材的旋转速度为 5 rpm。衬底温度从室温变化至 500℃，变化步幅为 100℃。生长出的膜的组分为 Cu/(Zn + Sn) = 1.04、Zn/Sn = 1.36、Se/金属 = 0.88，与衬底温度无关[198]。

3.3.4　纳米晶

纳米晶 CZTSe 膜通过化学溶液法生长，然后进行硒化。将硝酸铜（II）2.5 水、硝酸锌（II）六水合物和氯化锡水合物溶液与乙醇和 1,2-丙二醇混合，保持 Cu/(Zn + Sn) = 0.65、Zn/Sn = 1.48。将上述溶液与溶解于正戊醇的 10 wt% 的乙基纤维素混合，利用流变学进行刀口涂布。在涂于 3 mm 厚的 SLG 上的 600 nm 厚度 Mo 层上形成了 30~40 μm 厚的湿前驱体层，并变成了 1 μm 厚的 CZTSe 层。使用灯在 200℃的温度下将金属前驱体层加热，然后使用电热板在 230℃的温度下加热，将溶剂耗尽，再使用双温区炉在 Se 蒸气中进行硒化。将单质（150 mg）Se 和前驱体样品分别保存在 360~380℃和 370~660℃的温度下，同时以 25 sccm/min 的流量通入 N_2。将 Se 蒸气压维持在 5 mbar 左右[199]。使用不同的化学溶液工艺可制出相同类型的 CZTSe 纳米晶。将 0.15 g 的 Se 粉末和 4.5 g 的 NaOH 与 20 mL 蒸馏水混合，然后加热并搅拌，制得碱性 Se 溶液。将 1.5 mL 0.5 M 的 $Cu(NO_3)_2$ 溶液加入上述溶液中，形成 $Cu_{2-x}Se$。将混合溶液置于加热炉中，在 140℃的温度下干燥 5~8 小时，得到 $Cu_{2-x}Se$ 纳米线产物，用水和乙醇清洗几分钟。将 23 mg 的 $Zn(CH_3COO)_2$ 和 61 mg 的 $SnCl_2$ 溶解于 60 mL 的三甘醇中，然后混入 90 mg 的 CuSe 纳米线束。将经搅拌和超声处理后的溶液装入内衬聚四氟乙烯的不锈钢高压釜。将高压釜密封，在 190℃温度条件下静置 40 小时，然后自然冷却至室温。用乙醇将最终的 CZTSe 纳米线产物清洗数次，然后用离心机分离并用乙醇清洗，在 60℃的真空中干燥。将 CuSe 纳米线束与 $Zn(CH_3COO)_2$、$SnCl_2$ 和 S 在三甘醇中混合也可合成 CZTSe/CZTS 纳米线束。将混合物转移到内衬聚四氟乙烯的高压釜中，在 190℃温度条件下静置 40 小时，然后自然冷却至室温，用乙醇将化学产物清洗数次，在 60℃的真空中干燥[200]。实际上，通过化学溶液工艺可分别生长出 CZTS 和 CZTSe 纳米晶。将直径为 200 nm 的阳极氧化铝（AAO）模板（英国 Whatman）浸入 CZTS 前驱体溶液中，该溶液中含有 0.096 g 的硫、0.14 g 的无水 CuCl、0.14 g 的 $SnCl_2$、0.1 g 的 $ZnCl_2$ 和 16 mL 的无水乙二胺（En）。En 是一种可形成 Cu^+、Sn^{2+} 和 Zn^{2+} 的强络合剂，用于形成硫的配离子和作为良好溶剂。为了制得 CZTSe，用 0.23 g 的 Se 代替硫。在空气中轻微搅拌制得前驱体溶液，然后超声处理 5 分钟，再用氮气鼓泡除去氧。最后，在容量为

20 mL 的不锈钢内衬聚四氟乙烯高压釜中充满经过处理的溶液。将高压釜密封，在230℃温度条件下静置 70 小时。用乙醇和水清洗纳米晶与 AAO 模板，然后在空气中干燥[201]。

3.3.5 电沉积

使用 20 mM 的 $CuSO_4 \cdot 5H_2O$、70 mM 的 $ZnSO_4 \cdot 7H_2O$、10 mM 的 $SnCl_2 \cdot 2H_2O$ 和 500 mM 的 $C_6H_5Na_3O_7 \cdot 2H_2O$，通过电沉积在镀钼玻璃衬底上制备 Cu-Zn-Sn 前驱体层。将生长出的 Cu-Zn-Sn 前驱体层置于石墨箱中进行硒化，然后插入石英管中。用卤素灯控制样品的温度，在 10 分钟内分别将衬底和元素硒的温度逐渐升至 250℃ 和 200℃。将 Se 的温度在 10 分钟内逐渐升至 340℃，并保持 33 分钟。为了研究不同衬底温度对样品的影响，在 10 分钟内将衬底温度升高至 300℃，并保持 33 分钟。保持相似的升温速度和退火时间，将样品在不同的温度（350℃、400℃、450℃、500℃和 550℃）下进行退火处理。最后，使衬底和硒自然冷却。在退火温度范围为 400 ~ 500℃ 时，制得接近化学计量比的 CZTSe 样品。温度高于 450℃ 时，观察到有Sn 损失[175,202]。只采用电沉积技术，通过两步工艺也可生长出 CZTSe 膜。首先，使用由 $CuSO_4 \cdot 5H_2O$、$ZnSO_4 \cdot 7H_2O$、$SnSO_4$、柠檬酸钠和 K_2SO_4 组成的化学溶液，通过电沉积技术使 1.2 μm 厚的 CZT 膜在镀有 ITO 的玻璃衬底（8 ~ 12 Ω/sq 薄膜电阻）上生长，用对苯二酚作为抗氧化剂。对于 Ag/AgCl/KCl 电极，在 pH 值 = 5.5 ~ 6 时，采用的阴极电位为 – 1.3V（E_c）。生长出的金属 CZT 前驱体膜显示出多相，如CuZn、CuSn 和 Sn。其次，在温度为 60℃、E_c = – 0.7V、pH 值 = 2.8 的条件下，使用 20 mM 的 SeO_2 和 0.2 M 的 K_2SO_4 混合化学溶液将 Se 电沉积到 CZT 膜上（持续20 ~ 30 分钟）。对 CZT/Se 电沉积膜进行退火处理，以缓慢的速度（2℃/min）升温至 200℃，并保持 20 分钟，然后逐渐升温至 500℃（升温速度为 10℃/min），并保持 2 小时。快速升温（20℃/min）至 500℃，保持 2 小时。快速升温时显示出单相CZTSe，而慢速升温时则显示出多相[203]。

3.4 $Cu_2ZnSn(SSe)_4$ 的生长

将 0.2 mM 的硬脂酸铜、0.1 mM 的硬脂酸锡和 0.1 mM 的硬脂酸锌与 2 mL 的油酰胺混合，并在 145℃ 的温度下加热 1 小时。将 1 mM 的硫脲、Se 和 0.45 mM 的油酰胺与 5 mL 的 ODE（阴离子溶液）混合，S/Se 从 0 到 1 之间变化。将混合物在250℃ 的温度下加热 1 小时，达到 270℃，然后将阳离子溶液注入阴离子溶液中，同时用导电磁体搅拌。溶液的颜色从淡黄色变成暗褐色，表明形成了 $Cu_2ZnSn(S_{1-x}Se_x)_4$ 纳米晶。一小时后，将前驱体溶液自然冷却至室温。加入 5 mL 三氯甲烷，萃取出纳米晶，然后以 6000 rpm 的转速用离心机分离 5 分钟[204]。不同的是，CZTS 薄膜是通过旋转涂布的方法生长的。在室温下将 0.80 mmol 的 $Cu(CH_3COO)_2 \cdot H_2O$、

0.56 mmol 的 $ZnCl_2$、0.55 mmol 的 $SnCl_2 \cdot 2H_2O$ 和 2.64 mmol 的硫脲加入到二甲亚砜（0.7 mL，DMSO）中。将以 1 500 rpm 的转速旋转涂布到镀钼钠钙玻璃衬底上的膜置于电热板上，在 580℃ 的温度下退火处理 2.5 分钟，重复若干次，得到较厚的膜。化学反应如下：$2Cu(CH_3COO)_2 \cdot H_2O + ZnCl_2 + SnCl_2 \cdot 2H_2O + 4SC(NH_2)_2 \rightarrow CZTS + 气态产$物。在流量为 10 sccm 的 Ar 气流中，将 CZTS 薄膜置于石墨箱，在 500℃ 的 Se 蒸气中退火处理 20 分钟。通过 EDX 观察到 $Cu_{1.8}Zn_{1.2}Sn_{1.06}(S_{0.19}Se_{0.81})_{3.95}$，表明 $Cu/(Zn+Sn)$、Zn/Sn 和 $S/(S+Se)$ 的值分别为 1.13、0.19 和 0.8[205]。

3.5　$CuZnSn$、Cu_2ZnSnS_4 和 $Cu_2ZnSnSe_4$ 前驱体的硫化或硒化

应在双温区炉的石英管内采用 5N 的硫颗粒，在硫蒸气中对 CZT 金属和 CZTS 样品进行硫化，如图 3.8 所示。将硫颗粒置于一端，样品置于另一端。显然，硫颗粒的温度被维持在 130℃；在 400～600℃ 的范围内，样品的温度可以维持在 525～550℃（温度变化速率为 2～20℃/min）[206]。相似地，使用 9 in. 的溅射靶材和 Zn，用石英坩埚在 300℃ 下蒸发，通过 Cu 和 Sn 沉积得到 Cu/Zn/Sn 前驱体膜。在衬底温度为 300～500℃ 时，在 S 助熔剂下退火处理 60 分钟，将石英坩埚中的硫置于 80℃ 的温度中。在硫化温度为 400℃ 时，得到化学计量膜，而在较高的温度（450℃）下硫化的膜则显示出严重的 Zn 缺乏问题。这可能是由于 Zn 的高蒸气压所致。使用 ZnS 二元化合物可以解决这个问题。在 460℃ 温度条件下通过 ZnS 蒸发可形成膜，这种膜对衬底有良好的附着力。在 400℃ 以下的衬底温度下沉积的膜具有第二相，如 Cu_xS[207]。不同的是，在 0.44 Pa 的压力下，分别采用直流溅射和射频溅射技术，通过 Cu:Sn（60:40）合金和 Zn 或 ZnS 靶材的共溅射，在 Si、SLG 和镀钼 SLG 衬底上生长前驱体膜。在竖式熔炉中，将其密封于排空的石英管中，使用 2 mg 的硫粉在 520℃ 下硫化 2 小时，温度变化时间为 1 小时，然后冷却至室温，周期为 5～6 小时。要注意，在硫化之前，将膜置于户外几天。金属前驱体膜和硫化物前驱体膜分别显示出非晶结构和晶体结构[208]。

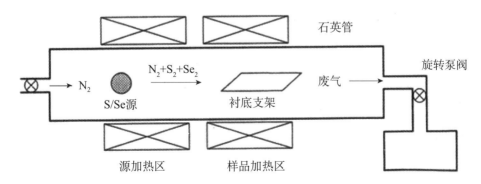

图 3.8　使用退火系统对前驱体层进行硫化的示意图

薄膜太阳能电池材料

实际上，在 500℃温度条件下，将通过射频磁控溅射生长出的 Zn/Sn/Cu 叠层在稀释的硫气氛中硫化 2 小时，温度变化速率为 5℃/min，叠层的总厚度为 370 nm，硫化后，厚度变为 1 μm，CZTS 薄膜的组分为 Cu：Zn：Sn：S = 23.8：13.2：12.4：50.6，晶粒尺寸在 250 nm 左右[209]。可以使用 H_2S 气体将 Cu-Zn-Sn 硫化。用 3 mM 的 Cu（II）、Zn（II）和 30 mM 的 Sn（II）盐将金属层沉积到镀钼玻璃衬底上，使用焦磷酸钠作为电沉积中的支持电解质。采用不同的温度变化步幅，将生长出的玻璃/Mo/CZT 前驱体层在 5% 的 H_2S/Ar 中退火处理，如图 3.9 所示[210]。不同的是，通过溅射，在功率密度分别为 0.16 W/cm²、0.16 ~ 0.38 W/cm² 和 0.11 ~ 0.16 W/cm² 时，镀钼玻璃衬底上先后生长出了 150 nm 厚的 Cu、190 nm 厚的 Zn 和 340 nm 厚的 Sn 金属层。在不同的衬底温度（330℃、370℃、425℃和 505℃）下将其在硫气氛中硫化，温度变化速率为 10℃/min。将硫颗粒用作硫源，将其在 130℃温度条件下保存在石英管中，N_2 流量为 40 mL/min，如图 3.10 所示[211]。

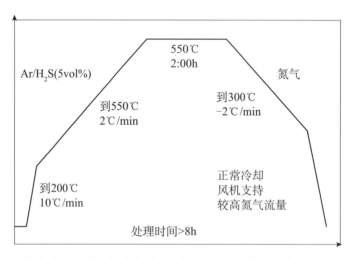

图 3.9 使用 H_2S 对 CuZnSn 前驱体进行硫化的温度变化图

首先，使用 0.03 M 的 $SnCl_2$、0.06 M 的 $CuCl_2$ 和 0.05 M 的 Na_2S 的混合化学溶液，通过连续离子层吸附反应（SILAR）法（循环 60 次）将 Cu-Sn-S 前驱体膜沉积到玻璃衬底上。然后将衬底以 60°的角度插入 0.04 M 的 $Zn(Ac)_2$、0.06 M 的柠檬酸钠和 0.12 M 的硫脲混合而成的化学溶液中，在 80℃的温度条件下保持 3 小时，生长出 ZnS。用氨溶液调节溶液的 pH 值。此外，将生长出的玻璃/Cu-Sn-S/ZnS 前驱体样品在 500℃的温度条件下退火处理，保持硫粉温度为 200℃，同时将 N_2 用作载气。S/金属值为 0.47，退火后，S/金属值变为 0.82，如表 3.2 所示。该层的缺点在于有裂缝，并可能会进一步扩展到退火样品中[212]。

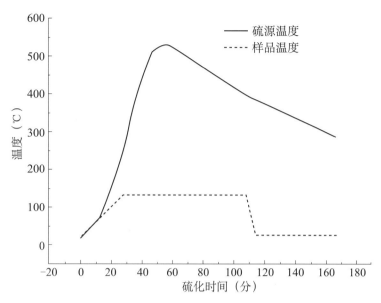

图3.10　硫源和衬底温度与时间的关系图

表3.2　退火前和退火后样品的化学组分变化情况

退火条件	Cu	Zn	Sn	S	Cu/(Zn+Sn)	Zn/Sn	S/金属
退火前	30.7	26.6	10.8	31.9	0.82	2.46	0.47
退火后	28.8	14.1	12	45.1	1.1	1.18	0.82

　　同样，在硫气氛中，使用硫块和流量为 10 sccm 的 N_2 气流在不同的温度（300℃、400℃、500℃和600℃）下将通过电沉积技术生长出的富 Zn 和富 Sn 的 Cu/Sn/Zn 前驱体硫化 2 小时。对于富 Zn 前驱体硫化，随着硫化温度从 300℃ 升高至 500℃，Zn/Sn 值降低，而当硫化温度为 500℃ ~600℃ 时，Zn/Sn 值保持恒定。随着硫化温度不断升高，Cu/(Zn+Sn) 和 S/金属值升高，如表3.3 所示。硫化温度为 600℃ 时，X 射线衍射显示出单相 CZTS。硫化温度为 500℃ 和 600℃ 时，CZTS 薄膜显示出四方晶型结构。对于富 Sn 样品，随着硫化温度从 300℃ 升高到 400℃，Zn/Sn 值降低。但是，随着硫化温度从 400℃ 升高到 600℃，Zn/Sn 值升高，这是由于 SnS 蒸发所致。Cu/(Zn+Sn) 值也会随着硫化温度的升高而升高，这是由于从底部到表面的 Cu 都被耗尽。晶粒看起来像圆形而不是方形，表明发生了不同的结晶过程[180]。在 580℃ 温度条件下，将通过溅射生长出的 CZTS 前驱体在 20 vol% 的 H_2S 与 N_2 中硫化 3 小时。温度以 5℃/min 的变化速率逐渐升高。对样品进行退火处理后，将温度以相同的变化速率逐渐降至 200℃，然后自然冷却至室温，得到 2.2 μm 的厚度。电感耦合等离子体原子发射光谱显示出 Cu/(Zn+Sn)、Zn/Sn 和 S/(Cu+Zn) 值分别为 0.85、1.25 和 1.1[137]。

表 3.3　硫化温度对 CZTS 薄膜成分的影响

T (℃)	Cu/(Zn + Sn)	Zn/Sn	S/金属
300	0.43	3.35	0.44
400	0.53	2.81	0.76
500	0.88	1.53	0.9
600	0.80	1.55	0.92

　　在真空中将由化学溶液法制得的 CZTS 纳米晶前驱体粉末在 60℃ 温度条件下干燥 8 小时后，将其置于一端区域，Se 颗粒置于另一端区域，在流量为 50 sccm 的 Ar 中进行硒化。以 10℃/min 的速度逐渐升温，将 Se 颗粒的温度维持在 550℃，样品的硒化温度从 350℃ 至 550℃ 不等，使 CZTSSe 样品自然冷却[164]。使用两种不同的方法，即缓慢过程和快速过程，将通过电沉积生长的 CZT/Se 叠层在 Ar 气氛中进行退火处理。在缓慢过程中，以 2℃/min 的温度变化速率将样品温度升高至 200℃，并保持 20 分钟，然后以 10℃/min 的温度变化速率将样品温度升高至 500℃，并保持 120 分钟，最后，将样品自然冷却至室温。在快速过程中，以 20℃/min 的温度变化速率将样品温度升高至 500℃，并保持 120 分钟，最后，使样品自然冷却至室温[203]。

第四章　表征技术在薄膜分析中的作用

本章详细介绍几种薄膜分析技术的重要作用，包括能量色散 X 射线谱（EDS 或 EDX）、二次离子质谱（SIMS）、X 射线荧光（XRF）和电感耦合等离子体质谱（ICP-MS）技术。表 4.1 对比了不同技术之间的差异及列出了各自的优势[213]。

表 4.1　不同表面分析技术的优势

序号	描述	EDX	SIMS	ICP-MS	XRF	XPS	AES
1	辐射类型	电子	离子	离子	X 射线	光子	电子
2	放射	光子	离子	—	X 射线	电子	电子
3	分析类型	能量	质量	质量	能量	能量	能量
4	表面信息	是	是	—	是	是	是
5	元素性质	是	是	是	是	是	是
6	深度	否	是	是	是	是	是
7	定量	是	是ᵃ	是	是	是ᵇ	是
8	空间	是	是	是	是	是	是

注：a：标准；
　　b：长期。

4.1　能量色散 X 射线谱

能量色散 X 射线谱技术是一种分析样品元素或化学组分的强有力的技术，这种技术基于样品元素的原子发射出的 X 射线能量。该技术可对原子序数大于碳元素的元素进行清晰检测。物理学家 Wilhelm Rontgen 于 1875 年首次发现了 X 射线，随后 X 射线被广泛地应用于医学、半导体工业、土建工程、地质工程等领域。在电磁光谱中，X 射线的波长范围为 $0.01 \sim 10$ nm，如图 4.1 所示。在讨论样品的 EDS 光谱之前，我们先集中讨论原子亚壳层的特点，如图 4.2 所示。众所周知，卢瑟福-玻尔模型解释了电子在原子核周围轨道上的旋转情况。原子核由原子内的质子（Z）和中子组成，原子核数等于电子数。原子有几种壳层，如 K 壳层、L 壳层、M 壳层等，壳层按顺序排列。主量子数（n）决定轨道能量：K 壳层的主量子数为 1、质子数为 2；L 壳层的主量子数为 2、质子数为 8；M 壳层的主量子数为 3、质子数为 18。L 壳层有三个子壳层，即 L_1、L_2 和 L_3。M 壳层有五个子壳

薄膜太阳能电池材料

层，即 M_1、M_2、M_3、M_4 和 M_5（如图4.2所示）。利用电子束可描述 EDS 中样品的特性。原则上，当电子束撞击样品时，内壳层电子会将样品元素中能够产生特征 X 射线的原子撞出去。换句话说，原子内层轨道的电子跃迁导致产生了特征 X 射线。发射出的 X 射线的能量与两个壳层之差相等。而当电子束与原子核相互作用时，不太可能产生连续（韧致辐射）X 射线发射。特征 X 射线控制着光谱，且合理地出现在连续 X 射线背景的顶部。样品中不同元素发射出的特征 X 射线的波长是不同的，仅有少数波长相互重叠。带有 E_o 能量的电子入射到原子上并将电子从 K 内壳层中撞出去，留下空位，然后来自 L_3 亚壳层的外层电子填充空位，并发射出特征 X 射线。X 射线能量（E_x）等于 K 壳层电子能量（E_K）与 L_3 亚壳层电子能量（E_{L3}）之差，即 $E_x = E_K - E_{L3}$，如图4.3所示。放出电子的能量关系式为：$E = \Delta E - E_K$，而弹性散射导致的损失电子能量关系式则为：$E = E_o - \Delta E$，其中 ΔE 表示能量损失，而 E_o 则表示入射电子束的能量[214]。

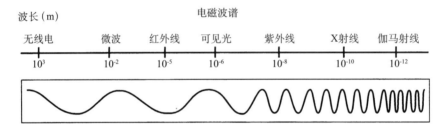

图4.1　电磁波谱示意图

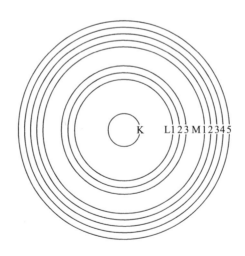

图4.2　原子壳层示意图

58

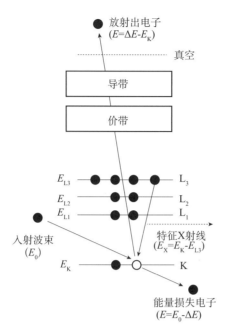

图 4.3　特征 X 射线发射示意图

电子束照射到样品上，特征 X 射线向 Si 探测器转移，Si 探测器与前置放大器、线性放大器和计算机相连，如图 4.4 所示。当电子束撞击样品时，从样品中射出 X 射线，转移射向探测器，使探测器内部产生电子空穴对。然后，将偏置应用到探测器中，将放射 X 射线转换为具有特殊振幅和宽度的电荷脉冲。最后，前置放大器将电荷或电脉冲转换为电压脉冲，用线性放大器进一步放大转换信号，并用计算机进行处理。显然，电压脉冲的高度与入射 X 射线的能量成正比。输出方式为绘制探测器探测到的 X 射线能量柱状图。在 X 射线光谱中，峰值的高度与样品元素的含量成正比。当样品中的元素已知时，波长色散 X 射线光谱仪（WDS）在统计单波长数量方面可发挥重要作用。

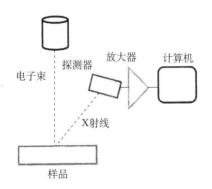

图 4.4　能量色散 X 射线光谱仪（EDS）示意图

薄膜太阳能电池材料

如上文所述，当来自 L 次能级的电子占据 K 能级时，会发生 $K_{\alpha1}$ 辐射。而从 L_2 能级到 K 能级的电子跃迁中会出现 $K_{\alpha2}$。同样的，还出现了其他跃迁，如 $K_{\beta1}$、$K_{\beta2}$、$K_{\beta3}$ 等。K 代表 K 壳层，而 α 和 β 则分别表示 K_α 和 K_β 系射线。在 $K_{\alpha1}$ 和 $K_{\alpha2}$ 中，后缀 "1" 和 "2" 表示强度，按降序排列。图 4.5 显示了原子内不同辐射的跃迁等级[215]。图 4.6 显示了 Cu 原子的跃迁等级[216]。根据莫塞莱定律，可以利用任意元素的简单关系式 $10.2 (Z-1)^2$ eV 粗略计算 K_α 谱线的能量。在该关系式中，Z 表示原子序数。例如，CuK_α 谱线的理论值是 7.9968 keV，ZnK_α 谱线的理论值是 8.5782 keV，这两个值都与实验结果相符。可以利用简单关系式 $I_1/I_2 = k (C_1/C_2)$，根据 EDS 光谱估算样品的组分。在该关系式中，I_1 和 I_2 表示特征 X 射线的强度，C_1 和 C_2 表示样品中两种元素的重量百分率，而 k 是一个常数，可根据相关标准或样本得出，如 Cu 的 k 值为 1.8[217]。图 4.7 显示的是通过化学溶液技术生长的 CZTS 样品的典型 EDS 光谱，根据该光谱，可得出其化学组分，见表 4.2[218]。

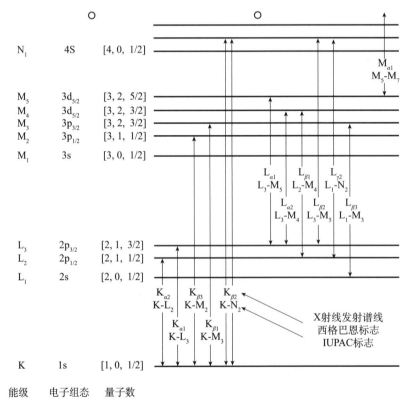

图 4.5 原子内不同辐射的跃迁等级

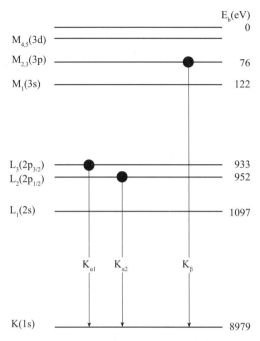

图 4.6　Cu 原子的 CuK$_\alpha$ 和 CuK$_\beta$ 发射能级

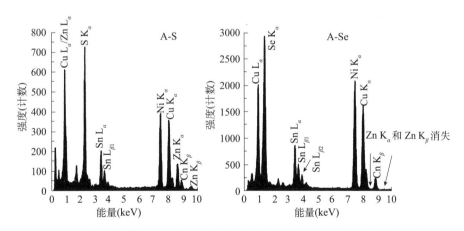

图 4.7　通过化学溶液方法生长的 CZTS 和 CZTSe 纳米粒子的 EDS 光谱

表 4.2　通过化学溶液方法生长的 CZTS 和 CZTSe 样品的组分

样品	反应物	Cu（%）	Zn（%）	Sn（%）	S 或 Se（%）
化学计量	—	25.0	12.5	12.5	50.0
CZTS（A-S）	CuI、ZnCl$_2$、SnI$_4$、S	23.8	12.7	12.2	51.3
CZTSe（A-Se）	CuI、ZnCl$_2$、SnI$_4$、S	31.0	1.1	20.2	47.7

有几篇报告介绍了生长模式与退火处理效应下的组分变化情况。EDS 分析显示，通过溅射形成的 CZTS 薄膜的组分比为 Cu∶Zn∶Sn∶S = 26.4∶15.2∶11.6∶46.8，这与因硫损失而形成的单一靶材的原始组分（Cu∶Zn∶Sn∶S = 29.9∶12.6∶12.3∶45.2）稍有偏差。由于轻元素（如 S 和 Se）可以很容易地从化合物中分解出去，因此在层生长过程中这些元素会出现损失。在 200 W 和 25 mTorr 条件下使用烧结二元化合物 Cu_2S、ZnS 和 SnS_2 粉末溅射形成的 CZTS 靶材的生长速度为 0.375 μm/h。生长的膜中会出现分层现象，这可能是由于形成了厚 MoS_2 层或形成了 CZTS 和 Mo 之间的相。为了减轻分层现象，必须降低 MoS_2 膜的厚度[219]。同样，颗粒内 Cu/(Zn + Sn) = 0.8，而在薄膜内，Cu/(Zn + Sn) = 0.867。在不同的颗粒组分（0.9、1.0、1.1 和 1.2）条件下，生长出的膜中 Cu 含量始终较高。另一方面，与颗粒中的 Zn 含量相比，薄膜中的 Zn 含量较低[152]。KCN 蚀刻后，由于去除了 Cu_xS 化学相，即消除了部分 Cu 和 S，原生 CZTS 样品的组分从 Cu∶Zn∶Sn∶S = 30.3∶10.5∶10.8∶48.3（Cu/(Zn + Sn) = 1.43、Zn/Sn = 0.97、S/金属 = 1.07）变成了 Cu∶Zn∶Sn∶S = 25.5∶13∶12.9∶47.7（Cu/(Zn + Sn) = 1.02、Zn/Sn = 1.0、S/金属 = 0.91）[125]。在氩气流量为 20 sccm、压力为 1.6 Pa、射频功率为 80 W 的条件下，使用单一 CZTS 靶材通过溅射技术（持续 1 小时）生长 CZTS 薄膜，衬底温度从 350℃ 到 500℃ 不等，温度变化步幅为 50℃，原生薄膜明显显示出了缺 Cu 问题，需要在 520℃ 的温度条件下在 H_2S（5%）+ Ar 中进行退火处理。完成退火处理后，根据 EDS 可以看出，硫的组分增加，而 Sn 含量减少（见表 4.3）[142]。

表 4.3　不同温度条件（350℃、400℃、450℃和 500℃）下生长的
CZTS 样品（分别标示为样品 1、样品 2、样品 3 和样品 4）

样品	沉积态			t（nm）	退火			t（nm）
	Cu/(Zn + Sn)	Zn/Sn	M/S		Cu/(Zn + Sn)	Zn/Sn	M/S	
1	0.9	1.13	1.47	522	1.16	1.3	1.27	675
2	0.88	1.06	1.48	525	1.14	1.3	1.23	689
3	0.80	1.03	1.38	537	1.15	1.29	1.24	686
4	0.83	1.08	1.43	549	1.15	1.25	1.22	669

注：t 表示厚度，M 表示金属。

对通过射频溅射技术（对于 $CuSn_2$ 靶材，射频功率为 45 W（1）、55 W（2）和 65 W（3）；对于 ZnS 靶材，射频功率保持恒定，为 70 W）生长的 Cu-Sn-ZnS 前驱体样品在 H_2S 气氛中进行硫化，采用快速升温，温度变化率为 21℃/min（表示为 F_1、F_2 和 F_3），以及采用慢速升温，温度变化率为 2℃/min（表示为 S_1、S_2 和 S_3）。在温度均达到 100℃ 后，保持 10℃/min 的温度变化速率。与快速硫化样品相比，慢速硫化样品中 S 含量丰富，但慢速硫化过程中也出现了 Sn 损失，如表 4.4 所示[139]。

表4.4　不同硫化方法作用下原子百分比的变化情况

样品	Cu	Zn	Sn	S	Zn/Sn	Cu/(Sn+Zn)	S/M
F_1	16.28	8.44	15.94	59.34	0.53	0.67	1.46
S_1	25	12.56	13.54	51	0.93	0.96	1.00
F_2	16.69	7.22	17.12	58.97	0.42	0.68	1.44
S_2	23.22	11.09	15.33	50.36	0.72	0.88	1.01
F_3	15.91	6.22	16.49	61.38	0.38	0.70	1.59
S_3	23.75	10.43	13.42	52.4	0.78	1.00	1.1

将通过旋转涂布得到的 CZTS 薄膜在 400℃ 低温条件下进行硫化，显示硫含量较少，而在 500℃、550℃ 和 600℃ 高温条件下硫化的膜，显示出了化学计量组分（见表4.5）[201]。

表4.5　在不同温度条件下进行硫化处理的 CZTS 薄膜的组分变化情况（T_A）

T_A（℃）	Cu	Zn	Sn	S	Cu/(Zn+Sn)	Zn/Sn	S/M	参考文献
250	29.4	19.7	10.2	40.7	0.99	1.93	0.69	[199]
350	25.1	23	11.4	40.5	0.73	2.03	0.68	
400	22.5	15.9	11.1	50.5	0.83	1.44	1.02	
450	24.7	14	11.5	49.7	0.97	1.23	0.99	
500	24.2	13.9	11.7	50.2	0.94	1.19	1.01	
560	23.8	13.6	11.1	51.5	0.96	1.23	1.06	
600	24.1	13.4	11.2	51.2	0.98	1.21	1.05	

在 Ar 气氛中，通过直流溅射系统使总厚度为 630nm 的 Cu/ZnSn/Cu 金属层沉积在镀 Mo 玻璃衬底上。金属层的厚度决定了其组分。将生长出的 1 in. ×2 in. 的层保存于石墨箱中，在 580℃ 的 S 气氛中进行退火处理（温度变化速率为 100℃/min），将金属层转化为 CZTS 薄膜。表4.6 显示了组分的变化情况，尤其是因退火温度升高而导致的 Sn 损失情况[220]。实际上，在 110℃ 的温度条件下对通过旋转涂布生长的前驱体样品进行加热，从而去掉溶剂，然后在 250℃ 温度条件下在 N_2 气氛中进行退火处理，将生长过程重复两次，获得厚度为 2 μm 的薄膜，预退火样品可能由 Cu_xS、SnS_x 和 ZnS 二元化合物组成。因此，应在 550℃ 温度条件下对厚度适中的膜进行退火处理，将二元化合物转化为 CZTS 薄膜。薄膜的组分如表4.6所示。从该表中可以看出，经退火处理后样品出现了 Sn 损失。另一方面，预退火样品中含大约 0.47% 的 Cl，但退火处理后，未发现 Cl[169]。

表4.6　退火温度对组分的影响情况

前驱体样品	T_A（℃）	Cu	Zn	Sn	S	Cu/(Zn+Sn)	Zn/Sn	S/M	参考文献
Cu/ZnSn/Cu	560	19.27	16.8	11.56	52.38	0.67	1.45	1.09	[216]
Cu/ZnSn/Cu	580	23.64	12.21	12.28	51.87	0.96	0.99	1.08	
预退火	–	26.38	17.80	28.28	27.07	0.57	0.63	0.37	
退火	550	24.68	19.82	25.2	30.29	0.55	0.79	0.43	[167]

薄膜太阳能电池材料

在低温 520℃ 和高温 570℃ 条件下对玻璃/Zn/Cu/Sn/Cu 叠层进行硫化。低温硫化膜有两种结构：一种是针状结构，而另一种则是由 CZTS 薄膜不完全硫化导致的弹坑状结构。针状结构区域显示富 Sn 相，组分为 Cu: Zn: Sn: S = 0.39 : 0.15 : 1 : 2.42，而弹坑状结构膜则显示富 Zn 相，组分为 Cu: Zn: Sn: S = 0.47 : 1 : 0.29 : 1.7。在高温下硫化的膜的组分为 Cu: Zn: Sn: S = 1.84 ~ 1.92 : 1.3 ~ 1.6 : 1 : 4.5 ~ 4.7，表明出现了 Sn 损失[132,221]。不同的是，在 N_2 气氛中对组分为 Cu: Zn: Sn: S = 24 : 12 : 16 : 48 的沉积态薄膜进行退火处理，退火温度从 300℃ 升至 500℃（温度上升步幅为 100℃）。在 300℃、400℃ 和 500℃ 的退火温度条件下，样品显示的组分分别为 19 : 12 : 18 : 51、20 : 13 : 18 : 49 和 22 : 14 : 16 : 48。这表明，随着退火温度升高，薄膜中出现了 S 和 Sn 的损失。仔细检验退火温度之后，认为 500℃ 是 CZTS 薄膜退火处理的最佳温度[222]。有趣的是，根据吸收光谱，在通过电沉积 CZT 金属膜（玻璃/Mo/Cu/Sn/Zn）硫化作用制成的 CZTS 薄膜中，Zn 的含量较高（Zn/Sn > 1），但是根据 EDS，相同的样品中心位置 Zn 含量少，边缘位置 Zn 含量丰富。在电量分析方面受控于电沉积的典型样品（C_{01}、C_{02}、C_{03} 和 C_{04}）的组分中 Zn 含量较高，如表 4.7 所示[182]。在判断样品的组分方面必须谨慎，实践发现，对相同样品进行 EPMA 和 EDS 分析后，会得出不同的组分结果。

表 4.7 通过 CZT 和硫化作用生长的 CZTS 薄膜的组分

样品	Cu（%）	Zn（%）	Sn（%）	S（%）	Cu/(Zn + Sn)	Zn/Sn
C_{01}	20.3	16.1	12.4	51.1	0.71	1.30
C_{02}	23.2	15.5	11.4	49.9	0.86	1.37
C_{03}	23.9	14.9	11.5	49.8	0.91	1.30
C_{04}	26.6	14.4	10.4	48.6	1.07	1.38

在衬底温度为 150℃ 的条件下，通过电子束蒸发获得玻璃/Mo/Zn/Cu/Sn 叠层，使 Cu/(Zn + Sn) < 1、Zn/Sn > 1，厚度为 0.4 ~ 0.6 μm。在 560℃ 的温度条件下（温度变化速率为 10℃/min），使用 N_2（流量为 10 sccm）对叠层进行硫化处理 2 小时，将样品和硫块置于石英管内的有盖培养皿中。硫化处理完成后，组分参数变为 Cu/(Zn + Sn) < 1、Zn/Sn > 1 和 S/(Cu + Zn + Sn) < 1，而厚度变为 1.0 ~ 1.4 μm[223]。在另一种情况下，以倾斜升温的方式在 550℃、600℃ 和 650℃ 的高温条件下对 CZTS 样品进行退火处理 2 小时，使硫舟的温度保持在 170℃。在 600℃ 温度条件下退火处理后，SLG 上的沉积态薄膜的组分从 Cu: Zn: Sn: S = 50.4 : 24.2 : 25.5 : 47 变为 49.2 : 27.7 : 23.1 : 49。同样，经退火处理后，硼硅酸盐玻璃（BSG）上的薄膜组分从 50 : 24.7 : 25.3 : 45 变为 50.7 : 24.6 : 24.6 : 43[141]。

对于 $Cu_2ZnSnSe_4$（CZTSe），Cu 源温度保持恒定（T_{Cu} = 1 480℃），通过真空蒸发技术生长的 CZTSe 薄膜中 Cu 含量随着衬底温度的升高而增加。而衬底温度（T_s）保持在 320℃，随着 Cu 源温度降低，Zn 含量总体增加，如表 4.8 所示[189]。

典型的 CZTSe 薄膜 EDS 谱显示其组分为 Cu: Zn: Sn: Se = 2: 0. 8: 1. 4: 3. 6（如图 4. 8 所示）[200]。

表 4. 8　厚度、Cu 束流和衬底温度对 CZTSe 薄膜组分的影响

样品	Cu/(Zn + Sn)	Zn/Sn	Se（%）	厚度（μm）	T_{Cu}（℃）	T_S（℃）
C_1	0. 61	1. 21	50. 05	3. 15	1480	200
C_2	0. 83	1. 33	47. 83	2. 33	1480	260
C_3	0. 83	1. 58	46. 76	2. 67	1480	320
C_4	0. 89	1. 31	46. 92	2. 63	1480	370
C_5	0. 16	5. 46	45. 99	0. 82	1250	320
C_6	0. 23	3. 64	43. 55	0. 88	1275	320
C_7	0. 31	3. 18	43. 87	1. 38	1350	320
C_8	0. 59	1. 71	44. 96	1. 35	1400	320

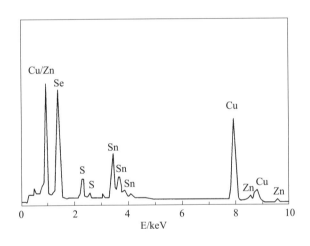

图 4. 8　CZTS/CZTSe 纳米线束 EDAX 谱（Se: S = 0. 65:1）

在 5×10^{-6} Torr 的基准压力下，使用克努森渗出容器通过 Cu、Zn、Sn 和 Se 真空蒸发生长 CZTSe，组分设置为 Cu/(Zn + Sn) = 0. 8、Zn/Sn = 1. 1，但是生长出的样品组分为 Cu/(Zn + Sn) = 0. 82、Zn/Sn = 1. 15、Se/金属 = 1. 04，略有不同（上述组分是根据 EDS 确定的）[224]。将 Cu_2S（Se）、ZnS（Se）、SnS_2、Sn、S 和含有 5% 多余 S 的 Se 粉末在酒精中以 350 rpm 的转速球磨 8 小时，然后在 50℃ 的温度条件下在非真空蒸发器中进行干燥，将粉末制成颗粒。然后将颗粒放入管式炉中，以 500℃ 的高温在 Ar 气氛中烧结 2 小时，保持 5℃/min 的倾斜升温速率和倾斜降温速率，烧结至 700℃ 时停止，制成多晶 CZTSSe 粉末。如表 4. 9 所示，根据 EDS 获得的 CZTSSe 样品组分随 S 与 Se 之比的变化而变化[204]。

表 4.9　$Cu_2ZnSn(S_{1-x}Se_x)_4$ 组分变化情况

样品	Cu/(Zn + Sn)	Zn/Sn	M/(S + Se)	S	Se	S/(S + Se)	参考文献
1	0.81	1.70	1.31	—		0	
2	1.18	1.52	1.54	—		0.23	
3	1.09	1.42	1.19	—	—	0.49	
4	1.05	1.12	1.55	—	—	0.69	
5	0.94	1.03	1.2	—		1	
x = 0	2.28	1.13	0.91	4.10			[204]
0.3	1.99	1.1	0.91	3.27	1.47	—	
0.5	2.04	0.91	1.11	2.22	2.01	—	
0.7	2.1	1.05	0.86	1.41	2.99	—	
1.0	2.03	0.83	0.96	—	4.16	—	

注：M = 金属 = (Cu + Zn + Sn)。

在电压为 15 kV 时进行的 EDS 表明，样品中 Sn 和 Se 的含量降低，Cu 和 Zn 的含量随着衬底温度从 173℃、320℃、370℃升高至 500℃（使用共蒸发法生长 CZTSe）而增加，如图 4.9 所示[225]。实际上，可以通过改变叠层的厚度来改变 CZTSe 样品的组分。而在对叠层 ZnS（340 nm）/Cu（120 nm）/Sn（140 nm）（叠层 C_9）和 ZnS（510 nm）/Cu（180 nm）/Sn（240 nm）（叠层 C_{10}）进行硒化处理后，通过在叠层内采用不同的二元层和元素层厚度也可以改变 CZTSSe 薄膜的组分，如表 4.10 所示[226]。

表 4.10　不同叠层的组分变化情况

样品	厚度（nm）			厚度 (nm) 硒化后	组分				参考文献
	ZnS	Cu	Sn		Zn/Sn	Cu/(Zn + Sn)	(S + Se)/M	S/Se	
C_9	340	120	140	900	1.3	1.0	0.91	0.11	[226]
C_{10}	510	180	240	1 500	1.2	0.91	0.88	0.13	

注：Selen. 表示硒化。

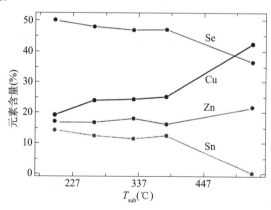

图 4.9　通过共蒸发法生长的 CZTSe 薄膜中
Cu、Zn、Sn 和 Se 元素组分随衬底温度的变化情况

4.2　X射线荧光

X射线荧光（XRF）现象与EDS概念基本相同，但有一点除外，即X射线用作初级源。EDS的缺点是，能量色散检测器分辨率低，对轻元素不敏感，而且一些荧光线与样品中的其他元素线重叠。X射线荧光技术使用ADP（101）晶体（$2d = 10.642\text{Å}$）和分散轴半径为25.4 cm的圆筒状曲面，以及电荷耦合探测器（CCD）摄像头（像素1340×400，$20 \times 20\ \mu m^2$）检测ADP（101）晶体衍射的X射线，如图4.10所示[227]。X射线荧光显示CZTS薄膜的组分为Cu/Sn = 1.7～1.9，Zn/Sn = 1.1～1.5。在Mo与CZTS层之间观察到了150 nm厚的MoS_x及孔洞[228]。在另外一种情况下，使用硫颗粒在500℃的硫气氛中将CZTS样品退火2小时后，根据X射线荧光光谱获得的CZTS薄膜的化学组分从Cu:Zn:Sn:S = 37.4:7.3:17.3:38.0变为Cu:Zn:Sn:S = 32.9:6.7:13.4:47.0。与根据XRF得出的组分比相比，根据EPMA得出的组分比稍有不同，为Cu:Zn:Sn:S = 37.0:8.9:12.5:41.6。这可能是由于实验技术稍有差别所致[130]。

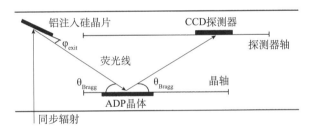

图4.10　使用XRF检测元素成分示意图

4.3　二次离子质谱

二次离子质谱（SIMS）是一种定性技术，原因在于溅射过程中材料的电离电势变化比较大。J. J. Thomson于1910年首次发现离子在样品固体表面上撞击后会喷射正离子和中性粒子。产生的SIMS所需的离子属于中性粒子和碎片，可以进行标准定量分析。SIMS有两种类型：静态（10^{12}ions/cm^2）和动态。静态SIMS用于测定样品表面或单层，而动态SIMS通过溅射测定样品的体相性质。1969年，SIMS开始用于检测月球岩石元素。其后，该检测技术日新月异，并广泛应用于不同领域。在SIMS中，Cs^+、O^{2+}、O^-、Ar^+和Ga^+作为初级束源，用于研究1～30 keV的电负性元素，溅射速率为0.5～5 nm/s、溅射深度为1～10nm、溅射产率为5～15。通常使用能量为10 keV、射束电流为50 nA的Cs^+初级离子束对$150\mu m \times 150\mu m$的样品表面区域进行处理。

Hiden Analytical公司生产的SIMS标准设备含有气体离子枪和铯离子枪，如图4.11所示。通过热蒸发，在70℃温度条件下制备Cs^+离子，Cs^+离子穿过孔状钨，

薄膜太阳能电池材料

在针状结晶和离子形成的高电场影响下离子化，此过程称为热离子过程。当具有高能量的初级束流撞击靶材表面时，生成具有动能的二次离子。分子离子由于其内部振动和转动模式的参与，平动能量较窄。原子离子的主流具有平动能或动能。

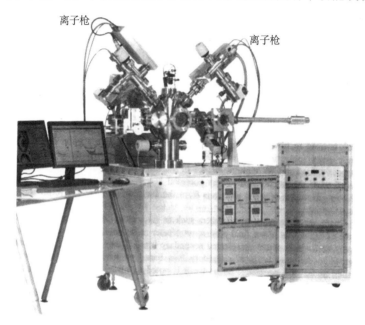

图4.11　Hiden SIMS 工作站（配置铯离子枪和气体离子枪）

　　双等离子体放电管（气体离子枪）会产生初级氧束。该放电管由冷空心阴极构成，通过等离子体加热，如图4.12 所示。氧的电子亲和能强，可以捕获电子，因此氧束撞击样品时会产生阳性二次离子。另一方面，氧的电离电势强，可以抑制样品表面的正电荷。因此，溅射出的二次金属离子为阳性，且样品表面的氧浓度更高。氧（O^-）初级束流的正电元素电离率高，多用于研究亲石金属，而 Cs^+ 负电元素电离率高，多用于研究卤素或其他负电性物质。Cs^+ 可以溅射样品表面，从而降低样品的功函数，降低势垒。势垒越低，样品中产生的电子越多，形成的负离子也就越多。

　　所用的分析仪有三种类型：（1）扇形场质谱仪、（2）四极质谱仪和（3）飞行时间质谱仪。扇形场质谱仪依靠静电分析仪和磁分析仪检测预选二次离子。如果静电分析仪和磁分析仪根据质荷比与不同类型的二次离子依次连接，则称为正几何，否则为逆几何[229]。独立离子束中的二次离子穿过正几何内的磁场时，其能量范围会降低。在正几何中，可以同时测量多个离子束。在逆几何内，质量分辨率高，但不能同时测量多个离子束。

　　四极技术的原理是四极质谱仪的谐振电场会分离被分析物中的离子或选定质量离子，使其进入检测器。四极质谱仪由四个导电平行杆组成，如图4.13 所示。一对导电平行杆受外加电位（$U + V\cos(2\pi ft)$）影响，另一对导电平行杆的电位为 $-(U + V\cos(2\pi ft))$，其中 U 表示直流电压，$V\cos(2\pi ft)$ 表示交流电压。外加电位控制离子的轨迹，离子在外加电位之间移动，到达探测器。在特定时间（t）内，每对杆的电位（P）符号相反，电位为直流分量和交流分量的组合[230]：

$$P(t) = \pm \left[U + V\cos(2\pi ft) \right] \tag{4.1}$$

通过改变 U、V 和 f，具有相应 m/z 的二次离子可以通过过滤器。通过保持 f 和 U/V 比率恒定，U 和 V 可以在 Mini SIMS 中变化。大直径杆可以加强离子的传输，标准杆直径为6mm。注意，短杆的频率（f）更高。在四极杆的端部安装有小细杆，以抑制大边缘电场。显然，边缘场会降低传输。标准 m/z 为 2 ~ 300 doltona，氢（H）的标准 m/z 为1。四极分析器无法滤除样品中产生的高动能二次离子。因此，可以在高动能二次离子进入四极分析器之前使用能量过滤器进行过滤。由于离子轨迹具有曲线性质，离子可以与中子分开，如图4.14所示[231]。

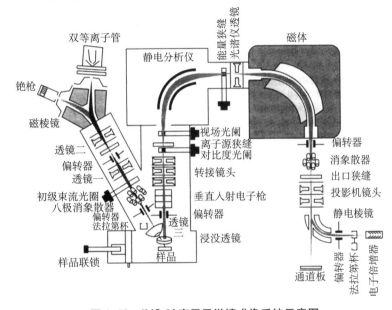

图4.12　IMS-3f 离子显微镜成像系统示意图

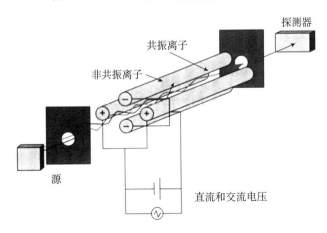

图4.13　四极质谱仪

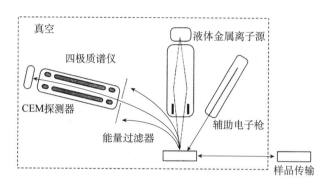

图 4.14 样品和液态金属离子源的离子轨迹示意图

通道电子倍增器（CEM）将二次离子脉冲转换成放大电子脉冲（放大系数为 10^8），放大电子脉冲由直径 1cm 的锥体构成，连接至 6cm 螺旋空心管半导体玻璃。保持整个锥体的电位为 1 kV，螺旋空心管的电位为 1.5～3 kV，可以加速二次离子的传输。锥体内部二次离子冲击时会产生电子，每个脉冲计数一次。通过每秒计数（称为计数率）与质荷比（m/z）可以绘制成光谱[231]。

SIMS 中的飞行时间质谱仪（TOF）可以检测二次离子。样品和质量分析器之间存在一个高电压电位，能够产生二次离子。由于二次离子的速度取决于质荷比，因此离子穿过 TOF 的速度不同。离子的电荷为 $KE = 1/2mv^2$，其中 m 表示质量，v 表示速度。二次离子到达检测器的时间记录可以转换成质量记录。光谱由强度和 m/z 构成。TOF 是唯一一种可以同时检测不同二次离子的分析仪。SIMS 的敏感性超过一百万分之一，且空间分辨率在纳米级范围内。

法拉第杯被广泛应用于扫描电子显微镜（SEM）中，用以控制或设定电子束电流，能够检测高电流二次离子信号。电子倍增器每次脉冲可产生 10^6 个电子。微通道板探测器整合了荧光屏和 CCD 相机或荧光检测器，放大系数较低。

在 SIMS 光谱中，绘制了二次离子的强度和溅射时间关系图，用于显示样品中的元素分布。在室温条件下使用 5 N 纯靶材依次使 Cu、Zn 和 Sn 层在旋转的镀 Mo 钠钙玻璃衬底上沉积。在 500℃ 温度下将单质 Se 加热 30 分钟得到 Se 蒸气，将生长出的金属层在 Ar 和 Se 蒸气中硒化。CZTSe 膜的组分为 Cu/(Zn + Sn) = 0.83、Zn/Sn = 1.15、Se/(Cu + Zn + Sn) = 1.02。元素的深度分布保持不变。但是，Cu 在衬底界面分布更高，这可能是由于衬底界面的附着力更强[232]。根据俄歇（Auger）深度剖面图可以看出，Cu 浓度从 CZTSe 膜表面到底部逐渐下降，而 Zn 浓度从表面到底部逐渐升高[224]。

通过混合法在玻璃/Mo 上生长 ZnS(340nm)/Cu(120nm)/Sn(140nm)（C_{11}）和 ZnS(510nm)/Cu(180nm)/Sn(240)（C_{12}）叠层，即分别通过射频溅射技术和 MBE 技术生长 ZnS 和 Cu 或 Sn。C_{11}（CZTS）和 C_{12}（CZTSSe）叠层在硫化或硒化后，厚度分别为 1μm 和 1.5μm。在叠层沉积之前，将玻璃/Mo 衬底浸入 10% NH_3 溶液中 10 秒，

清除样品表面的氧化物，将 N$_2$ 用作载气，同时保持 Se 源温度为200℃，在570℃温度条件下在硒蒸气中将生长出的叠层硒化30分钟。SIMS 分析显示，从层表面到层中间，然后到样品 Mo 界面，显示出 Cu 和 S 或 Se 浓度梯度，如图4.15所示。在 Mo/CZTSSe 界面处，Cu 和 Sn 的浓度降低，而 Zn 的浓度升高，表明形成了 ZnSSe 第二相。拉曼光谱显示 CZTSSe 样品出现双模行为[226]。

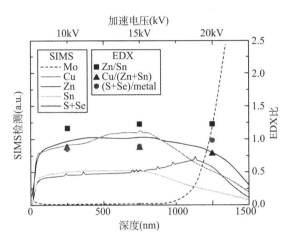

图4.15　CZTSe 薄膜的 SIMS 深度剖面图

4.4　电感耦合等离子体质谱

电感耦合等离子体质谱（ICP-MS）在环保和工业等领域的应用不断推陈出新，是一种具有良好前景的技术。ICP 可以测定元素周期表中几乎所有元素（90个），并找出正离子，但是很难测定负离子，如 Cl 和 F。这种技术还可以检测样品中的元素浓度。ICP 由样品引入系统、电感耦合等离子体离子源、接口系统、离子透镜系统、质量分析器和检测器等构成，如图4.16所示[233]。

可以使用喷雾式雾化器或激光烧蚀法制备雾状样品，前者会在离子中产生氧化物，干扰原有的元素检测，而后者操作简单且无污染，因此通常采用激光烧蚀法制备雾状样品。使用 Ar 作为载气在火炬中将样品雾滴烧蚀入 ICP，应选择合适的激光束和最佳方法。火炬由浓缩石英管构成，外管上缠绕有 RF 负载线圈，能够提供足够的 Ar，使火炬降温，从而避免火炬熔化。中间辅助管内的 Ar 流决定火炬内等离子体的位置。内管为样品管，将样品雾滴携带到等离子体区。RF 发生器以0.6 kW～1.5 kW 的功率和27 MHz 或40 MHz 的频率运行负载线圈。在27 MHz 的频率下灵敏度更高，因此更合适。等离子体区在大气压下的温度可达7 000～10 000 K。固体样品雾滴被导入氩等离子体区，固体分子雾滴被转化成气相，接着被转化成基态原子。然后，等离子体中产生的样品正离子移动到质谱仪的接口。

电感耦合等离子体质谱仪在高真空下分析正离子，因此，接口区分布在质量分析

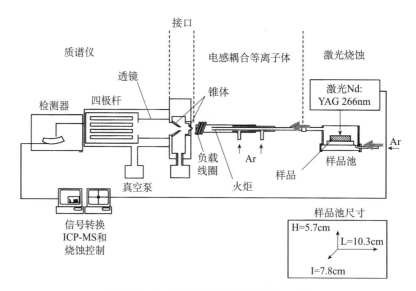

图 4.16 电感耦合等离子体质谱仪示意图

器和 ICP 之间。接口区由 Ni 金属制成的采样锥和截取锥组成，如图 4.17 所示[234]。接口在 ICP 大气压力和质量分析器 10^{-6} 高真空之间创建路径，以防止突然从大气压降到低气压。使用低真空泵将接口区的压力保持在 10^{-3} Torr。采样锥孔口直径为 $0.8 \sim 1mm$，可以使等离子体和离子超音速喷射。截取锥使气体和离子进入静电透镜，腔体真空度为 10^{-5}Torr。离子的平均自由程为 5 m，因此与路径中其他离子碰撞的概率比较小。锥体能够将离子束聚集在腔体的中心部位。电场或电弧靠近采样锥（如图 4.17 所示）。将金属条插入 ICP 并接地，可以在一定程度上抑制电弧。透镜在腔体接口区附近，可对透镜上的电压进行优化以获得相关离子。使用透镜上的负电位可以将负离子转向正离子。在光子和中子路径上设置金属板，过滤光子和中子，光子和中子

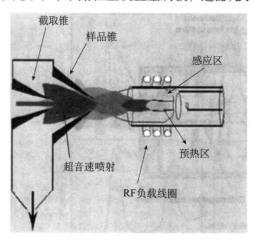

图 4.17 ICP 接口区

冲击金属板，从而受到抑制（如图 4.18 所示）。四极杆仅允许一个 m/z 离子通过并进入检测器，其他 $(m-1)/z$ 和 $(m+1)/z$ 离子会被过滤掉。

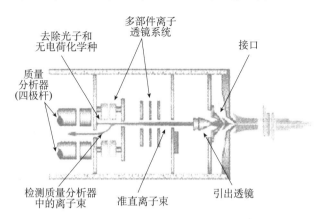

图 4.18　透镜系统的离子过滤过程

四极杆质量分析器内的离子通过弯曲路径，并撞击电子倍增器的倍增电极，倍增电极上携带了大量电子，电子受到离子冲击后被释放，如图 4.19 所示[235-237]。为了最大限度地降低检测器中由于杂散辐射和离子中其他中性物质造成的背景噪声，倍增极应置于离轴的位置。离子一撞击第一倍增极，就会产生大量电子，这些电子又撞击下一个倍增极并级联更多电子。这一过程连续重复，直到最末倍增极的电子被阳极吸收。在离子检测方面，级联倍增探测器比通道倍增器更敏感[238]。

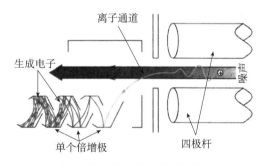

图 4.19　倍增极电子倍增器

4.5　$Cu_2ZnSn(S_{1-x}Se_x)_4$ X 射线光电子能谱

X 射线光电子能谱（XPS）可以分析样品的主要化学态和组分[17]。平均半径为 165mm 的 180°半球形能量分析器在与样品表面垂直位置处记录 XPS 数据，能量分析器在 40 eV 的通能下使用混合透镜模式操作。对于通过溶剂热法制备的 CZTS 纳米粒子，XPS 光谱显示：Cu-$2p_{3/2}$ 和 Cu-$2p_{1/2}$ 结合能（BE）峰分别位于 932 eV 和 951.8 eV 处（相差 19.8 eV），Zn-$2p_{3/2}$ 和 Zn-$2p_{1/2}$ 峰分别位于 1 022 eV 和 1 045 eV 处（相差23 eV），Sn-$3d_{5/2}$ 和 $3d_{3/2}$ 峰分别位于 486.4 eV 和 494.9 eV 处

（相差 8.5 eV），S-2p$_{3/2}$ 和 S-2p$_{1/2}$ 峰 分 别 位 于 161.7 eV 和 162.8 eV 处
（相差 1.1 eV），如图 4.20 所示[163]。同样，通过溶液法生长的 CZTS 纳米晶（E_g =
1.55 eV）的 XPS 光谱显示：Cu-2p$_{3/2}$ 和 Cu-2p$_{1/2}$ 峰分别位于 932.3 eV 和 952.3 eV 处
（相差 20eV），接近 19.9eV 的标准值；Zn-2p$_{3/2}$ 和 Zn-2p$_{1/2}$ 峰分别位于 1 022.4 eV 和
1 045.4 eV 处（相差 23eV）。Sn(IV)峰位于 486.9 eV 和 495.4 eV 处（相差 8.5 eV）；
S-2p 峰位于 161.5 eV 和 162.7 eV 处（相差 1.2 eV）（见表 4.11）。对于 ZnS，未在
1 021.2 eV 和 1044.2 eV 处观察到 Zn-2p$_{3/2}$ 和 Zn-2p$_{1/2}$ 峰。因此，可以排除 ZnS 的偏
析[158]。事实上，通过溶液法生长的纤锌矿结构 CZTS 纳米晶也显示出类似的 XPS
峰，这表明 Cu（I）的参与。在 1 044 eV 和 1 021 eV（相差 23 eV）处出现 Zn-2p 峰
表明 Zn（II）的参与。在 498.3 eV 和 486.9 eV（相差 11.4 eV）处出现 Sn-3d$_{5/2}$ 和
Sn-3d$_{3/2}$ 峰表明 Sn（IV）的参与。用于 XPS 分析的 CZTS 样品通过溶液法生长，方法
为：将 0.5mmol 的 ZnCl$_2$、0.5mmol 的 SnCl$_2$ · 2H$_2$O、1mmol 的 CuCl$_2$ · 2H$_2$O 和
4mmol 的硫脲用稀释水溶解在 40mL 的乙二胺中，然后在 200℃温度条件下将形成的
前驱体在聚四氟乙烯衬里不锈钢高压釜中静置 24 小时。处理后的前驱体转化成斜方
晶系结构 CZTS，即双重结构的纤锌矿（E_g = 1.45eV）。在 450℃温度条件下退火处理
2 小时，斜方晶系结构仍然存在于膜中，而在 500℃温度下退火处理后，斜方晶系结构
转变成锌黄锡矿[239]。CZTS 的 XPS 光谱显示：在 931.6 eV 和 951.4 eV（相差 19.8 eV）
处出现了 Cu-2p$_{3/2}$ 和 Cu-2p$_{1/2}$ 峰，表明 Cu（I）的参与；在 1 021.5 eV 和 1 045.6 eV
（相差 24.1 eV）处出现了 Zn-2p$_{3/2}$ 和 Zn-2p$_{1/2}$ 峰，表明 Zn（II）的参与；在 486.3 eV 和
495 eV（相差 8.7 eV）处出现了 Sn-3d$_{5/2}$ 和 Sn-3d$_{3/2}$ 峰，表明 Sn（IV）的参与。CZTS 的化
学 计 量 比 如 下： Cu(99.8 + %，0.2 ~ 0.6mm，sigma)：Zn（99.8 + %，
0.18 ~ 0.6mm，sigma）:Sn(99.5 + %，< 0.6 mm，sigma)：S(99.999%)= 2:1:1:4。将粉

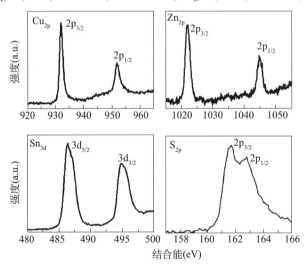

图 4.20　CZTS 纳米粒子的 Cu、Zn、Sn 和 S 的单独扫描 XPS 光谱

末与 ZrO$_2$ 研磨球以 5：1 的比例混合，然后使用行星式球磨机以 50Hz 的频率，先后以 300rpm 和 600rpm 的转速进行研磨。球磨时间达到 20 小时或更长时间后出现 CZTS 相，否则 X 射线衍射（XRD）显示单个元素。如果球磨时间从 25 小时增加到 30 小时再到 35 小时，由于摩擦力和冲击力，晶粒尺寸将由 10.6 nm 减小到 9.2 nm 再到 8.9 nm[240]。

（Cu$_2$Sn）$_{x/3}$Zn$_{1-x}$S（E_g = 1.23eV）的 XPS 光谱显示，在 932.9 eV 和 952.7 eV 处出现了 Cu-2p 峰，在 486.3 eV 和 494.7 eV 处出现了 Sn-3d 峰，在 1 022.8 eV 和 1045.8 eV 处出现了 Zn-3d 峰，在 162.35 eV 和 163.5 eV 处出现了 S 峰[241]。同样的，对于经退火处理的 PLD-CZTS 薄膜，其 XPS 光谱中，在 933 eV 和 953 eV 出现了 Cu-2p$_{3/2}$ 和 Cu-2p$_{1/2}$ 峰，在 1022 eV 和 1046 eV 处出现了 Zn-2p$_{3/2}$ 和 Zn-2p$_{1/2}$ 峰，在 486 eV 和 495 eV 处出现了 Sn-3d$_{5/2}$ 和 Sn-3d$_{3/2}$ 峰。薄膜在 N$_2$ + H$_2$S 气氛中经退火处理后，峰强度增加，且峰宽更大[151]。银多晶衬底上的电沉积膜（组分为 Cu：Zn：Sn：S = 2.64：1.5：0.92：4.34）显示，S-2p 电子态结合能为 161 eV，Sn-3d 电子态结合能为 487 eV 和 495 eV，Zn-3d 电子态结合能为 1 022 eV，Cu-2p 电子态结合能为 952eV 和 932 eV[181]。

在 130℃ 温度条件下将 Cu(ex)$_2$、Zn(ex)$_2$ 和氯化锡（IV）溶于油胺，并在氩气氛中静置半小时。在 280℃ 温度条件下使用油胺进行热注射处理并退火处理 10 分钟，形成 CZTS 晶体。纳米晶尺寸约为 15.6nm，通过调节反应时间可以增加晶体尺寸。通过 EDS 分析获得的 CZTS 的化学计量比为 Cu：Zn：Sn：S = 1.81：1.17：0.95：4.07。Cu(acac)$_2$ 前驱体内 Cu（II）的 Cu 结合能为 934.2 eV 和 954 eV。在 CZTS（E_g = 1.5 eV）纳米晶中观察到：Cu-2p 结合能为 931.8 eV 和 951.6 eV（相差 19.8 eV），Zn（II）2p 结合能为 1021.4 eV 和 1 044.5 eV（相差 23.1 eV），Sn（IV）3d 结合能为 486.1 eV 和 494.5 eV（相差 8.4 eV），S-2p 结合能为 161.5 eV 和 162.7 eV。Zn(ex)$_2$ 和 Cu(ex)$_2$ 的热分解温度为 150℃。这些前驱体的优点是：可以在 130℃ 温度条件下溶解而不产生活性硫。280℃ 也是合理的温度[242]。电沉积和硫化薄膜显示，在 932.6 eV 和 952.4 eV（相差 19.8 eV）处出现了 Cu-2p$_{3/2}$ 和 Cu-2p$_{1/2}$，表明存在 Cu$^+$ 态；在 1022.3 eV 和 1045.3 eV（相差 23 eV）出现了 Zn-2p$_{3/2}$ 和 Zn-2p$_{1/2}$；在 486.8 eV 和 495.3 eV（相差 8.5eV）处出现了 Sn-3d$_{5/2}$ 和 Sn-3d$_{3/2}$；在 162 eV 和 162.7 eV（相差 0.7 eV）处出现了 S-2p$_{3/2}$ 和 S-2p$^{1/2}$[177]。

将 40 mL 的 0.2M Cu(OAc)、40 mL 的 0.1M Zn(OAc)、40 mL 的 0.1 M SnCl$_2$ 和 40 mL 的 0.2 M TAA 溶液混合，在室温条件下搅拌溶液 10 分钟，并加入 NH$_4$OH，保持 pH 值为 7。使用 700W 微波能将前驱体溶液辐射 10 分钟。CZTS 纳米晶显示，在 932.7 eV 和 952.3 eV 处出现了 Cu-2p$_{3/2}$ 和 Cu-2p$_{1/2}$，1 022.2 eV 处出现了 Zn-2p$_{3/2}$，486.7 eV 和 495 eV 处出现了 Sn-3d$_{5/2}$ 和 Sn-3d$_{3/2}$，161.9 eV 和 163.1 eV 处出现了 S-2p3/2 和 S-2p$_{1/2}$[243]。同样的，通过连续离子层吸附和反应（SILAR）方法生长的 CZTS 薄膜的 XPS 分析显示：对于 Cu（I），在 952.05 eV 和 932.02 eV（相差 20.03 eV）处出现了 Cu-2p$_{1/2}$ 和 Cu-2p$_{3/2}$；对于 Zn（II），在 1 044.99 eV 和

薄膜太阳能电池材料

1 022.06 eV（相差 22.93 eV）处出现了 Zn-2p$_{1/2}$ 和 Zn-2p$_{3/2}$；对于 Sn（Ⅳ），在 495.21 eV 和 486.73 eV（相差 8.48 eV）处出现了 Sn-3d$_{3/2}$ 和 Sn-3d$_{5/2}$；硫 S-2p 结合能分别为 161.5 eV 和 162.7 eV（相差 1.2 eV）[244]。Cu-2p$_{1/2}$ 和 Cu-2p$_{3/2}$ 峰从低结合能向高结合能方向移动，然后再向低结合能方向移动，呈 S 形，而 CZTS 薄膜的 Cu/(Zn+Sn) 值则不断增加，从 0.8、0.9、1.0、1.1 增加至 1.2。在 Sn 和 Zn 的 XPS 光谱内也观察到了类似的趋势，如图 4.21 所示[152]。对于 Cu 浓度为 0.01M、0.015M 和 0.02M 的 CZTS 薄膜，在 932.95 eV 处观察到 Cu-2p$_{3/2}$ 峰，而 Cu 溶液浓度增加至 0.025M 时，Cu-2p$_{3/2}$ 峰移至 932.2 eV 处，说明形成了 Cu$_2$S 或 Cu(OH) 相。(112) 峰在 28.5° 处的不对称性也证实了 XRD 内 Cu 第二相的存在。对于浓度为 0.01M 的 Cu 溶液，485.5 eV 处的 Sn 峰与 SnS 相对应；对于浓度为 0.02M 和 0.025M 的 Cu 溶液，486.2 eV 处的峰与 Sn-3d$_{3/2}$ 对应，487 eV 处的峰则与 SnS$_2$ 相对应。在所有的膜中，在 162 eV 和 163.1 eV 处都能观察到 S-2p$_{3/2}$ 和 S-2p$_{1/2}$ 峰，与 Cu 溶液浓度无关[245]。通过溅射技术生长的三个不同序列的玻璃/ZnS/SnS$_2$/Cu（C$_{13}$）、玻璃/SnS$_2$/Cu/ZnS（C$_{14}$）和玻璃/Cu/ZnS/SnS$_2$（C$_{15}$）样品中，玻璃/SnS$_2$/Cu/

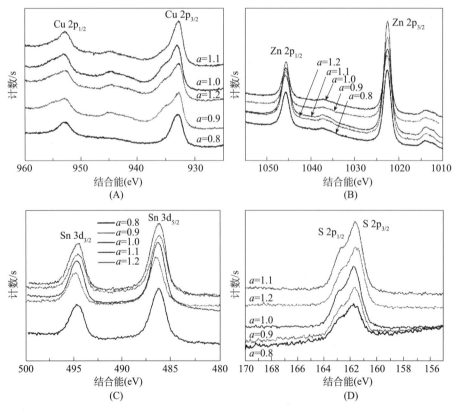

图 4.21　Cu/(Zn+Sn) 为 0.8、0.9、1.0、1.1 和
1.2 时 (A)Cu、(B)Zn、(C)Sn 和(D)S 的 XPS 光谱

ZnS（C_{14}）和玻璃/Cu/ZnS/SnS$_2$（C_{15}）序列样品在 932.2 eV 处观察到了 Cu-2p$_{3/2}$ 峰，表明形成了 Cu$_{2-x}$S 相。同样，对于 C_{14} 和 C_{15} 样品，在 487 eV 处也观察到了 Sn-3d$_{3/2}$ 峰，表明分离出了硫化锡第二相。在三个序列样品中，均观察到了位于 932.95 eV 处的 Cu-2p$_{3/2}$ 峰、位于 1 022.3 eV 处的 Zn-2p$_{3/2}$ 峰和位于 468.2 eV 处的 Sn-3d$_{3/2}$ 峰；在 161.9 eV 和 162.9 eV 处也观察到了 S-2p$_{3/2}$ 和 S-2p$_{1/2}$ 峰[246]。

　　对于 Cu$^+$，在 932.3 eV 和 952.2 eV 处分别观察到了 Cu-2p$_{3/2}$ 和 Cu-2p$_{1/2}$，但是在 942 eV 处未观察到 2p$_{3/2}$ 的 Cu^{2+} 态，这表明缺少 Cu$_2$SnSe$_4$ 的其他相。EDX 显示，Cu∶Zn∶Sn∶Se 组分为 2.16∶1.01∶0.94∶3.87；吸收光谱显示 CZTSe 纳米晶的带隙为 1.04 eV。这种 CZTSe 纳米晶通过低成本技术制成，而未使用成本高昂的油胺有机溶液和热注射法。简单的制备方法为：将 0.4 mmol 的 CuCl$_2$、0.2 mmol 的 ZnCl$_2$ 和 0.2 mmol 的 SnCl$_4$·4H$_2$O 在一定的温度下溶解在三乙醇胺溶液中并静置 1 小时，将 0.8 mmol 硒粉单独溶于 25ml 的 TEA 中，将两种溶液在室温条件下混合，并在惰性气体中加热至 200℃，得到尺寸在 25nm 以内的纳米晶[247]。Cu$_2$ZnSn(S$_{1-x}$Se$_x$)$_4$（$x=0.7$）的 XPS 显示，在 933.1 eV 和 952.9 eV（相差 19.8 eV）处出现了 Cu-2p$_{3/2}$ 和 Cu-2p$_{1/2}$，在 1021.1 eV 和 1044.5 eV（相差 23.4 eV）处出现了 Zn-2p，在 485.5 eV 和 494.2 eV（相差 8.7 eV）处出现了 Sn（IV）。S-2p 位于 161.6 eV 处，Se-3d 位于 54.4 eV 处，Se-2p 位于 166.8 eV 处[204]。在 CZTSSe 单晶粒结晶粉末样品的 XPS 分析中使用了 150 W、15 kV 的 AlKα（1486.6 eV）。在 284.6 eV 处观察到的 C_1 峰用作元素结合能校正的参考值。在 CZTSSe 样品的氩离子蚀刻表面检测到 Cu-2p$_{3/2}$、Zn-2p$_{3/2}$、Sn-3d$_{5/2}$、S-2p$_{3/2}$ 和 Se-3d$_{5/2}$ 芯能级的结合能分别为 932.4 eV、1012.6 eV、486.1 eV、161.5 eV 和 53.9 eV。在 Sn-3d 的高能级中观察到 496.3 eV 处出现了 Zn L$_3$M$_{45}$M$_{45}$ 俄歇峰。同样，在 Zn-2p 的高能侧观察到 1051.8 eV 处出现了 Sn M$_4$N$_{45}$N$_{45}$ 俄歇峰。氩离子蚀刻的结合能级无偏差。CZTSe 样品组分 Cu∶Zn∶Sn∶Se∶S = 23.2∶13∶12.7∶15∶36.1 变成 Cu/(Zn + Sn) = 0.9、Zn/Sn = 1.02、(SE + S)/(Cu + Zn + Sn) = 1.05[248]。与其他样品相比，Cu-2p 值在富 Cu 的 CZTS 样本中比较高，如表 4.11 所示。

表 4.11　CZTS、CZTSSe 和其他相的 XPS 数据

| 样品 | Cu（eV） | | | Zn（eV） | | | Sn（eV） | | | S（eV） | | | Se(eV) | 参考 |
	2p$_{3/2}$	2p$_{1/2}$	Δp	2p$_{3/2}$	2p$_{1/2}$	Δp	3d$_{5/2}$	3d$_{3/2}$	Δd	2p$_{3/2}$	2p$_{1/2}$	Δp	3d	文献
CZTS	932	951.8	19.8	1 022	1 045	23	486.4	494.9	8.5	161.7	162.8	1.1		[163]
	932.3	952.3	20	1 022.4	1 045.4	23	486.9	495.4	8.5	161.5	162.7	1.2	–	[158]
	931.8	951.6	19.8	1021	1 044	23	486.9	498.3	8.4	162.3	163.4	1.1	–	[239]
	931.6	951.4	19.8	1 021.5	1 045.6	23.1	486.3	495	8.7	–	–	–	–	[240]
a	932.9	952.7	19.8	1 022.8	1 045.8	23	486.3	494.7	8.4	162.35	163.5	1.0	–	[241]
CZTS	933	953	20	1022	1046	24	486	495	9.0	162	163	1.0	–	[151]
	931.8	951.6	19.8	1 021.4	1 044.5	23.1	486.1	494.5	8.4	161.5	162.7	1.2	–	[242]
	932.6	952.4	19.8	1 022.3	1 045.3	22.97	486.8	495.3	8.5	162	162.7	0.7	–	[177]
	932.7	952.3	19.6	1022	–	–	486.7	495	8.3	161.9	163.1	1.2	–	[243]
	932.08	952.05	20.03	1 022.06	1 044.99	22.93	486.73	495.21	8.48	161.5	162.7	1.2	–	[247]

续表

样品	Cu (eV)			Zn (eV)			Sn (eV)			S (eV)			Se(eV)	参考文献
	2p$_{3/2}$	2p$_{1/2}$	Δp	2p$_{3/2}$	2p$_{1/2}$	Δp	3d$_{5/2}$	3d$_{3/2}$	Δd	2p$_{3/2}$	2p$_{1/2}$	Δp	3d	
0.7	933.1	952.9	19.8	1021.1	1044.5	23.4	485.5	494.2	8.7	161.6	-	-	54.4	[204]
b	932.4	-	-	1012.6	-	-	486.1	-	-	161.5	-	-	53.9	[250]
ZnS	-	-	-	1021.2	1044.2	23	-	-	-	-	-	-	-	
SnS	-	-	-	-	-	-	485.5	-	-	-	-	-	-	
SnS$_2$	-	-	-	-	-	-	487			-	-	-	-	
Sn$_2$S$_3$	-	-	-	-	-	-	486.4	-	-	-	-	-	-	[77]
SnSe	-	-	-	-	-	-	488.6	497.3	8.7	-	-	-	-	

注:^{a}(Cu_2Sn)$_{x/3}Zn_{1-x}S$,^{b}CZTSSe(Cu:Zn:Sn:Se:S=23.2:13:12.7:15:36.1)。

4.6 扫描电子显微镜

扫描电子显微镜(SEM)是一种用于观察样品表面形态的技术。SEM分析表明,在一般情况下,沉积态薄膜具有纳米晶体性,而退火态薄膜具有结晶性。通过电子束蒸发生长的CZTS样品显示出2μm的大晶粒尺寸和粗糙面,这是由于叠层硫化使膜出现体积膨胀;而通过共蒸发生长的CZTS薄膜表面均匀而致密,且没有出现空隙[129],但在500℃高衬底温度下生长的CZTSe膜由于沃尔默—韦伯模式的生长,显示出粗糙面(2.43 nm)和呈岛状生长。团簇迁移率在高温下比在室温下更高[122]。生长温度决定CZTS薄膜的生长。在400℃条件下沉积的薄膜由于CZTS和CTS的结合显示出非均质性,有光滑岛状物或小颗粒。平滑区对应CTS(Cu:Sn:S=2:1:3),粗糙区属于CZTS(Cu:Zn:Sn:S=2:1:1:4),而在500℃下生长的薄膜仅显示CZTS(2:1:1:4)相[122]。通过电沉积生长且在600℃条件下进行硫化处理的Cu-Zn-Sn薄膜比在580℃条件下进行硫化的薄膜的晶粒尺寸稍大[175]。制造高效薄膜太阳能电池需要使用柱状结构。通过直流溅射,在最佳生长条件下生长的CZTS薄膜具有非常均匀的颗粒尺寸,SEM显示,其截面从底部到顶部均显示柱状结构[136]。随着衬底温度增加至550℃,以垂直于衬底的方向,从衬底到表面,CZTS薄膜上出现厚度大于1 μm的柱状晶粒结构,并随着衬底温度升高而稳定性增加[119]。当退火温度升高至较高的温度(550℃至600℃)时,柱状结构变成球形结构[141]。

在530℃温度条件下生长的薄膜晶粒尺寸为400~500nm,而在较低的衬底温度(200℃)下生长的薄膜晶粒尺寸为50 nm[134]。随着退火温度从450℃升高至500℃再到560℃,晶粒尺寸逐渐增加至1μm[130]。同样,通过CVD在360℃和400℃温度条件下生长的CZTS薄膜晶粒尺寸分别为150 nm和200 nm,厚度分别为690 nm和1 150 nm,组分分别为2:1:1.7:4和1.4:1.7:1.2:4[188]。事实上,在SLG上生长的薄膜的晶粒尺寸比在硼铝硅酸盐(BLG)上生长的薄膜的晶粒尺寸更大,这是因为Na从衬底扩散到了薄膜上。将样品浸入Na$_2$S溶液,然后进行退火处理,相比于未处理的样品,经处理后的晶粒尺寸更大[141]。随着衬底温度从553 K、573 K、593 K升高至613 K,生长1小时的薄膜的粗糙度从76 nm、99 nm、120 nm增加至202 nm。在613 K

的生长温度和 2 小时的生长时间下，薄膜的表面同时出现大颗粒与小微晶，这是由于小液滴蒸发形成了微晶[185]。前驱体膜的 Cu 和 Sn 比在经过硫蒸气退火处理后会下降，由此可以判断出现了 Cu 和 Sn 再蒸发。相比 540℃温度下退火处理 40 分钟的薄膜，在 520℃温度下退火处理 15 分钟（工艺 A）的薄膜晶粒尺寸更小。后一种工艺产生的孔洞更大，这是由于 SnS_x 和 Cu_xS 相出现了再蒸发[188,135]。

随着退火时间从 1~2 小时增加至 2~3 小时，晶粒尺寸也从 0.3~0.5μm 增加至 1μm，这是由于样品中出现了再结晶作用。退火气氛也会影响颗粒尺寸，使用 3% H_2S 比使用 1% H_2S 得到的晶粒尺寸更大。硫化处理时间更长且 H_2S 百分比更低的条件下得到的晶粒尺寸更大，缺陷密度更低。在 0.5% H_2S 或 3% H_2S 下进行硫化处理的薄膜显示紧密的较大的晶粒，尺寸大于 2μm，而在 1% H_2S 气氛下进行硫化的薄膜显示晶粒尺寸较小，为 200~500nm[249]。贫 Cu 富 Zn 的样品显示双层结构，其中底层有富含 Zn 的大柱状晶粒。最后，富 Zn 样品都出现裂缝，而贫 Cu 样品可能显示光滑表面[161]。在 400℃温度条件下将原生 CZTS 薄膜在稀释的 H_2S 气体中退火处理 1 小时后，显示出非晶结构和晶体结构[152]。

在 250℃温度条件下进行硒化处理的金属 Sn-Zn-Cu 前驱体薄膜内部显示出不同类型的结构，如顶层为 0.7μm 的圆形晶粒，而底层为 20~30nm 的小晶粒及片状晶体[250]。不同的是，在 300℃和 460℃衬底温度下生长的 CZTSe 薄膜分别显示出较小的晶粒和柱状结构。在 450℃生长温度下，薄膜内出现 Sn 损失[124]。对玻璃/Mo/Cu/Zn/Cu/Sn 叠层进行硫化处理后，由于抑制了 Sn 和 Zn 分离，CZTS 薄膜显示厚膜，而玻璃/Mo/Sn/Zn/Cu 叠层的 CZTS 薄膜由于 Sn 和 Zn 的分离显示出孔洞。相比其他富含 Cu 的薄膜，贫 Cu 薄膜的表面更光滑，孔洞更少，如图 4.22 所示[251]。

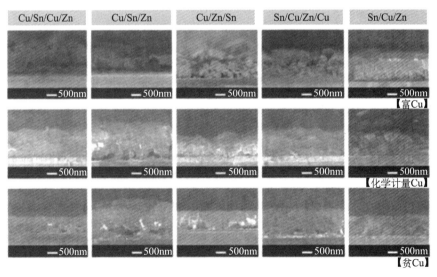

图 4.22　通过硫化处理生长在玻璃衬底/Mo 上的叠层贫 Cu、
化学计量 Cu、富 Cu CZTS 薄膜的 SEM 图

4.7　原子力显微镜

随着生长时间从 5 分钟增加至 30 分钟，通过 PLD 生长的 CZTS 薄膜的晶体尺寸相应增加，如果生长时间减少，则尺寸也随之减小。样品厚度约为 3μm，晶体尺寸为 15~30nm。CZTS 的典型原子力显微镜（AFM）扫描图如图 4.23 所示[151]。$Cu_2ZnSn(S_{1-x}Se_x)_4$（$x=0$、0.3、0.5、0.7 和 1）前驱体显示单分散纳米颗粒和准球形纳米颗粒[204]。薄膜显示岛状形貌，表面粗糙度为 3 nm，比通过 PLD 生长的薄膜的粗糙度小[140]。

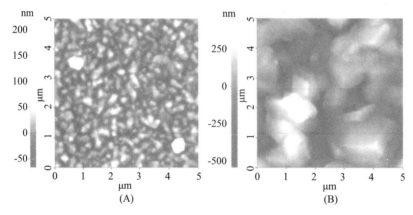

图 4.23　通过 PLD 生长的 CZTS 薄膜的 AFM 扫描图
（A）生长时间为 5 分钟和（B）生长时间为 45 分钟

4.8　$Cu_2ZnSn(S_{1-x}Se_x)_4$ 的 X 射线衍射

CZTS 呈现空间群为 $4\bar{1}$ 的锌黄锡矿结构和空间群为 $4\bar{1}2m$（D_{2d}^{11}）的黄锡矿结构，这是主要的四方晶体结构[252]。这两种结构的每个初级晶胞包含八个原子，呈体心四方对称形。黄锡矿是矿物黄锡矿 Cu_2FeZnS_4 化合物的复制物的变形。由于 Cu-Zn 阳离子在锌黄锡矿相下能量交换低，分布随机，因而形成了黄锡矿相。也就是说，锌黄锡矿中金属的原子位置与黄锡矿中金属的原子位置稍有不同（稍无序），反之亦然。假设，在黄锡矿结构中第一层只有 Cu 原子，第二层包含了 Zn 和 Sn 原子。CuSn 和 CuZn 层在锌黄锡矿结构中交替分布。CZTS 和 CZTSe 化合物的黄锡矿相和锌黄锡矿相之间的基态总能量差估计分别为 2.9 meV/原子和 3.6 meV/原子。很难从 X 射线衍射中区分锌黄锡矿结构和黄锡矿结构。然而，锌黄锡矿中（211）/（202）的强度比比黄锡矿中的略高[124]。在锌黄锡矿结构中，阳离子与阴离子相连，每个阴离子与四个阳离子键合，层结构为：CuZn/SS/CuSn/SS，即阳离子层的位置可以替代阴离子层。锌黄锡矿结构包含两个 Cu 原子（在 2a 和 2c 的 Wyckoff 位置）、一个 Sn 原子（在 2b 位点）、一个 Zn 原子（在 2d 位点）、4 个 S 原子（在原始晶胞的 8g 位点）。

原子有 S4 位点对称性，而硫显示出接近 Clh 的 Cl 位点对称性。黄锡矿结构包含两个当量 Cu 原子（在 4d Wyckoff 位置，具有 S4 位点对称性）、一个 Zn 原子（在 2a 位点）、一个 Sn 原子（在 2b 位点，具有 D_{2d} 位点对称性）、4 个 S 原子（在 8i 位点，具有 Clh 位点对称性），如图 4.24 所示[253]。原子坐标的标识见表 4.12[254]。

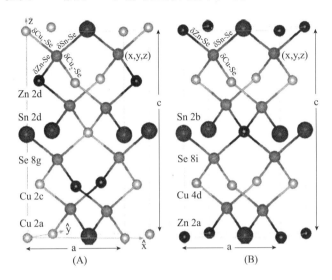

图 4.24　（A）锌黄锡矿 $Cu_2ZnSnSe_4$ 和（B）黄锡矿 $Cu_2ZnSnSe_4$ 晶胞的原子位置

表 4.12　锌黄锡矿和黄锡矿晶胞的原子坐标

位点	锌黄锡矿的原子坐标	
2a	(0, 0, 0)	(1/2, 1/2, 1/2)
2b	(0, 0, 1/2)	(1/2, 1/2, 0)
2c	(0, 1/2, 1/4)	(1/2, 0, 3/4)
2d	(0, 1/2, 3/4)	(1/2, 0, 1/4)
8g	(x, y, z)	(x + 1/2, y + 1/2, z + 1/2)
	(x, −y, z)	(x + 1/2, −y + 1/2, z + 1/2)
	(y, −x, −z)	(y + 1/2, −x + 1/2, −z + 1/2)
	(−y, x, −z)	(−y + 1/2, x + 1/2, −z + 1/2)
位点	黄锡矿的原子坐标	
2a	(0, 0, 0)	(1/2, 1/2, 1/2)
2b	(0, 0, 1/2)	(1/2, 1/2, 0)
4d	(0, 1/2, 1/4)	(1/2, 0, 3/4)
	(0, 1/2, 3/4)	(1/2, 0, 1/4)
8i	(x, x, z)	(x + 1/2, x + 1/2, z + 1/2)
	(−x, −x, z)	(−x + 1/2, −x + 1/2, z + 1/2)
	(x, −x, −z)	(x + 1/2, −x + 1/2, −z + 1/2)
	(−x, x, −z)	(−x + 1/2, x + 1/2, −z + 1/2)

晶面间距 d 可以使用布拉格关系根据已知衍射角 θ 计算：

$$2d\sin\theta = n\lambda_e \tag{4.2}$$

其中，n 为衍射级，λ_e 为是辐射波长。d 间距可以与任何结构的（hkl）指数相关联，以获得晶体的晶格参数（a 和 c）。

$$\frac{1}{d^2} = \frac{h^2 + k^2}{a^2} + \frac{l^2}{c^2} \quad （四方晶系） \tag{4.3}$$

$$\frac{1}{d^2} = \frac{h^2 + k^2 + l^2}{a^2} \quad （立方晶系） \tag{4.4}$$

$$\frac{1}{d^2} = \frac{4}{3}\left(\frac{h^2 + hk + k^2}{a^2}\right) + \frac{l^2}{c^2} \quad （六方晶系） \tag{4.5}$$

为了构建 CZTS（四方晶系）的理论 XRD 图谱，使用以下表达式计算每个（hkl）平面的反射 X 射线强度（I）[255]：

$$I = |F_{hkl}|^2 P\left(\frac{1 + \cos^2 2\theta}{\sin^2\theta\cos\theta}\right)A(\theta)e^{-2M} \tag{4.6}$$

其中，P 为多重性因子，M 为温度系数，$A(\theta)$ 为吸收因子，$(1 + \cos^2 2\theta) / (\sin^2\theta\cos\theta)$ 为 Lorentz 极化因子，$F_{(hkl)}$ 为结构因子。可以使用以下关系式得出 $F_{(hkl)}$：

$$F_{(hkl)} = f_{Cu}\sum e^{2\pi i(hx+ky+lz)} + f_{Zn}\sum e^{2\pi i(hx+ky+lz)} + f_{Sn}\sum e^{2\pi i(hx+ky+lz)} + f_{S}\sum e^{2\pi i(hx+ky+lz)}$$

$$\tag{4.7}$$

其中，f 为原子结构因子。通过替换每个（hkl）晶面的 Cu、Zn、Sn 和 S 原子的原子坐标（x，y，z），可以构建 CZTS 的 X 射线衍射图谱。CZTS 的模拟 XRD 图谱表明，锌黄锡矿结构和黄锡矿结构的（hkl）晶面强度存在 5% 的差异。因此，难以区分这两种结构。

可以采用不同的方式处理锌黄锡矿结构的原子位置，锌黄锡矿结构包含 Zn-2a（0，0，0）、Sn-2b（1/2，1/2，0）、Cu-2c（0，1/2，1/4），Cu-2d（1/2，0，1/4）以及 S-8g（0.7560（2）、0.7566（2）和 0.8722（2））；而黄锡矿结构包含 Cu-Cu-4d（0，1/2，1/4）、Zn-2a（0，0，0）、Sn-2b（1/2，1/2，0）以及 S-8i（0.7551（1）、0.7551（1）和 0.8702（1））[256]。无论是锌黄锡矿还是黄锡矿，都可以通过中子衍射分析得出其结构的真实性质。每个晶胞含有 4 个 Cu 原子、2 个 Zn 原子、2 个 Sn 原子和 8 个 Se 原子。每个 Se 阴离子连接三个不同的阳离子，即总共有四种原子（Cu、Cu、Zn 和 Sn）。可使用 Rietveld 法测定原子位置，如表 4.13 所示[257]。但是，锌黄锡矿结构尚不清楚。

表 4.13　通过 Rietveld 法测定的四方晶体结构的原子位置

站点	x	y	z	占位
CulA	0	0	0	0.860
CulB	1/2	1/2	1/2	0.140
SnlA	0	0	0	0.860
SnlB	1/2	1/2	1/2	0.140
Cu2	0	1/2	1/4	1
Znl	1/2	0	1/4	1
S1	0.75	0.75	0.835	1

CZTS 单晶（112）晶面 Lau 图谱显示出三个对称轴，如图 4.25 所示[114]。d 间距（0.317 nm）与 HRTEM（112）吻合，如图 4.26 所示。CZTS 选区电子衍射（SAED）图谱显示，锌黄锡矿结构和黄锡矿结构都包含（112）、（220）、（312）衍射峰[240]。图 4.27 所示为 CZTS 纳米晶的明亮 SAED 图谱，显示其具有多晶性质[243]。（002）、（101）、（110）、（112）、（200）、（204、220）、（312、116）、（400、008）、（332）和（112）是 CZTS 薄膜在 X 射线衍射光谱中最常见的衍射峰[133,140]。在 150 ~ 200℃生长温度下，（112）衍射峰为择优取向，而在更高的生长温度（250℃和 300℃）下，（112）衍射峰择优取向程度降低，并分离出了 $Cu_{2-x}S$ 相。另一方面，随着溅射形成的 CZTS 薄膜内衬底温度的增加，Zn 和 Sn 的浓度降低，Cu 的浓度增加[145]；$Cu_{2-x}S$ 偏析扩展，晶粒尺寸增加，择伏取向仍为（112）[17]。

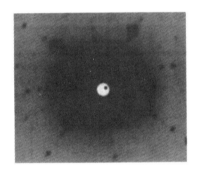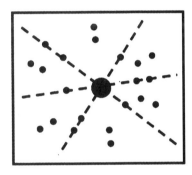

图 4.25　CZTS 单晶（112）晶面 Lau 图谱

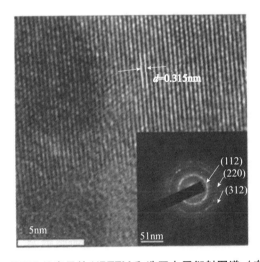

图 4.26　CZTS 纳米晶的 HRTEM 和选区电子衍射图谱（在位点内）

（103）、（105）、（211）和（213）是 CZTS 锌黄锡矿结构的上层结构反射。其中，在 Cu/（Zn + Sn）为 0.86、0.94 和 1.06（除 0.82）时都观察到了（103）、（105）和（213）衍射峰，同时 CZTS 薄膜内 Zn/Sn = 1.1。随着 CZTS 生长衬底温度

从 400℃ 增加至 550℃（温度上升步幅为 50℃），择优取向（112）衍射峰的强度增加。随薄膜内 Cu 的增加，衍射峰半高宽（FWHM）和（112）衍射峰强度分别减小和增强，说明薄膜结晶度增加。随 Cu/（Zn + Sn）值从 0.82 增加到 1.06，薄膜的晶粒尺寸增大至 1μm。随着硫化温度从 400℃ 增加到 500℃，（112）衍射峰的 FWHM 从 0.41° 减小至 0.33°，说明结晶性得到了改善。（112）衍射峰强度也会随形成 CZTS 层所需的硫化温度的增加而增强。随着 CZTS 薄膜内 Cu:Zn:Sn:S 组分从 1.6:1:1:10 增加至 2:1:1:10，由于晶格参数的变化，（112）衍射峰从 28.56° 变为 28.52°[119,120,122,221]。有趣的是，F 型样品（112）衍射峰的 FWHM 比 S 型样品（112）衍射峰的 FWHM 高，说明更缓慢的过程能够产生更好的晶体样品[139]。同样，随着 PLD 内 CZTS 薄膜沉积所用的激光能从 1 J/cm² 提高至 2.5 J/cm²，（112）衍射峰强度增强，而激光能进一步增加至 3 J/cm² 时，FWHM 会减小[148]。不同的是，随着衬底温度从 430℃ 增加至 470℃（温度上升步幅为 10℃），（112）衍射峰强度会减弱，而（004）或（200）衍射峰强度会增强，说明生长在 Si 衬底上的多晶薄膜的（004/200）是向前移动生长的。（112）的孪晶形成取决于 Si 衬底的取向[258]。利用电子束技术制成的典型样品显示出多晶特性，主要衍射峰有（112）、（220）和（312），而通过蒸发技术生长的薄膜衍射峰只有（112）[129]。

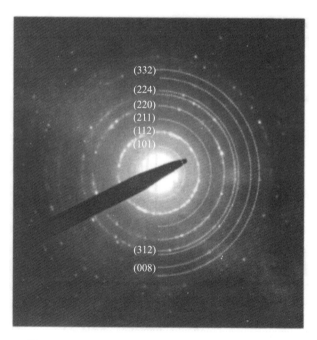

图 4.27　经退火处理的 CZTS 纳米晶的 SAED 图谱

CZTS（JCPDS 26-0575）、Cu₂SnS₃（JCPDS 1-089-4714）和 ZnS（JCPDS 5-0566）的衍射图谱非常相似，但颜色分别为黑色、红色和蓝色[116]。在 28.5、33、47.4 和 56.3 处观察到的（112）、（200）、（220）和（312）衍射峰分别与（111）、（200）、

（220）和（312）β-ZnS 衍射峰一致，如表4.14 所示[165]。

因此，很难从 XRD 中确定正确相，但可以清楚地识别出 SnS、SnS$_2$ 或 Cu$_2$S 等其他相。将浓度在 0.01 ~ 0.25 M 之间变化的 40 mL Cu（OAc）与 40 mL 0.1 M Zn（OAc）、40 mL 0.1 M SnCl$_2$ 和 40 mL 0.2 M 硫代乙酰胺混合形成的化学溶液在 700W 下辐射 10 分钟，生长出 CZTS 纳米晶。将纳米晶在 3000 rpm 转速下离心分离 10 分钟，然后收集起来，并在 60℃真空中退火处理 8 小时，随后在 550℃下，在管状炉中使用稀释的 H$_2$S（5%）+ N$_2$（95%）硫化 1 小时。0.01 M Cu 乙酸溶液形成的纳米晶体显示 CZTS、SnS（200）、SNS$_2$（011）和 ZnS 相，反射值为（100）、（103）和（108）。在浓度为 0.015 M、0.02 M 和 0.025 M 的铜溶液中可以观察到单相 CZTS 纳米晶[240]。不同的是，使用前驱体溶液在 3000 rpm 的转速下旋转涂布薄膜，然后在 300℃下加热 5 分钟。对于 0.35M 的溶液，SLG 上的前驱体薄膜过程重复三次；对于 1.75M 的溶液，则重复五次。溶液在 250℃条件下预热 1 小时。最后，在 350℃、400℃和 450℃的温度下将薄膜硫化 1 小时。预热薄膜显示（112）衍射峰及 Cu$_x$S 相和 SiO$_2$。硫化温度达 350℃时还观察到 MoS$_2$、Cu$_9$S$_5$ 和 CZTS 相，而硫化温度达 400℃时观察到 MoS$_2$、Mo、CZTS 相。硫化温度进一步升高到 450℃时，观察到具有其他衍射峰的 MoS$_2$、Mo 和 CZTS 相。显然，在 400℃或更高的硫化温度条件下确实可以形成 CZTS 相[199]。组分为 Cu：Zn：Sn：S ＝2.2：0.9：0.8：4.1 的 CZTS 纳米线沿 [1 1 $\bar{1}$] 或 [1 $\bar{1}$ 0] 方向生长。注意，80%的纳米线沿前一方向生长[201]。

表4.14 CZTS、CTS 和 ZnS 化合物的 X 射线衍射数据

CZTS				CTS		ZnS		
（hkl）	d（Å）	2θ	I/I$_0$	d（Å）	2θ	（hkl）	d（Å）	2θ
002	5.421 00	16.338	1	5.412 000	16.365 2	–	–	–
101	4.869 00	18.205	6	4.841 360	18.309 8	–	–	–
110	3.847 00	23.101	2	3.827 570	23.219 6	–	–	–
112	3.126 00	28.531	100	3.125 000	28.539 8	111	3.124	28.6
103	3.008 00	29.676	2	3.002 210	29.733 4	–	–	–
200	2.713 00	32.990	9	2.706 500	33.070 3	002	2.7	33.2
202	2.426 00	37.026	1	2.420 680	37.109 2	–	–	–
211	2.368 00	37.967	3	2.362 410	38.059 2	–	–	–
114	2.212 00	40.759	1	2.209 580	40.804 6	–	–	–
105	2.013 00	44.997	2	2.010 220	45.061 8	–	–	–
220	1.919 00	47.332	90	1.913 610	47.472 5	022	1.91	47.6
312	1.636 00	56.178	25	1.632 050	56.324 6	113	1.631	56.4
303	1.618 00	56.860	3	1.613 680	57.024 1	–	–	–
224	1.565 00	58.971	10	1.562 500	59.073 1	222	1.561	59.2
314	1.45	64.179	1	1.446 610	64.345 5	–	–	–
008	1.356 00	69.231	2	1.353 250	69.389 8	004	1.352	69.5
332	1.245 00	76.445	10	1.241 720	76.680 7	133	1.240	76.9

薄膜太阳能电池材料

在 CZTS 薄膜内也观察到多相。通过 SILAR 技术在 FTO 玻璃衬底上生长薄膜，即将玻璃/FTO 样品浸入 0.02 M 的 $CuSO_4$、0.01 M 的 $ZnSO_4$ 和 0.02 M 的 $SnSO_4$ 的阳离子溶液中 30 秒，然后浸入 0.16 M 的 Na_2S 阴离子溶液中 30 秒，重复这一过程 30 次。在 60℃ 温度下退火处理的样品显示出贫 Cu 富 Zn，即 Cu/（Zn + Sn）= 0.79、Zn/Sn = 1.4。经 X 射线衍射分析，显示 Cu_2S 和 SnS_2 第二相[244]。在旋转涂布得到的 CZTS 样品的 XRD 谱（112）衍射峰附近 28.5° 处观察到与 $Cu_{2-x}S$ 相对应的肩峰，将样品退火处理后，肩峰随即消失，然后出现多个新衍射峰[167]。在硫气氛中将 Mo/Zn/Sn/Cu 前驱体在 525℃ 的温度中硫化 10 分钟所形成的 CZTS 薄膜中，在 32° 处观察到了 Cu_xS 相。事实上，通过电沉积和硫化形成的 CZTS 薄膜显示（112）择优取向，并在 46° 处观察到了 CuS 第二相，而利用电子束蒸发生长、随后以相同条件硫化的 Cu、Zn 和 Sn 叠层在 XRD 谱中不显示第二相。金属前驱体中 Cu/（Zn + Sn）= 0.9、Zn/Sn = 1.3，表明贫 Cu 前驱体中锌的浓度更高。CZTS 样品的晶格常数为 a = 5.424 Å和 c = 10.861 Å。观察到分裂的（312/116）和（400/008），证明样品为四方晶体结构，如图 4.28 所示[176,259]。

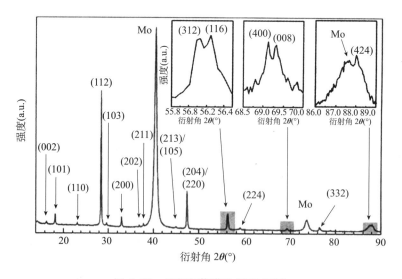

图 4.28　CZTS 薄膜的 XRD 图谱

在 525℃ 条件下使用硫颗粒将通过溅射系统生长的玻璃/Mo/Zn/Sn/Cu 和 Mo/Zn/Cu/Sn 叠层硫化 10 分钟，由前叠层制成的 CZTS 显示出尖锐强度的衍射峰，表明结晶度良好，这可能是由于样品中 $Cu_{2-x}S$ 相的形成情况良好。第二相的存在能提高 CZTS 薄膜的结晶度。经 KCN 蚀刻处理的所有样品都显示 $Cu_{2-x}S$ 第二相（如图 4.29 所示）[206]。下面研究 H_2S 浓度对 CZTS 第二相分离的影响。将组分为 Cu/（Zn + Sn）= 0.87 和 Zn/Sn = 1.15 的溶胶-凝胶 CZTS 薄膜在 500℃ 温度下在 $H_2S + N_2$ 中退火处理，H_2S 浓度分别为 0.5%、1% 和 3%，退火时间为 1 至 4 小时。需要注意的是，此处所提到的组分是指化学溶液的组分而不是膜的组分。将 CZTS 薄膜在 H_2S 浓度为 0.5% 的气氛中退火处理 1 小时，在 32° 处观察到弱 Cu_xS，而在 H_2S 浓度为 1% 和 3% 的气氛中经退火处理所形成的样品中未观察到 Cu_xS 相。实验结果说明：如果所需的阴离子存在，则 Cu_xS 相首先形成，然后转换成 CZTS。H_2S 浓度为 0.5%、1% 和 3% 时，S/金属比分别为 0.84、0.95 和 0.88。在 H_2S 浓度为 0.5% 和 1% 的气氛中进行退火处理，能够获得近化学计量比的样品，而在 H_2S 浓度为 3% 的气氛中进行退火处理，则得到贫 Cu 富 Zn 的样品[249]。在使用 20% 乙醇的情况下，通过喷雾技术生长，随后在 550℃ 的温度条件下、在 5% H_2S 和 Ar 气氛中退火处理的 CZTS 薄膜显示 $ZnSnO_3$ 相。不使用乙醇时，观察到硫缺乏问题；使用乙醇后，硫含量达到 48%。未添加乙醇制成的薄膜表面粗糙，有孔隙，而添加乙醇制成的薄膜表面光滑。保持铜、锡和硫脲的浓度恒定，锌浓度在 0.001M 到 0.02M 之间变化。锌浓度为 0.016M 时，在 320℃ 条件下可以生长出化学计量比的 CZTS 薄膜；锌浓度 > 0.008 时，观察到（110）和（211）衍射峰的单相 CZTS 薄膜；锌浓度 < 0.006 时，观察到（200）和（220）衍射峰的呈 Cu_2SnS_3 相的薄膜。其次，

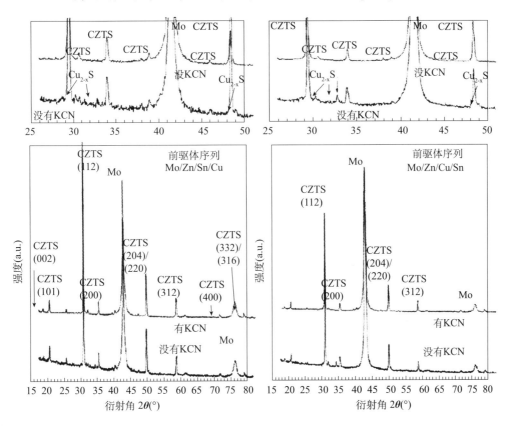

图 4.29　经 KCN 处理和未经 KCN 处理的 CZTS 薄膜的 XRD 图谱

薄膜太阳能电池材料

通过保持锌、锡和硫脲的浓度为 0.01 M、0.01 M 和 0.08 M，Cu 浓度在 0.01 M 到 0.03 M 之间变化，Cu 浓度为 0.02 M 时显示 CZTS 相，而 Cu 浓度为 0.03 M 时显示 Cu_2S 相。对于更低的 Cu 浓度（如 0.018 M），生长的薄膜显示 CZTS 相和其他未知相[184]。

在所有经过退火处理的 CZTS（溅射）薄膜中，在 26° 和 52° 衍射角附近都能观察到 Cu_2S 相衍射峰，但是，在拉曼光谱中却未观察到 Cu_2S 相[142]。同样，在 300℃ 温度条件下、硫气氛中退火处理的二元混合硫化物 CuS、ZnS 和 SnS 表现出 CuS（103）相，而在 500℃ 温度条件下退火处理的二元硫化物则表现出代表（102）和（103）衍射峰的 Cu_2S 相。如果薄膜在更高的温度（500℃）条件下进行退火处理，则有可能出现 CZTS 单相[166]。可以通过电沉积叠层中二元化合物在不同退火温度条件下的连锁反应了解 CZTS 薄膜的形成。在不同温度条件下（温度变化速率为 0.8℃/秒），在 N_2 气氛中，对在聚酰胺衬底或 20 μm 厚的 Mo 层上电沉积并使用热蒸发进行硫沉积的 Cu-Zn-Sn 退火处理 300 秒：（1）富 Cu 薄膜显示 Cu_3Sn 和 CuSn 相，而化学计量薄膜还显示出 Cu_6Sn_5 和 Sn 相。在 347℃ 温度条件下退火处理的富 Cu 样品表现出 Cu_3Sn 相的参与，其中 $2Cu_3Sn + 7S \rightarrow 3Cu_{2-x}S + 2SnS_2$。CuSn 相的另一个反应是：$2CuZn + 3S \rightarrow Cu_{2-x}S + 2ZnS$。在 547℃ 温度条件下，$Cu_{2-x}S$ 相和 SnS_2 反应形成 Cu_2SnS_3 相，即 $Cu_{2-x}S + SnS_2 \rightarrow Cu_2SnS_3$。最后，形成 CZTS 相，即 $Cu_2SnS_3 + ZnS \rightarrow Cu_2ZnSnS_4$。如果退火温度超过 547℃，如 627℃，则形成 4H SnS_2 相。薄膜在各个阶段均含有 CuO。（2）对于铜化学计量 Cu-Zn-Sn 前驱体，在 177℃ 温度条件下开始反应，形成 SnS_2，温度达到 297℃ 时发生反应：$Cu_6Sn_5 + S \rightarrow SnS_2 + Cu_{2-x}S + Cu_3Sn$，然后二元化合物在温度达到 572℃ 时发生反应：$SnS_2 + 2S + 2Cu_2S \rightarrow Cu_4SnS_6$。温度达到 537℃ 时，$Cu_4SnS_6$ 相仍然很稳定，之后 Cu_4SnS_6 相分解成二元相，即 $Cu_4SnS_6 \rightarrow 2Cu_{2-x}S + SnS_2$，然后形成 Cu_2SnS_3，即 $Cu_{2-x}S + SnS_2 \rightarrow Cu_2SnS_3$。最后，在温度达到 572℃ 时，形成 CZTS 相：$Cu_2SnS_3 + ZnS \rightarrow$ CZTS[260]。在由 Mo/Cu/Zn/Sn 叠层制备的 CZTS 薄膜中，在 32° 和 66° 处可以观察到 SnS 相。由 Cu/Zn/Sn 制备的 CZTS 的晶体尺寸比由 Cu/Sn/Zn 和 Sn/Cu/Zn 制备的晶体尺寸大[223]。在 CZTS 薄膜中可以观察到 CuS 相和 ZnS 相。在温度为室温、腔室压力为 10 mTorr、Ar 流量为 30 sccm 的条件下，使用单一靶材通过射频溅射技术使薄膜在玻璃衬底上生长。使用快速热退火工艺将生长的薄膜在 500℃ 的温度下、N_2 气氛中退火 20 分钟。沉积态 CZTS 薄膜显示出非晶型结构，而经退火处理的薄膜包含零星的 CuS 相和 ZnS 相[261]。另一方面，在通过 CZT 硫化形成的 CZTS 薄膜中也观察到 SnS_2 相，如图 4.30 所示[182]。

$Cu_2ZnSnSe_4$（CZTSe）分两种结构：正方晶黄锡矿（4$\bar{1}$2 m）结构和正方晶锌黄锡矿（4$\bar{1}$）结构。CZTSe 纳米线 SAED 图谱表明，0.328 nm 和 0.2 nm 的晶格间距与

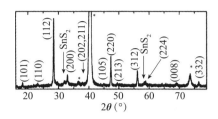

图 4.30 包含 SnS_2 第二相的 CZTS 薄膜的 XRD 图谱

黄锡矿的 {112} 和 {220} 晶面对应。由 XRD 制成的黄锡矿结构 CZTSe 的晶格参数为 a = 5.684Å、c = 11.353Å。组分为 Cu/(Zn + Sn) = 1 的 CZTSe 薄膜的晶格参数为 a = 5.680 Å、c = 11.335 Å[190]，接近文献值 a = 5.693 Å、c = 11.333Å[262]，以及 a = 5.6882 (9) Å、c = 11.3378 (9) Å[263]。(312/116) 和 (400/008) 双衍射峰表明晶体结构良好。CZTSe/CZTS 核/壳的 SAED 图谱表明，黄锡矿 CZTSe (112) 晶面的间距为 0.33nm，与文献 (JCPDS52-0868) 相符。0.31nm 的晶面间距与锌黄锡矿 CZTS 结构 (JCPDS 26-0575) 相匹配。随着 S/Se 值从 0∶1、0.16∶1、0.23∶1、0.45∶1 增加至 0.67∶1，(112) 衍射峰将会变宽，并移至更高角度[198]。(112) 衍射峰的 FWHM 随着 CZTSe 样品中 Cu/(Zn + Sn) 值的增加而减小，说明结晶度提高[264]。

　　Cu_2SnSe_4、Cu_2Se 和 ZnSe 的晶格参数也类似于 CZTSe。因此，很难通过 XRD 分析区分相[190]，但是在不同温度下对样品进行硒化处理后可以观察到其他相。在室温条件下，使约 500nm 厚的 Sn-Zn-Cu 薄膜依次沉积在镀钼玻璃衬底上，其中 Cu/Zn、Zn/Sn 和 Cu/(Zn + Sn) 的比值分别为 1.8、1.2 和 1.0。将薄膜置于密封石英管中，使用硒蒸气在不同温度条件下进行硒化。XRD 分析表明，在 250℃ 温度下进行硒化时，显示出 $CuSe_2$ 相的同时，也显示出 Cu_5Zn_8 和 Cu_6Sn_5 等非硒化金属相。拉曼光谱表明，262cm⁻¹ 处的强衍射峰与铜硒化物相（CuSe、$Cu_{2-x}Se$ 和 $CuSe_2$）相关；95 cm⁻¹ 处的强衍射峰作为 Cu_6Sn_5 相与 2Cu-Sn 合金相关；样品表面上的大晶粒为 $CuSe_2$ 相，组分为 Cu∶Se = 32.5∶67.5。在 300℃ 下硒化的金属层表面上显示出 1 000 ~ 2 000 nm 的圆形晶粒，而在底部显示出 30 ~ 70nm 的小晶粒。硒化温度为 300℃ 时，在薄膜中观察到 262 cm⁻¹ 处的拉曼峰，这与在 250℃ 下硒化的金属层的拉曼峰情况相同，但前者中拉曼峰的强度较高。组分为 Cu∶Se = 50.2∶49.8 的薄膜显示 CuSe 相。此外，还形成了 Cu_2SnSe_3 和 $Cu_2ZnSnSe_4$ 晶体。ZnSe 小颗粒接近 Mo 层。在 370℃ 温度条件下硒化的层显示出圆形晶粒和更小的三角形晶体，为 Cu_2SnSe_3、$SnSe_2$、ZnSe 和 Cu_xSe 相。在 420℃ 温度条件下硒化的薄膜底层显示出 1 μm 的大晶粒及 50 ~ 200nm 的致密小晶体，CZTSe 相与 $SnSe_2$、ZnSe 和 $MoSe_2$ 相结合。在 470℃ 温度条件下硒化的薄膜显示出 CZTS、ZnSe 和 $MoSe_2$ 相[250]。

　　将化学计量比的 Cu、Zn、Sn 和 Se 粉末通过氧化锆球磨工艺与无水乙醇混合，转速为 130 rpm，时间为 72 小时，并在 70℃ 真空下干燥。在 220 MPa 下按压粉末，

薄膜太阳能电池材料

制成厚度为3mm、直径为10mm 的颗粒。将颗粒在100～700℃ 的氩气中加热6 小时,形成 CZTSe 化合物。由于机械反应作用,球磨粉末显示 α-CuSe 相。在100℃ 的反应温度下会形成 β-CuSe 金属间相和 Cu_5Zn_8 金属间相。在溅射沉积的化合物中通常出现 Cu_5Zn_8 金属间相。另一方面,还可以观察到微量单质 Cu、Zn 和 Se。首先,在200℃ 反应温度下会出现 Zn 相、$CuSe_2$ 相和 SnSe 相,表明元素硒与 CuSe 相反应并形成 $CuSe_2$ 相。在300℃ 退火温度下,会形成 Cu_2SnSe_3 和 ZnSe。这可能是由于 $Cu_{2-x}Se$ 相和 SnSe 相在液体 Se 中发生了反应。最后,在400℃ 退火温度下形成 $Cu_2ZnSnSe_4$ 相,在黄锡矿四方结构中显示(112)、(204)、(312/316)、(400/008) 反射和(101)、(110)、(103)、(202)、(211)、(105) 特征衍射,而在700℃ 退火温度下,SnSe 相则出现在30.43° 和30.9° 处。在500℃ 以上的温度下进行退火处理的颗粒显示出高 Se 损失和 Sn 损失[265]。在 Se 退火温度影响下观察到几种第二相。通过电沉积生长并在300℃ 衬底温度下在硒蒸气中经退火处理的 CZT 叠层膜显示 CuSe、$Cu_{10}Sn_3$ 和 ZnSe 二次相。衬底温度增加到350℃时,$Cu_{10}Sn_3$ 相消失,衬底温度进一步提高到400℃时,CuSe 相也消失了。在550℃ 退火温度下,在 CZTSe 薄膜中观察到 Cu_2Se 相。形成的锌黄锡矿结构 CZTSe 薄膜有多极衍射:(101)、(112)、(103)、(202)、(211)、(220/204)、(312/116)、(400/008) 和(332/316)[202]。事实上,无论是单相还是多相 CZTSe,都会受到温度变化速率的影响。图4.31 所示为 CZTSe 的 XRD 图谱,通过电沉积生长的玻璃/ ITO/CZT/Se 样品在 Ar 气氛中以慢速升温进行退火处理后,显示 Cu_2Se、SnSe、$\eta-Cu_{6.25}Sn_5$ 和 $\gamma-Cu_5Zn_8$ 等多相,而以快速升温进行退火处理的样品显示单相和四方结构 CZTSe。观察到 CZTSe 的晶格参数为 $a = 5.6882$ Å、$c = 11.3378$ Å、$\eta = 1.0034$ Å。锌黄锡矿中的 a 晶格参数比黄锡矿中的略大[203]。热分析是一种描述样品特征的支持性技术。差示扫描量热法显示,在785℃(接近 CZTSe 的熔点805℃)温度条件下,出现唯一衍射峰,表明薄膜中出现单相。因此,可以排除 Cu_2Se 相和 ZnSe 相,它们的熔点分别为1 148℃ 和

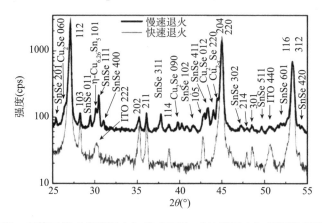

图4.31 多第二相(慢速退火)和 CZTSe(快速退火)薄膜的 XRD 图谱

1 520℃[247]。

下面探讨 Se 对 CZTS 样品晶体结构取向的影响。CZTS 纳米晶显示与锌黄锡矿型结构有关的（112）、（200）、（220）、（312）、（224）、（008）和（332）衍射。随硒化温度的增加，（112）衍射峰强度降低。此外，随着硒化温度增加，（112）衍射角向低角度偏移，这是由于样品中硒的含量增加了。由于含有 Se^{2-} 的离子半径（0.198 nm）比含有 S^{2-} 的离子半径（0.184 nm）大，CZTSSe 的晶胞会出现膨胀[164]。通过 XRD 分析，可对不同结构的 CZTS 和 CZTSSe 样品进行研究。通过真空蒸发技术按顺序生长 SLG/Mo/Zn/Sn-S/Cu 前驱体样品，然后硒化，形成 CZTSSe 薄膜（样品 C_{15}）。SLG/Mo/SnS-CuS 叠层硫化形成 CTS，而 Zn 沉积到叠层上形成 CZTS。对 SLG/Mo/SnS-CuS/Zn 进行硫化和硒化形成 CZTSSe（样品 C_{16}）。将 SLG/Mo/SnS/CuS/ZnS 硫化和硒化制成样品 C_{17}-CZTSSe，将样品 C_{18}-SLG/Mo/ SnS/CuS/ZnS 和样品 C_{19}-SLG/Mo/SnS/CuS/Zn 硒化，通过射频溅射生长 Zn 和 ZnS，防止 Sn 损失（Zn-0.41 W/cm^2，ZnS-0.33 W/cm^2）。在 525℃的温度条件下，N_2 流中进行硫化，流量为 40 mL/min，压力为 10 mbar，硫源温度在石英管中保持在 130℃。使用 95% N_2 + 5% H_2 在 525℃的温度下进行硒化。样品 C_{15} 显示大颗粒结构，其他样品显示柱状结构。样品 C_{15} 包含三种相：CZTS（28.44°）、CZTSe（27.16°）和 CZTSSe（27.51°），S/(Se + S) 值为 27%。在样品 C_{16} 中，CZTSSe 位于 27.65°处，S/(S + Se)值为 40%。在样品 C_{17} 中，也观察到类似的情况，CZTSSe 位于 27.68°处，S/(Se + S) 值为 40%。在样品 C_{18} 中，CZTSSe 位于 27.7°处，S/(Se + S) 值为 40%。在样品 C_{19} 中，CZTSe 位于 27.16°处，CZTSSe 在 27.39°和 27.92°处出现了两个衍射峰，这说明 XRD 光谱中出现了成分梯度，如图 4.32 所示。所有样品在 262 cm^{-1} 处均显示 $Cu_{2-x}Se$ 相。样品 C_{15} 和 C_{19} 在 204 cm^{-1} 处显示与 CZTSSe 相关的衍射峰。样品 C_{16} 和 C_{17} 在 330 cm^{-1} 附近出现肩峰，这可能是由于含有了少量 ZnS（350 cm^{-1}）。在 262 cm^{-1} 处显示 $Cu_{2-x}Se$ 相，XRD 也证实在 27.92°处存在 $Cu_{2-x}Se$ 相，这与标准值 28.02°接近，但没有观察到 $Cu_{2-x}S$ 相[266]。

通过 TEM 观察到 CZTSSe（$x = 0$）的（112）晶面的晶格间距为 0.315 nm，$x = 1$ 时晶格间距为 0.331 nm。XRD 分析显示，XRD 光谱中出现（112）、（220）、（312）、（316）和（228）衍射峰。在 $Cu_2ZnSn(S_{1-x}Se_x)_4$ 中，晶格参数 a 和 c 呈线性变化（从 $x = 0$ 到 $x = 1$），如图 4.33 所示[204]，这意味着 a 和 c 遵循 Vegard 定律，即 $a(x) = (1 - x) a_{CZTS} + xa_{CZTSe}$。CZTS 和 CZTSe 的晶格参数分别为 $a = 5.4111$Å、$c = 10.8313$Å 和 $a = 5.6955$Å、$c = 11.3847$Å。可以得出，晶格参数随多晶粉末材料中 S 含量的增加而逐渐降低[267]。

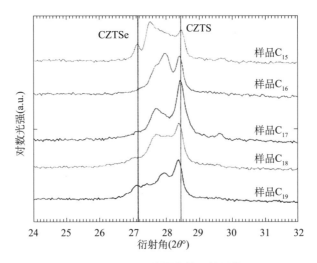

图 4.32　不同 CZTS 叠层的硒化

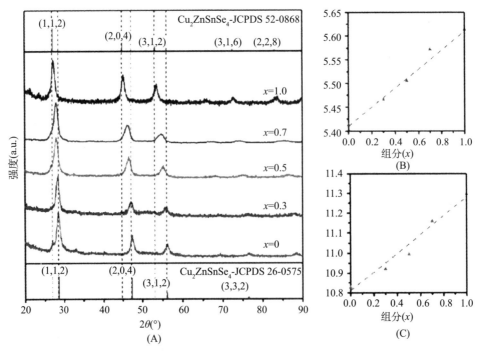

图 4.33　（A）$Cu_2Zn(S_{1-x}Se_x)_4$ 纳米晶的 XRD 图谱以及

（B）和（C）晶格参数 a 和 c 随 x 的变化情况

4.9　$Cu_2ZnSn(S_{1-x}Se_x)_4$的光学性质

4.9.1　Cu_2ZnSnS_4和$Cu_2ZnSnSe_4$的能带结构

价带最大值（VBM）是 CZTSe 中 Cu-3d 和 Se-4P 的反键轨道，而导带最小值（CBM）是 CZTSe 中 Sn-5s 和 Se-4p 的反键轨道。Zn 原子不影响 VBM 和 CBM。Sn-5s 轨道部分位于 CZTSe 的能带结构中，但由于惰性电子对效应，其对化学键的电子影响比较弱[140]。在四面体晶体场中，Cu-3d 态劈裂成 e_g 和 t_{2g} 轨道，并与 S-3p 态混合，使价带更低或更高，而价带又是 Cu-3d 态和 S-3p 态的反键成分（Cu-3d/S-3p*）混合。Sn-5s 态和 S-3p 态的反键成分（Sn-5s/S-3p）混合在 VB 顶部以下，形成约 8eV 的占有成键态。此外，反键态（Sn-5s/S-3p*）对应于导带。Sn-5p、Zn-4s 和 Cu-4s 轨道与 S-3p 成键态在价带中更深层（可能在 Cu-3d/S-3p 价带以下）混合，而反键态保留在第一个 Sn-5s/S-3p 导带之上，作为第二个导带。电子 E_1 在 T 点从 Cu-3d-(t_{2g})S-3p* 态转变至 Sn-5p/Zn-4s/Cu-4s/S-3p* 态，即电子从价带跃迁到导带。电子 E_2 从 Cu-3d(e_{2g})S-3p* 态转变至 Sn-5s/S-3p* 态或从 Cu-3d(t_{2g}) S-3p* 态转变至 Sn-5p/Zn-4s/Cu-4s/S-3p* 态（如图 4.34 所示）[268]。在 Cu_2ZnSnS_4 带隙中，第一个导带通过 Sn-5s 态和 S-3p 态线性组合的反键导出，而价带则由 Cu-3d 态确定。Cu^+ 和 Sn^{4+} 掺杂决定带隙，或带隙随 CZTS 中 Cu^+ 和 Sn^{4+} 浓度的增加而收缩[241]。CZTS 和 CZTSe 的光学带隙分别为 1.49 eV 和 1.0 eV（见表 4.15）。显然，由于硫化合物的 VBM 中存在 S-3p 和 Cu-3d 反键轨道，硫化合物的带隙比硒化合物的带隙大。对于硒化合物，会在 Se-4p 和 Cu-3d 之间发生反键[146]。

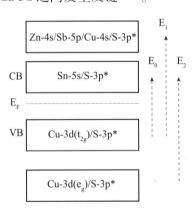

图 4.34　$Cu_2ZnSnSe_4$能带结构跃迁等级示意图

表 4.15　CZTS 和 CZTSe 的带隙、价带和导带

样品	E_g (eV)	E_v (eV)	E_c (eV)	参考文献
CZTS	1.5	−5.71	−4.21	[191]
CZTSe	1.0	−5.56	−4.56	

将 0.45 mM 的 $CuCl_2 \cdot 2H_2O$、0.25 mM 的 $SnCl_2 \cdot 2H_2O$、0.3 mM 的 $ZnSO_4 \cdot 7H_2O$、10 mL 乙二醇和 0.4g/mL 聚乙烯吡咯烷酮（PVP）的混合溶液加入 1.2 mM 的 $Na_2S \cdot 9H_2O$ 和 10 mL 乙二醇溶液中。将得到的溶液转移到高压釜，密封，并在 180℃ 下静置 12 小时。通过离心分离工艺收集黑色沉淀物，用蒸馏水洗涤并加入乙醇。EDS 显示有 $Cu_{1.7}Zn_{1.09}SnS_{4.13}$ 合成物。从傅立叶红外变换（FTIR）光谱中观察到 PVP 和乙二醇的配体。在 3450 cm^{-1} 处观察到与水分子相关的 O-H 带。在 PVP 内酰胺 1634cm^{-1} 处观察到 PVP C=O 群的相关峰。在 2921cm^{-1} 和 2851cm^{-1} 处观测到与 PV PCH$_2$ 相关的带。另外，观测到了与 C-O 相关的 1097cm^{-1} 带[269]。

显然，CZTS 纳米颗粒的吸收光谱显示其带隙约为 1.55 eV[270]。薄膜的成分对带隙影响很大。CZTS1（Cu:Zn:Sn:S =29.6:9.3:11.7:49.5）、CZTS2（Cu:Zn:Sn:S =24.2:16.1:12.4:47.3）和 CZTS3（Cu:Zn:Sn:S =24.8:13.8:11.5:49.9）薄膜样品的带隙分别为 1.55 eV、1.57 eV 和 1.58 eV，晶粒尺寸分别为 10.2nm、7.5nm 和 8.2nm，这说明带隙随薄膜内 Zn 浓度的增加而增大。另一方面，也不能排除量子尺寸效应的可能[271]。通过共蒸发技术和电子束蒸发技术制备的薄膜的带隙分别为 1.5 eV 和 1.49 eV[129]。事实上，文献报道 CZTS 的带隙为 1.45 ~ 1.6 eV，吸收系数为 10^4 cm^{-1}。在 0.5%、1% 和 3% 的 H_2S 中硫化 1 小时后，薄膜的带隙分别为 1.53 eV、1.55 eV 和 1.56 eV[249]，说明样品中硫的增加会使带隙加宽。同样，在 510℃ 和 520℃ 温度条件下硫化的 SLG/Mo/ZnS（340nm）/Cu（120nm）/Sn（160nm）样品的带隙分别为 1.1 eV 和 1.5 eV，载流子浓度分别为 2×10^{16} cm^{-3} 和 6×10^{16} cm^{-3}[123]。在 550℃ 温度条件下通过氮气吹扫将喷雾沉积膜退火 2 小时后，带隙从 1.7 eV 减小至 1.5 eV[185]。这可能是由硫的再结晶或损失导致，而 PLD-CZTS 薄膜的带隙也从 1.67 eV 减小到 1.54 eV[151]。观察到 CZTS 薄膜的表面组分为 Cu:Zn:Sn:S =25:12.5:12.5:50，C 和 O 是薄膜内的杂质，含量约 3%。在 500℃ 和 530℃ 温度条件下处理的薄膜的带隙分别为 1.66 eV 和 1.44 eV，出现这一差异的原因是 530℃ 温度条件下有机溶剂的再结晶和消除更明显[272]。

通过射频溅射技术生长的非晶形 CZTS 样品的带隙为 1.42 eV、1.2 eV 和 1.0 eV（分别对应 CZTS 相、SnS 相和 $Cu_4Sn_7S_{16}$ 相），但非晶样品只有一种带隙，为 1.5 eV[139]。使用电沉积技术可在样品上测得外量子效率（Φ）与波长的关系。与波长有关的 α 可以通过简单的关系式得出：

$$\Phi = 1 - \exp(-\alpha W)/1 + \alpha L_n \qquad (4.8)$$

L_n 表示少数载流子扩散长度，

$$1 < \alpha L_n \tag{4.9}$$

变成：

$$\Phi = 1 - \exp(-\alpha W) \tag{4.10}$$

$[\ln(1-\Phi)hv]^2$ 与 hv 关系图显示，CZTS 薄膜的带隙为 1.49 eV[182]。实际上，薄膜的沉积配方在很大程度上影响薄膜的带隙。例如，随射频功率从 45W、55W 提高至 60W，薄膜的带隙从 1.53 eV 降到 1.35 eV，而在 35W 低射频功率下生长的薄膜的带隙为 1.5 eV 和 3.6 eV。出现 3.6 eV 的带隙可能是由于 CZTS 中存在 ZnS 相[138]。带隙也取决于烧结温度。显然，随着烧结温度从 400℃、450℃、500℃ 增加至 550℃，丝网印刷 CZTS 样品的带隙从 1.39 eV、1.54 eV、1.57 eV 增加至 1.60 eV[174]，这是由结晶的增加和有机溶剂的消除所致。薄膜成分的改变也会影响薄膜的带隙。含有不同叠层的样品的带隙也不同，硫化玻璃/Mo/CZTS、玻璃/Mo/S（10nm）/CZTS 和玻璃/Mo/Sn（20nm）/CZTS 样品的带隙分别为 1.55 eV、1.50 eV 和 1.48 eV，说明带隙随样品中 Cu/(Zn + Sn) 值的增大而减小，如表 4.16 所示[168]。

表 4.16　CZTS 薄膜的带隙（E_g）随组分的变化情况

退火后	Cu	Zn	Sn	Cu/(Zn + Sn)	Zn/Sn	E_g (eV)
玻璃/Mo/CZTS	49	33	18	0.96	1.83	1.55
玻璃/Mo/Sn（10 nm）/CZTS	50	30	20	1.0	1.50	1.50
玻璃/Mo/Sn（20 nm）/CZTS	51	27	22	1.04	1.23	1.48

随着溶液中 Cu 浓度从 0.01 M、0.015 M 增加到 0.02 M，生长的 CZTS 纳米晶的带隙从 1.65 eV 减小到 1.28 eV[245]。这可能是受 $Cu_{1.69}S$ 二次相（E_g = 1.2 eV）的影响。随着薄膜中 Cu/(Zn + Sn) 值从 0.8 增加至 1.1，带隙从 1.79 eV 减小到 1.53 eV[152]。不同的是，随着 Cu/(Zn + Sn) 值从 0.49 增加到 0.80，薄膜的带隙从 1.36 eV、1.375 eV 增加到 1.41 eV。Cu/(Zn + Sn) 值为 0.91～1.18 时，带隙减小，但在某一点上，又开始增大；Cu/(Zn + Sn) 值为 0.91、0.94、0.99、1.09 和 1.18 时，带隙分别为 1.45 eV、1.40 eV、1.35 eV、1.38 eV 和 1.39 eV。这可能是由于带结构反键轨道发生了变化[127]。根据扩散反射率测量，在原生样品中观察到 1.7 eV 的次级带边缘，而在蚀刻样品中，该次级带边缘却消失。这可能是由 $Cu_{2-x}S$ 相的消除所致。典型带隙为 1.43 eV 和 1.45 eV 的两种未蚀刻前驱体样品在经过 KCN 蚀刻后带隙分别降低到 1.41 eV 和 1.43 eV。这可能是由于样品的表面状态发生了变化。有物理性证据表明，在蚀刻表面观察到了空穴，显示出了 Cu_xS 已消除相的特征[206]。在 350℃ 温度条件下硫化的前驱体薄膜的带隙为 1.36 eV 和 2.09 eV，而在 400℃ 温度条件下硫化的前驱体薄膜的带隙为 1.45 eV 和 1.99 eV。较高的带隙（2.09 eV 或 1.99 eV）可能与 Cu_xS 相相关。一般而言，带隙随 Cu_xS 内 x 的变化而变化[273]。在 520℃ 温度条件下硫化的玻璃/Zn/Cu/Sn/Cu 叠层和在 570℃ 温度条件下

硫化的玻璃/Zn/Cu/Sn/Cu叠层的带隙分别为 1.3 eV 和 1.4 eV，前者带隙较低可能是由样品硫化不完全所致[132]。

硫化温度为 450℃、500℃、560℃ 和 600℃ 时，CZTS 薄膜的带隙分别为 1.53 eV、1.53 eV、1.45 eV 和 1.47 eV[273]。在室温和 120℃ 衬底温度下沉积的 CZTS 薄膜的带隙分别为 1.62 eV 和 1.45 eV[144]。不同的是，使用单一靶材 CZTS，通过溅射技术生长的 CZTS 薄膜在衬底温度为 350℃、400℃、450℃ 和 500 ℃时带隙较大，分别为 1.86 eV、1.77 eV、1.65 eV 和 1.60 eV，而退火层的带隙较小，分别为 1.78 eV、1.71 eV、1.64 eV 和 1.57 eV。带隙随着沉积温度的升高而减小，这是由于硫损失或组分变化所致[142]。在 200℃、300℃、350℃、400℃、450℃ 和 500℃ 的温度下退火的样品（CuS、ZnS 和 SnS）的带隙分别为 1.96 eV、1.78 eV、1.70 eV、1.56 eV、1.47 eV 和 1.41 eV，这说明带隙随退火温度的升高而减小，原因在于由二元相形成了 CZTS 相。退火温度达到 350℃、400℃ 和 450℃ 时，CZTS 相开始形成，但是退火温度较低时仍然存在二元化合物。因此，带隙能够显示二元化合物的存在[166]。

带隙的变化取决于使用的退火源和退火时间。将通过电沉积技术生长的 Cu-Zn-Sn 金属前驱体分别在 S 和 H_2S 气氛中退火处理后，带隙相差不大，分别为 1.49 eV 和 1.52 eV。然而，在使用 H_2S 进行硫化处理的薄膜中可观察到快速吸收[274]。在 500℃ 的温度条件下、0.5% H_2S 气氛中退火 1 小时和 4 小时的薄膜分别显示 1.51 eV 和 1.43 eV 的带隙[249]。后者可能为非化学计量比薄膜，这是由于退火时间较长，出现了硫的再蒸发。在衬底温度的影响下也会产生同样的现象。在 370℃ 和 410℃ 衬底温度下生长的 CZTS 薄膜的带隙分别为 1.45 eV 和 1.4 eV[186]。不同的是，CZTS 薄膜退火后，由于第二相的形成，带隙从 1.55 eV 增加到了 1.97 eV[261]。在 CZTS 薄膜的 IR 吸收光谱中，也观察到了 1.52 eV 的带隙，记录在相对于表面 85° 的掠射角上[181]。如图 4.35 所示，在 400℃ 衬底温度下沉积并硫化的 Cu-Sn-Zn 前驱体显示出单相 CZTS（$E_g = 1.5$ eV），并在基本吸收区显示出快速吸收[207]。同样，通过 SILAR 方法制备并使用固体硫在 500℃ 下进行硫化的 CZTS 薄膜在基本区显示出快速吸收，带隙为 1.56 eV，如图 4.36 所示[212]。可在薄膜中观察到，不同的带隙对应不同的第二相特征：对于在 290℃ 衬底温度下生长的 CZTS 薄膜，Cu_2SnS_3 相和 CZTS 相对应的带隙分别为 0.92 eV 和 1.4 eV；对于在 330℃ 衬底温度下生长的薄膜，CZTS 相和 Cu_xS 相对应的带隙分别为 1.39 eV 和 1.4 eV[186]。类似的，通过喷雾热分解方法生长的 CZTS 薄膜的带隙在 1.6 eV 到 1.35 eV 之间变化，如生长温度为 280℃、300℃、320℃、340℃ 和 360℃ 时，带隙分别为 1.6 eV、1.45 eV、1.4 eV、1.58 eV 和 1.42 eV[187]。如预期一样，带隙随 Zn/Sn 值的增加从 1.34 eV 提高到 1.63 eV，随 Cu/(Sn + Zn) 值的减小从 1.32 eV 增加到 1.69 eV。Zn/Sn = 1.15 且 Cu/(Sn + Zn) = 0.83 时，可观察到 1.47 eV 的典型带隙。Zn/Sn = 0.73 且 Cu/(Sn + Zn) = 0.93 时，CZTS 薄膜显示 CuS 相和 SnS_2 相，而 Cu/(Sn + Zn) < 1

且 Zn/Sn =1.2 时，CuS 相和 SnS$_2$ 相不存在。基于上述分析，通过真空蒸发技术使 Sn/Cu/ZnS 叠层在 SLG 上生长，随后在 550℃衬底温度下使 S 层沉积 3 小时[275]，化学计量和贫 Cu 样品显示带隙为 1.32 eV，贫 Cu 或富 Zn 样品显示带隙为 1.63 eV，而 Cu 缺乏样品（样品 C）显示带隙为 1.83 eV[161]。

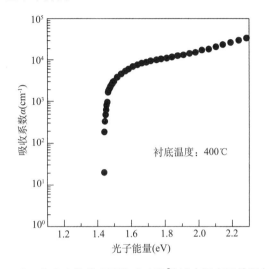

图 4.35　通过混合法生长的 CZTS 在 400℃衬底温度下的吸收系数光谱

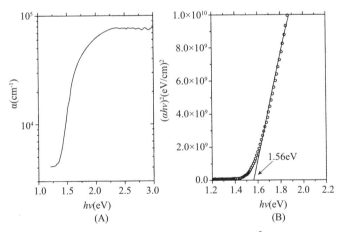

图 4.36　（A）CZTS 的光吸收系数和（B）(ahv)^2 与 hv 关系曲线图

保持衬底温度为 370℃，化学溶液配方为：氯化铜 0.01 M、乙酸锌 0.005 M、四氯化锡 0.005 M、硫脲 0.04 M，加入 NH$_3$ 溶液后，喷雾化学溶液的 pH 值会从 3.0、4.0 变化至 5.5。沉积态 CZTS 薄膜和退火 CZTS 薄膜在 pH 值为 3 时带隙分别为 1.45 eV 和 1.5 eV，而原生薄膜在 pH 值为 4 时带隙分别为 1.4 eV 和 1.94 eV。前者是由于存在 CZTS 相，而后者是由于存在 Cu$_x$S 相。特殊情况是，沉积态 CZTS 薄膜的带隙为 1.76 eV 和 2.44 eV，前者是由于存在 Cu$_x$S 相，后者是由于存在 SnS$_2$ 相。Cu 和硫脲的化学浓度变化时会形成不同的相：Cu 浓度为 0.007 M 时，出现

Cu_2SnS_3、$Cu_{1.8}S$ 和 Cu_xS 相；而 Cu 浓度为 0.008 M 时，出现 Cu_xS、ZnS 和 SnS_2 相；当 Cu 浓度从 0.008 M、0.0095 M 进一步增加至 0.01 M 时，则会出现单相 CZTS。在另一种情况下，当硫脲浓度为 0.04 M 时，会观察到单相 CZTS；而浓度提高到 0.05M 时，还会出现 Cu_xS 相和 ZnS 相；当硫脲浓度进一步提高到 0.06 M 时，Cu_xS 相的衍射角强度会增加。当 Cu 浓度为 0.07 M 时，除了 Cu_xS 相和 CZTS 相，薄膜内还会形成新的 CTS 相。在浓度为 0.007 M 的硫脲中生长的薄膜的光带隙为 0.97 eV 和 1.98 eV，前者是由于存在 CTS 相，而后者是由于存在 Cu_xS 相。使用浓度为 0.008M 的 Cu 溶液生长的薄膜的带隙为 1.9 eV 和 2.4 eV，这是由于存在 Cu_xS 相和 SnS_2 相。同样，使用浓度为 0.009 M 和 0.0095 M 的 Cu 溶液生长的薄膜的带隙分别为 0.98 eV 和 1.64 eV，这是由于存在 CTS 相和 CZTS 相。Cu 浓度为 0.01 M 时，带隙为 1.45 eV。溶液浓度最佳，即 Cu-0.009 M、Zn-0.0045M、Sn-0.005 M 和硫脲 – 0.05 M（化学组分为 Cu: Zn: Sn: S = 24: 14.2: 15.6: 46.2）时，会形成单相 CZTS 薄膜[276]。带隙不仅取决于生长方法及化学组分，还取决于化合物的物理结构，如 CZTS 纳米线和纳米管的带隙分别为 1.57 eV 和 1.63 eV[162]。低温测量表明，随着温度从 8K 提高至 300K，薄膜的光学带隙从 1.51 eV 减小至 1.486 eV[140]。

随着衬底温度从 320℃、370℃、400℃增加至 430℃，$Cu_2ZnSnSe_4$（CZTSe）薄膜的带隙从 0.99 eV、1.05 eV、1.30 eV 增加至 1.96 eV，这是由于结晶度增加或者相或组分发生了变化。不同的是，在 500℃下生长的薄膜显示出两个子带隙：2.53 eV和1.78 eV，分别与 ZnSe 相和 Cu_xSe 相相关[224]。典型 CZTSe 薄膜显示带隙为 1.0 eV，如图 4.37 所示[277]，而使用靶材（CuSe: Cu_2Se: ZnSe: SnSe = 2: 1.1: 2: 1）

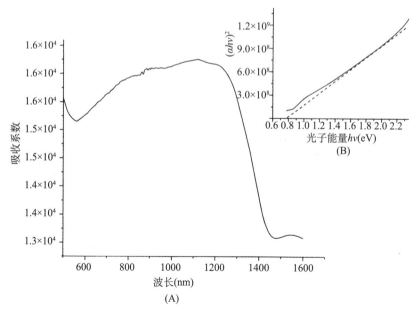

图 4.37　（A）CZTS 的光吸收系数和（B）$(ahv)^2$ 与 hv 关系曲线图

生长的薄膜在 150℃ 时显示带隙为 1.56 eV[195]，这说明 CZTSe 化合物的带隙不明确。有报告显示，CZTSe 化合物带隙异常高，可达 1.5 eV 和 1.37 eV。例如，Cu_2ZnSnS_4 和 Cu_2CdSnS_4 化合物的带隙相当，分别为 1.39 eV 和 1.37 eV。根据这个规律，$Cu_2CdSnSe_4$ 和 $Cu_2ZnSnSe_4$ 的带隙也应相当，但事实上前者显示带隙为 0.96 eV，后者的带隙异常高，为 1.44 eV（见表 1.1）。出现带隙异常高的原因可能是样品中包含了 ZnSe 相或 Cu_2SnSe_3 相。有关硫化合物和硒化合物的文献中明确了带隙（E_g）和原子量（M）之间的关系，即 Cu_2 II-IV-S_4 中 $E_g(eV) = 4.81 \sim 0.06$（M），而 Cu_2-II-IV-Se_4 中 $E_g(eV) = 6.05 \sim 0.06$（M）[26]。

在 350℃ 衬底温度下，通过真空热蒸发法使 ZnSe、Sn、Se 和 Cu 共蒸发在玻璃衬底上，并在 450℃ 的温度条件下、硒蒸气压下退火处理。样品退火过程中的温度变化率为 10℃/min，Cu/(Zn + Sn) 值从 0.85 增加至 1.15（变化步幅为 0.05）。保持 Zn/Sn 值接近 1，Se/金属值接近或略小于 1。Cu/(Zn + Sn) 值为 0.9 ~ 1.10 时，薄膜显示单相 CZTSe；Cu/(Zn + Sn) 值为 1.15 和 0.85 时，观察到 2.2 eV 和 2.85 eV 两个附加带隙，这是由于出现了 $Cu_{2-x}Se$ 相和 ZnSe 相。前者是在 XRD 中观察到的，而后者的 XRD 图谱与 CZTSe 相类似，因此无法被检测出。随着 Cu/(Sn + Zn) 值从 1.14 减小至 0.83，薄膜的带隙从 1.37 eV 增加至 1.62 eV。随着衬底温度从 250℃、300℃、350 ℃ 升高至 400℃ 时，CZTSe 薄膜的带隙从 1.44 eV、1.42 eV、1.50 eV 增加至 1.68 eV，Cu/(Zn + Sn) 值也相应地从 1.03、1.01、0.99 降至 0.94。众所周知，由于价带变化，带隙会随着 Cu 浓度的降低和 Zn 浓度的增加而增大。在 400℃ 衬底温度下生长的薄膜显示出一个与 ZnSe 相关的附加带隙（2.88eV）。同样在 450℃ 温度条件下进行退火处理，在较低衬底温度（250℃ 和 300℃）下生长的薄膜显示带隙略高，为 1.54 eV 和 1.52 eV，而在 350℃ 和 400℃ 衬底温度下生长的薄膜显示带隙略低，为 1.48 eV 和 1.65 eV。前者可能是由于样品出现再结晶，而后者可能是由于样品中 ZnSe 相基质的掺入效应。在 250℃ 和 300℃ 温度条件下生长的薄膜显示 $Cu_{2-x}Se$ 相，而在 350℃ 和 400℃ 温度条件下生长的薄膜显示 ZnSe 相。另一组在 250℃ ~350℃ 温度条件下生长的薄膜在 450℃ 温度条件下进行退火处理后形成单相 CZTSe 薄膜[264]。通过反射光谱观察到 CZTSe 薄膜的带隙为 1.03eV。蚀刻样品中的干涉峰比原始样品中的高，如图 4.38 所示。具有 Cu_2Se 相且载流子浓度为 2.5×10^{18} cm^{-3} 的样品的带隙为 1.03 eV，与原始 CZTSe 样品相同，这表明 Cu_2Se 在电性质方面的影响比在光学性质方面的影响更明显[190]。

带隙会随 Se 蒸气温度的增加从 1.46 eV 减小到 1.14eV，这是由于 CZTS 样品硒化程度加强所致[164]。在典型 $Cu_2ZnSn(S_{1-x}Se_x)_4$ 样品中，当 x 从 1 变为 0 时，带隙会从 1 eV 增加到 1.5 eV，即：

$$E_g(x) = E_{g(CZTS)} + (E_{g(CZTSe)} - b)x + bx^2 \tag{4.11a}$$

其中，b 是 0.1 eV 的弯曲参数[204]。材料的光学带隙根据 $(\alpha h\upsilon)^2$ 与 $h\upsilon$ 的关系曲线获得，该关系曲线可根据吸光度与波长的曲线图绘制。同样，当多晶材料中 Cu_2Zn-

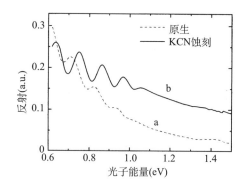

图 4.38　原生 CZTSe 薄膜和经 KCN 蚀刻的 CZTSe 薄膜的吸收光谱

$Sn(S_{1-x}Se_x)_4$ 中的 x 从 0、0.23、0.49、0.69 增加到 1.0 时，带隙从 1.5 eV、1.35 eV、1.25 eV、1.08 eV 降至 0.96 eV，如图 4.39 所示。因此，四元体系的带隙如下：

$$E_{g(CZTSSe)} = (1-x)E_{g(CZTS)} + xE_{g(CZTSe)} - bx(1-x) \qquad (4.11b)$$

其中，b 是弯曲参数，为 0.1 eV[205,267]。

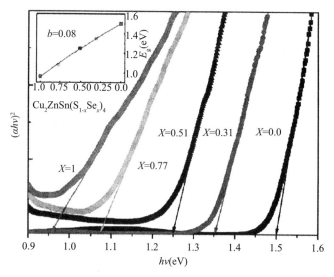

图 4.39　带隙随 $Cu_2ZnSn(S_{1-x}Se_x)_4$ 中 x 增加的变化情况

4.9.2　Cu_2ZnSnS_4 和 $Cu_2ZnSnSe_4$ 光致发光

光致发光（PL）是一种研究半导体缺陷能级的技术[17]。Cu_{Zn}、V_{Cu}、Zn_{Sn}、V_{Zn} 和 Cu_{Sn} 是 CZTS 或 CZTSe 的主要缺陷能级。Cu_{Zn} 的形成能低于 V_{Cu} 的形成能，因此，前者在 CZTS 系统中的影响更为重要。V_{Cu} 位于价带（VB）之上 0.02 eV 或 0.03 eV 处，Cu_{Zn} 位于价带之上 0.1 eV 处，深受主位于价带之上 0.6 eV 处。据预测，缺陷复合体 [Cu_{Sn} + Sn_{Cu}] 在锌黄锡矿中形成深能级，而 [Cu_{Zn} + Zn_{Cu}] 是主要的缺陷复合体[191]。

在光致发光光谱中，通过碘运转方法生长的 Cu_2ZnSnS_4（CZTS）晶体在

1.496 eV 处显示施主－受主对（DAP₁），在 1.519 eV 处显示激子峰，而第二个晶体
在 1.475 eV 处显示 DAP₂ 峰，第三个晶体显示同样的 DAP₂ 峰，且在 1.33 eV 处显示
宽峰，如图 4.40 所示。热淬灭分析表明，在 1.475 eV 峰值处显示 5 meV 的施主激
活能和 30 meV 的受主激活能。为了测量光致发光峰强度的变化，在光致发光实验
中将样品的温度从室温降到低温或从低温升高至室温，做热淬火分析，发射峰的缺
陷状态热激活能可以根据以下关系式得出[278]：

$$\frac{I_T}{I_o} = \frac{1}{[1 + C \exp(-\Delta E/k_B T)]} \tag{4.12}$$

　　其中，I_T 表示在温度为 T 时的光致发光峰值强度，I_o 表示 $T = 0$ K 或更低温度时
的发光强度，k_B 为玻尔兹曼常数，C 为常数或电子或空穴的俘获截面，ΔE 表示施主
和受主的热激活能。

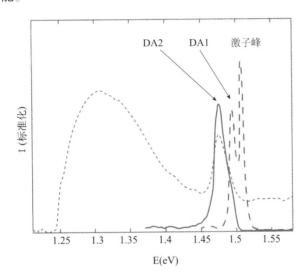

图 4.40　CZTS 单晶光致发光光谱

　　半导体中会发生施主－受主对跃迁，施主和受主的激活能级可通过以下激发发
射能量（$h\upsilon$）公式得出：

$$h\upsilon = E_g - (E_D + E_A) + e^2/4\pi r \varepsilon_o \varepsilon_r \tag{4.13}$$

　　其中，E_g 为带隙；E_D 和 E_A 分别为施主和受主电离能；最后一项与施主－受主对
之间的库仑相互作用有关；r 表示参与跃迁的施主和受主之间的距离；ε_r 表示材料的
介电常数，可设为 $\alpha n^{1/3}$，α 表示一个接近 2.1×10^{-8} eV·cm 的恒定值；n 表示样品
的载流子浓度[279]。

　　设施主激活能为 5 meV，可以估算受主激活能在 1.496 eV 处为 10 meV，如图
4.41 所示[280]。同样，在 500℃ 温度条件下生长在 Si（100）上的 $Cu_{2.06}Zn_{1.09}$
$Sn_{0.84}S_{4.03}$ 薄膜的（13 K）光致发光光谱显示，在 1.45 eV 和 1.31 eV 处出现了 DAP
峰。使用 Cu（5 N）、Sn（5 N）、S（5 N）和二元 ZnS（5 N）源将 CZTS 薄膜以

0.1 μm/h的生长速率在 1×10^{-4} Pa 的真空下通过蒸发技术沉积在 Si 衬底上[258]。CZTS 薄膜的（5 K）光致发光光谱显示，速率降温为 23.5 meV/decade 时，DAP 峰在 1.235 eV 处发生蓝移，表明出现了 DAP 跃迁[259]。

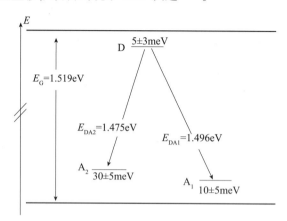

图 4.41　CZTS 缺陷能级的位置示意图

将组分为 Cu∶Zn∶Sn∶S = 2∶1∶1∶4 和 1.87∶1.15∶1∶4 的 CZTS 薄膜记为样品 *a* 和 *b*,分别显示从 1.1 eV 到 1.4 eV 和从 1.1 eV 到 1.45 eV 的宽发光峰，如图 4.42 所示。根据光致发光强度与逆温度关系曲线，可以确定样品 *a* 和 *b* 的激活能分别为 39 meV 和 59 meV。样品的典型光致发光强度与逆温度关系曲线如图 4.42 所示[281]。当激发功率 $I \alpha P^m$ 增大时，1.24 ± 0.01eV 处的非对称宽频带响应23.4 meV 的蓝移，其中 $m < 1$ 表示存在一个缺陷主导的重组过程，否则由于激子的存在，$m > 1$。光致发光峰能量随温度的升高而减小[133]。不同种类的玻璃/Mo/CZTS、玻璃/Mo/10nm Sn/CZTS 和玻璃/Mo/20nm Sn/CZTS 样品分别显示室温光致发光带位于 1.35 eV、1.30 eV 和 1.28 eV 处。很难解释这些带的作用，因为一般来说，在室温下，表面状态在样品中起主要作用[168]。

将 5 mg/cm³ 或 10 mg/cm³ 的 Cu_2S（99%）、ZnS（99.99%）、SnS_2（99.9%）和 I（99%）密封在石英管中，保持源温度和生长温度分别为 850℃ 和 760℃，持续 2 周,可生长出 CZTS 晶体。将通过碘运转方法生长的两种组分不同的样品 Cu∶Zn∶Sn∶S = 2.0∶1.0∶1.0∶3.8（硫贫）和 Cu∶Zn∶Sn∶S = 2.0∶1.0∶1.0∶3.8∶4.0（化学计量），分别表示为样品 *c* 和 *d*。在样品 *c* 和 *d* 上进行光致发光研究，温度范围分别为 25 ~ 110 K 和 25 ~ 240K。CW Nd^{3+}∶YVO_4 激光器发出的二次谐波（波长为 532 nm，激发功率密度为 554mW/cm²）被用作激励源，而 60mm 多色器用于分析样品的光致发光，并通过 CCD 摄像头进行检测。样品 *c* 的强度峰比样品 *d* 的强度峰高出两个数量级。保持样品温度恒定为 25 K，样品 *c* 和 *d* 的激发强度分别为 13 ~ 544mW/cm² 和 5 ~ 197mW/cm²。样品显示的宽峰范围为 1.1 ~ 1.45 eV，中心大致位于 1.3 eV 处。在样品 *c* 中，随着激发功率增加，会发生峰移，但在样品 *d* 中几乎观察不到脉冲响应。样品 *c* 和 *d* 的激活能分别为 17 meV 和 2 meV。保持样品 *c* 和

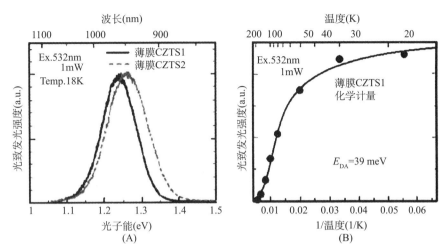

图 4.42　（A）CZTS 薄膜的（18K）光致发光光谱和
（B）光致发光强度与 CZTS 薄膜的 1.24 eV 峰逆温度关系图

d 的激发能分别为 35 mW/cm^2 和 13 mW/cm^2，样品温度会在 25 K 到 250 K 之间变化。样品 c 的激活能为 48 meV，而样品 d 几乎无激活能。出现 DAP 峰可能是由于硫空位的响应，硫空位响应在样品 c 中很强，且峰对温度和激发能的变化响应良好[282]。对于在 320℃ 衬底温度下通过喷雾热分解技术沉积的 CZTS 薄膜，（70K）光致发光光谱显示，在 1.27 eV 和 1.75 eV 处出现了峰。前者是由于 DAP，而后者可能是由于 ZnZnO_3 相的响应[187]。

$Cu_2ZnSnSe_4$（CZTSe）（$E_g = 1.01eV$）薄膜在 1.033 eV 处显示出激子线，表明生长的薄膜品质较高。此外，在 0.989 eV 处的 DAP 线以及由 28 meV 分离的 0.963 eV 和 0.932 eV 处的声子线构成（4.5K）光致发光光谱，如图 4.43 所示。由于激活能为 27 meV 的受主和激活能为 7 meV 的施主的参与（由低温光致发光确定），DAP 峰出现蓝移（速率为 2.9meV/decade）[283]。同样，在 1480℃ 的 Cu 源温度和 370℃ 的衬底温度条件下生长的 CZTSe 薄膜在 0.7 eV 和 1.0 eV 之间显示单一光致发光峰，根据 ESR，其在室温和 90 K 温度条件下的带隙分别为 0.99 eV 和 1.07 eV[189]。当 $Cu_2Zn_{1-x}Cd_xSnSe_4$ 单晶粒样品中的 x 从 0 向 0.5 变化时，光致发光峰值从 0.85 eV 移至 0.77 eV，这表明在拉曼光谱中，强度峰位于 196 和 173 cm^{-1} 处，低强度峰位于 231～253 cm^{-1} 处。在 CZTSe 薄膜的光致发光光谱中，Cu_2SnSe_3 相的峰位于 1.33 eV 处，而 SnSe 相的峰位于 0.67 eV 处[284]。对于 $Cu_2ZnSnSe_4$ 单晶粒样品，在 0.765 eV、0.810 eV 和 0.946 eV 处出现了三种不同的光致发光峰，激活能分别为 26±6 meV、44±5 meV 和 69±4 meV。对样品进行退火处理后，在 0.946 eV 处出现新的峰。位于 0.86eV 处的光致发光峰是 Cu_2SnSe_3 相的表征，这表明在拉曼光谱中，在 180 cm^{-1} 处出现了拉曼模。对样品进行真空退火处理后，这种模在光谱中消失[285]。

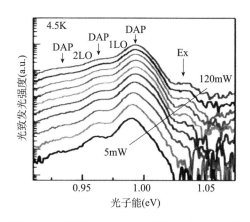

图 4.43　CZTSe 随温度变化的光致发光光谱

4.10　拉曼光谱

　　本部分详细介绍拉曼光谱在分析半导体化合物方面的工作原理。拉曼光谱分析中，使用波长为 524.5 nm、光栅为 1800 lines/mm、光谱分辨率为 0.02 cm^{-1} 的典型氩激光器研究通过不同技术生长的样品[17]。

4.10.1　Cu_2ZnSnS_4 的拉曼光谱研究

　　锌黄锡矿（KS）结构和黄锡矿（ST）结构的每个初级晶胞包含八个原子，呈体心四方对称形。这两种结构包含 24 个模，其中 3 个是声学模。在 ST 结构中，一层由 Cu 原子构成，另一层由 Zn 原子和 Sn 原子构成。在 KS 结构中，Cu-Sn 层和 Cu-Zn 层交替分布，如图 4.44 所示。在 KS 结构中，分为 $\Gamma = 3A_1 + 6B + 6E_1 + 6E_2$ 的光学模和 $\Gamma_{ac} = 1B + 1E$ 的声学模；而在 ST 结构中，分为 $\Gamma = 2A_1 + 1A_2 + 2B_1 + 4B_2 + 6E$ 的光学模和 $\Gamma_{ac} = 1B_2 + 1E$ 的声学模。B 模和 E 模为红外活性模和拉曼活性模。E 模为二度简并模，而 A 模、B 模、A_1 模、A_2 模、B_1 模和 B_2 模为非简并模。A 模在 KS 结构中为拉曼活性模。在 ST 结构中，B_2 模和 E 模为红外活性模和拉曼活性模，而 A_1 模和 B_1 模为拉曼活性模，A_2 模为静态模。阴离子振动生成 KS 结构的 A 模，以及 ST 结构的 A_1 模和 A_2 模。对于 ST 结构的 B_1 模，Cu 原子中有一半向 Z 轴方向移动，另一半向 Z 轴相反方向振动移动，而 Zn 原子和 Sn 原子保持静止，阴离子仅在 xy 平面内振动。KS 结构的 B 模和 ST 结构的 B_2 模中，阳离子在 Z 方向振动。在 ST 结构和 KS 结构的 E 模中，阳离子仅在 xy 平面内振动[286-288]。很容易分辨黄锡矿结构和锌黄锡矿结构。例如，在 CZTSe 样品中，KS 结构在 196.2 cm^{-1} 处存在 A_1 模，ST 结构则在 194.6 cm^{-1} 处存在 A_1 模；同样，在 CZTS 样品中，KS 结构在 335.2 cm^{-1} 处存在 A_1 模，ST 结构则在 332.7 cm^{-1} 处存在 A_1 模，如表 4.17 所示。

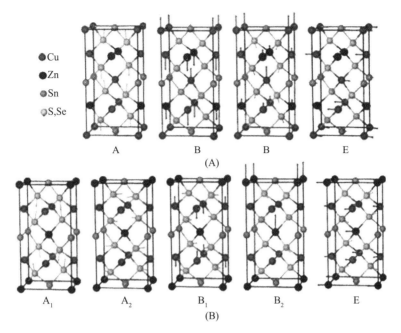

图 4.44　（A）锌黄锡矿结构和（B）黄锡矿结构原子分布示意图

表 4.17　Cu_2ZnSnS_4 和 $Cu_2ZnSnSe_4$ 的锌黄锡矿结构和黄锡矿结构的拉曼模[286,288]

Cu₂ZnSnS₄						Cu₂ZnSnSe₄							
锌黄锡矿			黄锡矿			锌黄锡矿				黄锡矿			
Sym.			Sym.			Sym.				Sym.			
A	335.2		A₁	332.7		A	196.2		203	A₁	194.6		203
	309.0			309.1			183.6		192		180.0		175
	302.1		A₂	304.3			181.0		178	A₂	186.1		(196)
B(x)	354.8	366.4	B₁	324.1		B (x)	231.1	236.0	237	B₁	220.2		(232)
	332.7	336.1		88.1			223.4	226.0	230		69.2		72
	269.1	285.1	B₂(x)	358.1	364.2		202.5	211.3	216	B₂(x)	233.0	240.3	254
	179.6	179.9		306.2	320.6		171.5	171.8	187		226.6	228.5	222
	104.2	104.3		171.0	171.1		85.4	85.6	88		161.9	162.5	180
	92.3	93.1		96.4	96.4		74.4	74.6	75		79.4	79.4	79
E(x)	341.1	353.2	E(x)	341.3	353.7	E(x)	223.6	231.9	239	E(x)	222.6	228.5	232
	309.7	314.1		305.3	311.9		217.4	219.9	224		211.6	213.4	226
	278.2	289.8		268.7	283.3		205.4	208.8	211		201.7	211.3	209
	166.1	166.2		170.9	171.0		159.0	159.1	174		163.1	163.3	180
	101.4	101.4		106.9	106.9		81.0	81.0	81		86.2	86.2	90
	79.2	79.2		74.9	75.5		60.6	60.6	61		56.9	56.9	60

注：Sym. = 对称，x = TO 或 LO；TO = 横向光学光子，LO = 纵向光学光子。

　　黄锡矿结构的原子位置如图 4.45 所示，从中可以导出基于原子振动的模及笛卡尔对称坐标 Q_i。B_2 模和 E 模包含 10 个红外活性振动模，而 A_1 模、B_1 模、B_2 模和 E

模包含 14 个拉曼活性振动模（见表 4.18）。在 Cu_2ZnSnS_4 的红外光谱中，在 351 cm^{-1}、316 cm^{-1}、293 cm^{-1}、255 cm^{-1}、168 cm^{-1}、143 cm^{-1}、86 cm^{-1} 和 68 cm^{-1} 处可以观察到红外模[17]。在 CZTS 的拉曼光谱中，在 251 cm^{-1}、284 ~ 288 cm^{-1}、331 ~ 338 cm^{-1}、348 cm^{-1} 和 360 ~ 365 cm^{-1} 处可以观察到拉曼模[166,133,169,201]。

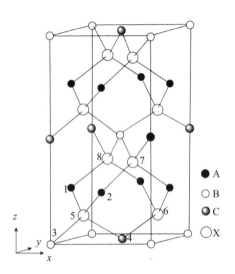

图 4.45　黄锡矿结构中的原子位置

表 4.18　黄锡矿结构的笛卡尔对称坐标 Q_i

模	坐　　标	
A_1	$Q_1 = X_5 + Y_5 - X_6 - Y_6 + X_7 - Y_7 - X_8 + Y_8$	
	$Q_2 = Z_5 + Z_6 - Z_7 - Z_8$	
A_2	$Q_3 = X_5 - Y_5 - X_6 + Y_6 - X_7 - Y_7 + X_8 + Y_8$	
B_1	$Q_4 = Z_1 - Z_2$	
	$Q_5 = X_5 - Y_5 - X_6 + Y_6 + X_7 + Y_7 - X_8 - Y_8$	
B_2	$Q_6 = Z_1 + Z_2$	
	$Q_7 = Z_3$	
	$Q_8 = Z_4$	
	$Q_9 = Z_5 + Z_6 + Z_7 + Z_8$	
	$Q_{10} = X_5 + Y_5 - X_6 - Y_6 + X_7 - Y_7 - X_8 + Y_8$	
E	$Q_{11a} = X_1 + X_2$	$Q_{11b} = Y_1 + Y_2$
	$Q_{12a} = Y_1 - Y_2$	$Q_{12b} = X_2 - X_1$
	$Q_{13a} = X_3$	$Q_{13b} = Y_3$
	$Q_{14a} = X_4$	$Q_{14b} = Y_4$
	$Q_{15a} = X_5 + X_6 + X_7 + X_8$	$Q_{15b} = Y_5 + Y_6 + X_7 + X_8$
	$Q_{16a} = Y_5 + Y_6 - Y_7 - Y_8$	$Q_{16b} = X_5 + X_6 - X_7 - X_8$
	$Q_{17a} = Z_5 - Z_6 - Z_7 + Z_8$	$Q_{17b} = Z_5 - Z_6 + Z_7 - Z_8$

通过反应溅射法生长的 CZTS 薄膜在 287 cm^{-1}、334 cm^{-1}和 367 cm^{-1}处显示 CZTS 相，在 475 ~ 482 cm^{-1}处显示 Cu$_{2-x}$S 相，在 295 cm^{-1}处显示 Cu$_3$SnS$_4$相，如图 4.46 所示[136]。如前所述，很难将 CZTS 相与 Cu$_3$SnS$_4$相、Cu$_2$SnS$_3$相和 ZnS 相区分，因为它们在 XRD 中显示出大致相同的衍射角。Fernandes 等人[290]开发了几种二元和三元化合物，并更加深入地研究了拉曼光谱。在腔室压力为 2×10^{-3} mbar，Cu、Zn和 Sn 的功率密度分别为 0.16 W/cm^2、0.36 W/cm^2 和 0.11 W/cm^2 的条件下，在 Ar气氛中通过直流溅射技术制作玻璃/Mo/Zn/Cu/Sn 前驱体。在 130℃ 温度下以40 mL/min 的 N$_2$ 流速加热 S 颗粒，同时保持前驱体样品的温度为 520℃，形成 CZTS薄膜。在 300℃、350 ℃和 520 ℃温度下对玻璃/Mo/Cu/Sn 前驱体进行硫化，形成四方晶、立方晶和正交晶 Cu$_2$SnS$_3$化合物。在 520℃温度下对玻璃/Mo/Sn 和玻璃/Mo/Zn 进行硫化，形成 Sn$_x$S$_y$和 ZnS 二元化合物。立方晶 Cu$_2$SnS$_3$（CTS）在 267 cm^{-1}、303 cm^{-1}和 356 cm^{-1}处出现峰，四方晶 Cu$_2$SnS$_3$化合物在 297 cm^{-1}、337 cm^{-1} 和352 cm^{-1}处出现峰，正交晶 Cu$_3$SnS$_4$在 318 cm^{-1}处出现峰。正交晶 SnS 在 160 cm^{-1}、190cm^{-1}和 219 cm^{-1}处出现峰，六方晶 SnS$_2$相在 314 cm^{-1}、215 cm^{-1}处出现峰，六方晶 Cu$_{2-x}$S 相在 264 cm^{-1}处出现弱峰。ZnS 在 352 cm^{-1}处出现 A$_1$/E$_1$（LO）模，在275 cm^{-1}（A$_1$/E$_1$TO）处出现弱峰。六方晶 MoS$_2$在 288 cm^{-1}、384 cm^{-1}和 419 cm^{-1}处分别出现三个峰。Sn$_2$S$_3$相在 52 cm^{-1}、60 cm^{-1}和 307 cm^{-1}处分别出现三个峰[291]。在256 cm^{-1}峰处出现肩峰可能是由于 Sn$_2$S$_3$ 相、CZTS 相、Cu$_{2-x}$S 相和 ZnS 相的存在。在 349 cm^{-1} ~ 350 cm^{-1}处出现的峰可能与立方晶 ZnS 有关，因为样品中 Zn 含量较大[141]。通过 CBD 制备的 ZnS 在 262 cm^{-1}和 343 cm^{-1}处出现峰，SnS 在 160 cm^{-1}、190 cm^{-1}和 220 cm^{-1}处出现峰，SnS$_2$在 315 cm^{-1}处出现峰。CuS 和 Cu$_2$S 也显示在472 cm^{-1}和 474 cm^{-1}处出现特征峰[240]。对于 488 nm、514 nm、633 nm 和 785 nm 的

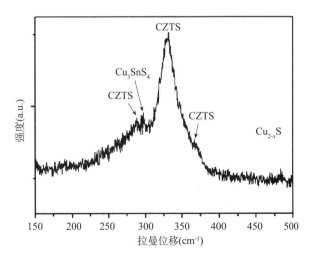

图4.46 通过反应溅射技术生长的 CZTS 薄膜的拉曼光谱

薄膜太阳能电池材料

激发波长，生长的 CZTS 样品在 264 cm^{-1}、287 cm^{-1}、338 cm^{-1}、367 cm^{-1} 处显示 CZTS 相，在 350 cm^{-1} 处显示立方 ZnS 模，在 475 cm^{-1} 处显示 Cu$_{2-x}$S 相。ZnS 相的强度随激发波长的增加明显减弱。由于满足准谐振测量条件，激发波长为 785 nm 时，在 375 cm^{-1} 处观察到 CZTS 相峰。在旋涂和硫化 CZTS 薄膜中，CZTS 相在 364 cm^{-1} ~ 375 cm^{-1} 处的峰分裂为在 364 cm^{-1} ~ 368 cm^{-1} 和 374 cm^{-1} ~ 377cm^{-1} 处的双峰[168]。激发波长为 633 nm 和 785 nm 时，在 306 cm^{-1} 处出现 Sn$_2$S$_3$ 模；而激发波长为 785 nm 时，在 315 cm^{-1} 处出现 Sn$_2$S 相模。使用 10% 的 KCN 溶液冲洗样品，可以消除 Cu$_{2-x}$S 相[290]。

旋涂硫化样品在 305 ~ 315 cm^{-1} 处出现弱宽峰，可能与立方 Cu$_2$SnS$_3$（303）、SnS$_2$（314）和 Cu$_3$SnS$_4$（318）相关。此外，MoS$_2$ 在 411 ~ 414 cm^{-1} 处出现峰[168]。电解 CZTS（1.5 μm）也可用于拉曼分析。采用两种激发波长 532.5 nm 和 325 nm，功率为 40 μW，波长为 532.5 nm 时，CZTS 的氩离子溅射表面位于 286 cm^{-1} 和 337 cm^{-1} 处，后者与 A$_1$ 模相关。96 cm^{-1} 和 166 cm^{-1} 处的弱模与 E/B 模相关。还在 352 cm^{-1} 和 370 cm^{-1} 处观察到两个附加峰，被认为是 CZTS 的振动模。溅射到更深层的薄膜在 380 cm^{-1} 和 408 cm^{-1} 处出现峰，当激发波长为 325 nm 时，在 286 cm^{-1} 和 337 cm^{-1} 处观察到峰。对于正交晶相 Cu$_3$SnS$_4$，还在 315 cm^{-1} 处观察到附加峰，接近 318 cm^{-1} 处的振动模。深溅射膜在 350 cm^{-1} 处的峰和在 700 cm^{-1} 处的二级峰与 ZnS 相关。还在样品中观察到 MoS$_2$ 相的 E 对称在 286 cm^{-1} 处出现附加峰[292]。实质上，当生长温度从 100℃ 上升至 300℃ 时，CZTS 溅射薄膜在 338 cm^{-1} 处的特征峰（A$_1$）会慢慢移向较低频率。在所有样品中，Cu$_2$SnS$_3$ 相均出现在 303 cm^{-1} 处。生长温度≥250℃时，Cu$_{2-x}$S 相出现在 226 cm^{-1} 处[145]。

溅射功率会对薄膜的生长产生影响，从而形成不同的相。在 55 W 和 60 W 溅射功率下生长的样品中，240 cm^{-1} 和 395 cm^{-1} 处的模可能与 Cu$_4$Sn$_7$S$_{16}$ 相关，而在 45 W 溅射功率下生长的薄膜在 140 ~ 145 cm^{-1} 处出现了 E 模。另一方面，射频功率从 35W 增加到 60 W 时，A$_1$ 拉曼模从 336.2 cm^{-1} 移至 331.4 cm^{-1}。频率的变化可能是由于晶体质量退化或晶体结构从锌黄锡矿结构（335.2 cm^{-1}）变为黄锡矿结构（332.7 cm^{-1}）[138]。叠层的序列限制了第二相的形成。使用不同靶材通过溅射技术生长的玻璃/ZnS/SnS$_2$/Cu 叠层在 550℃ 的温度的条件下、N$_2$（95%）+H$_2$S（5%）气氛中退火后，在 374 cm^{-1} 处显示单一 A$_1$ 特征峰，而在相同条件下进行退火处理的其他序列叠层（如玻璃/SnS$_2$/Cu/ZnS 和玻璃/Cu/ZnS/SnS$_2$）则在 476 cm^{-1} 处显示附加 Cu$_{2-x}$S 相，玻璃/Cu/ZnS/SnS$_2$ 还在 310 cm^{-1} 处显示 SnS$_2$ 附加相[246]。Cu、Zn 等的组分会影响不同的相的形成，并限制 A$_1$ 特征峰的性质。随着 CZTS 样品中 Cu 浓度的增加，336 cm^{-1} 处的特征峰（A$_1$）的强度和衍射峰半高宽（FWHM）分别减弱和增加。CZTS 薄膜中 Cu 组分超过化学计量组分时，在 476 cm^{-1} 处出现 Cu$_2$S 相对应的峰。336 cm^{-1} 处的峰的高度和 FWHM 随 Zn 浓度的增加而增加。CZTS 薄膜中不会形成以 296cm^{-1} 处

的峰为标志的 Cu_2SnS_3 相，除非 Zn 组分低于薄膜的化学计量成分[134]。在 7 mTorr 氩气氛中通过射频溅射技术以 40 W 的射频功率生长出三种不同的结构：玻璃/Zn/Sn/Cu、玻璃/Zn/Cu/Sn/Cu 和玻璃/Zn/Cu/Sn，在 570℃ 温度条件下硫化处理 30 分钟，将硫粉末在 240℃ 下加热，使硫蒸气转移到样品中。如预期的一样，Cu 化学计量 CZTS 薄膜显示 $Cu_{2-x}S$ 相，而贫 Cu 样品中未出现第二相。特征拉曼峰（A_1）随着薄膜内 Cu 组分的增加从 335 cm^{-1} 移至 338 cm^{-1}。当组分为 Cu : Zn : Sn : S = 2.2 : 1 : 1 : 10 时，特征拉曼峰（A_1）保持在 337 cm^{-1} 处。在 252 cm^{-1}、287 cm^{-1}、338 cm^{-1}、351 cm^{-1} 和 368 cm^{-1} 处观察到 CZTS 薄膜中有常见拉曼峰[221]。在原生样品和退火样品的拉曼光谱中观察到两个振动模，分别位于 333 cm^{-1}（A_1）和 287 cm^{-1} 处，但是 A_1 模的值比文献报道值低，这可能归因于纳米颗粒或黄锡矿结构的尺寸效应[167]。

金属前驱体样品的硫化温度决定相的形成类型。硫化后，样品组分从 Cu/(Zn + Sn) = 0.87、Zn/Sn = 1.90 变为 Cu/(Zn + Sn) = 0.9、Zn/Sn = 0.87、金属/S = 1.03。硫化温度为 330℃ 时，形成 SnS 相（在 160 cm^{-1}、190 cm^{-1} 和 220 cm^{-1} 处出现峰）和 SnS_2 相（在 315 cm^{-1} 处出现峰）。硫化温度达到 370℃ 时，样品中出现 SnS_2 相。在上述两个样品中都观察到了未反应元素 Zn。硫化温度为 425℃ 时，样品中出现 $Cu_{2-x}S$（264 cm^{-1}）相、Sn_2S_3（304 cm^{-1}）相和立方 ZnS（356 cm^{-1}）相。硫化温度达到 505℃ 时，开始形成单相 CZTS（338 cm^{-1}），但硫化温度为 525℃ 时，才能在样品中观察到良好的结晶，并在 338 ~ 339 cm^{-1}、288 cm^{-1} 和 256 ~ 257 cm^{-1} 处出现峰[211]。由块体化合物与乙烯混合制备的前驱体薄膜在 473 cm^{-1} 和 260 cm^{-1} 处出现峰，分别与 Cu_2S 和 ZnS 相关。在 530℃ 的温度的条件下、H_2S（5%）+ N_2 气氛中对样品进行退火处理后，这两个峰消失，但在 251 cm^{-1}、287 cm^{-1}、338 cm^{-1}、368 cm^{-1} 处出现新的峰[272]。在另一种情况下，当硫化温度低于 580℃ 时，在 CZTS 样品中观察到 $Cu_{2-x}S$ 相、CuS 相和二元金属相等，这表明第二相的形成主要取决于玻璃/Mo/Cu/ZnSn/Cu 前驱体的硫化温度。当退火温度从 470℃、530℃ 上升至 580℃ 时，拉曼光谱中在 476 cm^{-1} 处出现的主要 $Cu_{2-x}S$ 相（蓝辉铜矿）逐渐降低。在 580℃ 温度条件下硫化的层在 289 cm^{-1} 和 338 cm^{-1} 处出现了拉曼峰。在 560℃ 或 580℃ 温度条件下硫化 30 分钟后，CZTS 薄膜中的 $Cu_{2-x}S$ 相消失[220]。将金属叠层在 570℃ 温度条件下硫化，并保持硫源温度为 240℃，使用玻璃/Mo/Zn/Sn/Cu 叠层制备富 Cu（Cu/(Zn + Sn) = 1.13）、化学计量 Cu（Cu/(Zn + Sn) = 1.0）和贫 Cu（Cu/(Zn + Sn) = 0.75）CZTS 薄膜，富 Cu CZTS 样品在 474 cm^{-1} 处显示 Cu_xS 相，在 251 cm^{-1}、288 cm^{-1}、337 cm^{-1}、352 cm^{-1} 和 372 cm^{-1} 处显示 CZTS 相；化学计量 Cu CZTS 薄膜显示出类似的峰，但值略高，分别位于 252 cm^{-1}、289 cm^{-1}、338 cm^{-1}、354 cm^{-1} 和 374 cm^{-1} 处，并显示出 $Cu_{2-x}S$ 相；贫 Cu CZTS 薄膜显示出与化学计量 Cu 和富 Cu CZTS 薄膜同样的拉曼峰，而未出现 $Cu_{2-x}S$ 相。如果 Cu 与 Sn 不相邻，则缺少 Cu_2SnS_3 相，无法与 ZnS 反应形成 CZTS[251]。

在氩压力为 2×10^{-3} mbar 且 Cu、Zn 和 Sn 功率密度分别为 0.16 W/cm^2、

0.38 W/cm^{2}和 0.11 W/cm^2 的条件下，通过溅射技术可以制备两种序列的叠层，即玻璃/Mo/Zn/Cu/Sn 和玻璃/Mo/Zn/Sn/Cu。在 N$_2$+S$_2$ 蒸气中对这些叠层进行硫化，N$_2$流速保持为 40 mL/min。将样品和硫颗粒分别在 525℃ 和 130℃ 温度下加热 10 分钟，温度变化速率为 10℃/min，然后使样品自然冷却至室温。将生长的样品用 10% KCN 溶液蚀刻，除去 Cu$_x$S 相，然后用酒精和水清洗，最后在 N$_2$ 气流下干燥。样品经 KCN 蚀刻后，位于 475 cm^{-1} 处的 Cu$_{2-x}$S 相消失。在拉曼光谱中，观察到 338 cm^{-1}、287 cm^{-1} 和 368 cm^{-1} 峰。对于生长序列为 Mo/Zn/Sn/Cu 和 Mo/Zn/Cu/Sn 的层，A$_1$峰的 FWHM 分别为 3.5 cm^{-1} 和 4 cm^{-1}，这表明，在 Cu 层作为序列顶层生长的条件下，CZTS 薄膜的晶体质量较高（如图 4.47 所示）[206]。在 110℃ 温度条件下将 Cu、Zn、Sn 和 S 真空蒸发在 SLG/Mo 上，沉积得到 CZTS 薄膜，然后在 540℃ 温度条件下在 S 蒸气中退火 5 分钟，当拉曼光谱中激光激发波长为 632 mm 时，显示 287 cm^{-1}、338cm^{-1} 和 368 cm^{-1} 峰，但没有观察到 Cu$_{2-x}$S-475 cm^{-1}、ZnS-355 cm^{-1}、Cu$_2$SnS$_3$-318 cm^{-1} 和 Sn$_2$S$_3$-304 cm^{-1} 峰。但是，通过明场 TEM，可以观察到诸如 ZnS 的二元化合物和接近 MoS$_x$相的 Cu$_x$SnS$_y$相[228]。将通过真空蒸发法按序列生长的 SLG/Mo（250 nm）/Zn（150 nm）/Cu（200 nm）/Sn（230 nm）叠层在 400℃ 和 500℃硫蒸气下退火处理 8 小时，在 500℃ 温度条件下退火处理后，CZTS 薄膜中仅出现了 CZTS 相；在 400℃ 温度条件下退火处理后，一个区域出现 CZTS 相，另一个区域出现组分为 $2:1:1:4 + 2:1:3$ 的 CZTS 相 + CTS 相。出现 CZTS 相的区域表面粗糙，而出现 CTS 相的区域表面光滑。在拉曼光谱中，在 400℃ 温度条件下沉积的薄膜显示两种结构：一个接近 CZTS（288 cm^{-1}、338 cm^{-1}、358 cm^{-1} 和 372 cm^{-1}），另一个是 CZTS + CTS 混合相。后者包含 266 cm^{-1}（Cu$_2$Sn$_3$S$_7$）、298 cm^{-1}（立方 CTS）、322 cm^{-1}

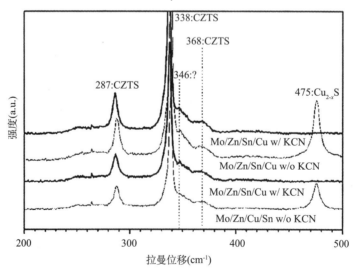

图 4.47　通过溅射技术生长并使用玻璃/Mo/Zn/Cu/Sn 和玻璃/Mo/Zn/Sn/Cu
叠层硫化和经 KCN 蚀刻的 CZTS 薄膜的拉曼光谱

（$Cu_2Sn_3S_7$）、338 cm^{-1}（CZTS）和352 cm^{-1}（立方 CTS）峰。由玻璃/Mo/Cu/Sn 在400℃下硫化制成的 CTS 薄膜，显示位于268 cm^{-1}、298 cm^{-1}、318 cm^{-1}、356 cm^{-1}和375cm^{-1}处的峰，可能由正交晶系 CTS（318、375）、立方 CTS（298、356）和$Cu_2Sn_3S_7$（268、318 和375）相构成。硫化温度为500℃时，在 CTS 薄膜中观察到类似的峰。此外，还在308 cm^{-1}（立方 CTS）处观察到一个附加峰[122]。拉曼光谱显示，在338 cm^{-1}和288 cm^{-1}处出现锌黄锡矿峰值，在250 cm^{-1}处出现一个小峰，还在475 cm^{-1}处观察到 $Cu_{2-x}S$ 弱峰。位于355 cm^{-1}处的 β-ZnS 峰可能为锌黄锡矿A_1峰的肩峰[165]。

制备化学计量和富 Zn 块状 CZTS 化合物，用以研究相的情况。通过 XRD，在化学计量 CZTS 化合物中观察到 SnS_2 相和 SnS 相。另外，位于14.75°处的峰证明了存在 $Cu_4Sn_7S_{16}$ 相或 $Cu_2ZnSn_3S_8$ 相。富 Zn 的 CZTS 化合物显示 CZTS 相和 ZnS 相。使用514.5 nm 和325 nm 两种激发波长记录化学计量化合物和富 Zn 化合物的拉曼光谱：（1）激发波长为524.5 nm 时，化学计量化合物在337 cm^{-1} 和287 cm^{-1}处显示拉曼峰；此外，对于 CZTS 相，洛伦兹曲线在352 cm^{-1} 和370 cm^{-1}处显示峰。与 SnS_2 相相关的样品的一些区域中，在313 cm^{-1}处显示峰。（2）富 Zn 的 CZTS 样品在 CZTS 相时显示337 cm^{-1}、287 cm^{-1}、352 cm^{-1} 和370 cm^{-1}峰；激发波长为514.5 nm 时，在347 cm^{-1}处显示 ZnS 相。（3）激发波长为325 nm 时，化学计量化合物在267 cm^{-1}、318 cm^{-1}、287 cm^{-1} 和337 cm^{-1}处显示峰，其中318 cm^{-1}处的峰与 CZTS 中316 cm^{-1}处的 IR 模相关；位于267 cm^{-1}处的峰接近 Cu_2S 相，但样品中470～475 cm^{-1}处的模消失了。（4）激发波长为325 nm 时，富 Zn 化合物在347 cm^{-1}处显示 CZTS 模和 ZnS 模，在695 cm^{-1}处显示二阶模。这些结果表明，化学计量化合物是 CZTS + SnS_2 的组合，而富 Zn 化合物是 CZTS + ZnS 的组合。（5）此外，使用化学计量化合物通过闪蒸技术生长 CZTS 薄膜，并在550℃和600℃温度条件下使用单质硫，将薄膜在硫气氛中退火，然后置于石墨盒下的石英管中，最后显示出 Sn_2S_3 相、SnS_2 相和 CZTS 相。在620℃温度条件下进行长时间退火处理后，在 Mo 相和 CZTS 相之间观察到 MoS_2 相。（6）使用富 Zn 化合物（1.27）通过闪蒸技术生长 CZTS 薄膜（Zn/Sn = 0.87），在硫气氛中进行退火处理后，显示 CZTS 模以及 $Cu_{2-x}S$ 和 ZnS 第二相，后者显示二阶模[293]。在显示了 ZnS 相的 CZTS 薄膜中，在355 cm^{-1}处观察到一阶模，并在662 cm^{-1}处观察到二阶模。对薄膜进行退火处理后，二阶峰移至668 cm^{-1}处，这可能是由于相发生了改变[142]。

将脱水氯化铜、乙酸锌二水和四氯化锡五水合物与50mL 乙二胺混合，然后将硫粉溶于该溶液中。将此化学溶液置于180℃的高压釜中保存15 小时，再以9000 rpm 的转速进行离心分离，持续15 分钟，以收集沉淀物。对收集的沉淀物进行清洗并在空气中干燥。最后，制成三种样品：CZTS1（Cu：Zn：Sn：S = 29.6∶9.3∶11.7∶49.5）、CZTS2（Cu：Zn：Sn：S = 24.2∶16.1∶12.4∶47.3）和 CZTS3（Cu：Zn：Sn：S = 24.8∶13.8∶11.5∶49.9）。对于

CZTS1 样品，在 303 cm^{-1}、328 cm^{-1}、351 cm^{-1}处显示峰，Cu$_2$SnS$_3$相在 303 cm^{-1}处显示峰。对于 CZTS2 和 CZTS3 样品，在 668 cm^{-1}处显示峰，是 CZTS 相在 338 cm^{-1}处的二阶模，说明结晶良好[271]。还可以通过使用简单的微波技术制备 CZTS 纳米晶。将 4 mM 的 CuCl$_2$·2H$_2$O、2 mM 的 ZnCl$_2$、2 mM 的 SnCl$_4$·5 H$_2$O 和 9 mM 的NH$_2$CSNH$_2$ 在室温下与 50mL 乙烯混合，同时搅拌溶液。使用微波加热炉对得到的化学溶液进行微波照射，重复开（10 s）/关（15 s）这一过程 50 次。以 4000 rpm 的转速进行离心分离，持续 10 分钟，收集到黑色沉淀物，使用有机溶剂清洗，然后在 70℃温度下加热 3 小时。通过 XRD 观察到反射为（112）、（200）、（220）、（312）和（332）的单相 CZTS，拉曼光谱显示在 332 cm^{-1}处出现 A$_1$峰，比块状样品的 A$_1$峰值低，这可能是由于纳米晶的尺寸效应，晶体的带隙为 1.74 eV[294]。

4.10.2　Cu$_2$ZnSnSe$_4$的拉曼光谱研究

167 cm^{-1}、173 cm^{-1}、196 cm^{-1}、231 cm^{-1}和 245 cm^{-1}是 Cu$_2$ZnSnSe$_4$（CZTSe）中常见的拉曼峰[285]，而 180 cm^{-1}、236 cm^{-1}和 251 cm^{-1}是 Cu$_2$SnSe$_3$相中常见的拉曼峰[284]。在锌黄锡矿结构中，纵向振动模位于 239 cm^{-1}处，但在黄锡矿结构中，其位于 254 cm^{-1}处。同样，在锌黄锡矿结构中，振动模位于 216 cm^{-1}处，而在黄锡矿结构中，其位于 222 cm^{-1}处。拉曼光谱中其他峰位于 173cm^{-1}和 192 cm^{-1}处，表明样品为锌黄锡矿结构[203]。通过溶液生长法生长的 CZTSe 样品的组分为 Cu/(Zn + Sn) = 0.88 和 Zn/Sn = 1.17，在 192 cm^{-1}、170 cm^{-1}和 232 cm^{-1}处显示峰。在拉曼光谱中还可能观察到其他相：Cu$_2$SnSe$_3$（180 cm^{-1}）、ZnSe（253 cm^{-1}）、CuSe（260 cm^{-1}）和 MoSe$_2$相[199]。生长温度决定了第二相的形成。在较低的衬底温度（370℃）下沉积的 CZTSe 薄膜显示 CZTSe 拉曼峰位于 172 cm^{-1}、195 cm^{-1}和 231 cm^{-1}处，但是未显示第二相。实验结果显示，当薄膜在较高生长温度（> 500℃）下沉积时会出现相分离，但是对于在 500℃的温度下沉积的薄膜，ZnSe 相中未显示拉曼峰。这是由于 ZnSe 相出现在薄膜下方，很难获得激发模所需的激光，而且实验中所用的 Ar 激光器的强度可能不足以穿透厚膜[224]。使用 Cu、Zn 和 Sn 靶材在室温下通过磁控溅射技术在玻璃/Mo 上形成 Cu-Zn-Sn 前驱体层，然后在 530℃的温度下在 Se 和 Ar 的混合物中硒化 15 分钟，在形成的 CZTSe 膜中可以观察到 Cu$_{2-x}$Se 相，XRD 显示出现了 CZTSe 相和 MoSe$_2$相，而拉曼光谱则显示 CZTSe 相存在 169 cm^{-1}、173 cm^{-1}、196.6 cm^{-1}和 234 cm^{-1}模，Cu$_{2-x}$Se 相存在 261 cm^{-1}峰，MoSe$_2$相存在 242 cm^{-1}峰[283]。Cu 浓度为 0.92 或更高时，Cu$_{2-x}$Se 相在 260 cm^{-1}处形成峰。Cu/(Zn + Sn) 为 0.71、0.92、1.06 和 1.2 时，均观察到 172 cm^{-1}、195 cm^{-1}和 230 cm^{-1}拉曼峰。使用 10% KCN 溶液蚀刻样品 30 分钟，Cu$_2$Se 相消失，组分发生变化，即 Cu/(Zn + Sn) = 1.06 变为 Cu/(Zn + Sn) = 0.98，Zn/Sn = 0.99 变为 Zn/Sn = 0.93[190]。

将电沉积 Cu-Zn-Sn 合金膜在 450℃温度条件下硒化，形成贫 Cu 薄膜、化学计量薄膜和富 Cu Cu$_2$ZnSnSe$_4$薄膜，这三种薄膜均显示 79 cm^{-1}、171 cm^{-1}、194 cm^{-1}、231 cm^{-1}和 390 cm^{-1}峰，但富 Cu 样品和化学计量样品还显示出 262 cm^{-1}和 91 cm^{-1}峰，这与 CuSe 第二相相关。在贫 Cu 样品中，ZnSe 模位于 250 cm^{-1}处。将贫 Cu 样品在 490℃、530℃和 560℃高温条件下退火处理，同样的 ZnSe 模再次出现[295]。在衬底温度为 200~370℃的条件下，使用克努森渗出容器，通过 Cu、Zn、Sn 和 Se 真空共蒸发生长出 CZTSe 薄膜，保持衬底温度为 320℃，Cu 源温度从 1 250℃、1 275℃、1 350℃变化至 1 400℃。在 T_{Cu} = 1 480℃、T_s = 320℃条件下，制成组分为 Cu/(Zn + Sn) = 0.89、Zn/Sn = 1.31 的 CZTSe 样品。样品显示 170 cm^{-1}和 192 cm^{-1}拉曼峰以及 220~250 cm^{-1}弱峰和宽峰，接近与 CZTSe 相相关的 230 cm^{-1}和 243 cm^{-1}峰。样品 B14 在 253 cm^{-1}处显示 ZnSe 相，接近位于 250 cm^{-1}处的 MoSe$_2$相[189]。一些 CZTSe 样品在 169 cm^{-1}、173 cm^{-1}、196.6 cm^{-1}和 242 cm^{-1}处显示峰，且在 261 cm^{-1}处显示 Cu$_{2-x}$Se 峰、在 242 cm^{-1}处显示 MoSe$_2$峰。位于 173 cm^{-1}处的 A$_1$模的衍射峰半高宽为 3cm^{-1}，表明品质较高[283]。

衬底温度决定 CZTSe 样品中相的形成。在 320℃衬底温度条件下通过共蒸发技术生长的样品在 160~200 cm^{-1}处显示非对称峰或未显示峰，而在 370℃衬底温度条件下生长的薄膜在 170 cm^{-1}和 192 cm^{-1}处显示峰（CZTSe），在 220~250 cm^{-1}处显示宽峰（为 230 cm^{-1}和 243 cm^{-1}峰（CZTSe）的卷积）。在更高温度（370℃）条件下生长的薄膜在 250 cm^{-1}和 201 cm^{-1}处显示 ZnSe 相主峰，这可能是由于 CZTSe 样品中 SnSe 的再蒸发作用，如图 4.48 所示[225]。当硒化温度从 300℃、400℃、450℃升高到 500℃时，会观察到不同相的分离。通过恒电位电沉积（−1.19~−1.2V）将 500 nm 厚的 CuZnSn 层共沉积到镀钼玻璃衬底上，在 250℃下进行真空退火处理，然后进行硒化，硒和衬底温度分别设为 380℃和 550℃，保持 30 分钟，得到 1.5 μm 厚的 CZTSe。拉曼光谱显示，在硒化温度为 300℃时形成 CuSe 相和 CZTSe 相；而在硒化温度为 400℃时形成 ZnSe 相、Cu$_2$SnSe$_3$相和 Cu$_2$SnSe$_4$相；硒化温度为 450℃和 500℃时，继续形成这些相；当硒化温度为 550℃时，出现纯 CZTSe 相，组分为

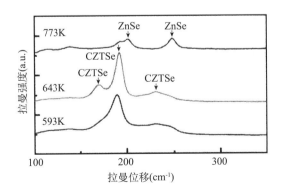

图 4.48 在不同衬底温度下生长的 CZTSe 薄膜的拉曼光谱

Cu: Zn: Sn: Se = 20: 11: 13: 56，如图 4.49 所示[277]。同样，通过真空蒸发法按顺序将 Sn-Zn-Cu 沉积在玻璃/Mo 上，并在 250℃、300℃ 和 470℃ 的温度下硒化。硒化温度为 250℃ 时，仅出现 Cu_xSe 相在 261 cm^{-1} 处的峰；硒化温度为 300℃ 时，出现了 Cu_xSe 相在 265cm^{-1} 处的峰，并在 194 cm^{-1} 处出现了新的 CZTSe 相的峰；硒化温度为 470℃ 时，仅在 170 cm^{-1} 和 195 cm^{-1} 处出现 CZTSe 相的峰，并在 241 cm^{-1} 处出现 $MoSe_2$ 相的峰（如图 4.50 所示）[250]。在另外一种情况下，硒化温度为 300℃ 和 350℃ 时，在 261 cm^{-1} 处观察到 CuSe 相的峰；硒化温度为 450℃ 时，在 244 cm^{-1} 处出现 ZnSe 峰；硒化温度为 550℃ 时，在 171 cm^{-1}、195 cm^{-1} 和 233 cm^{-1} 处出现峰。硒化温度为 300℃ 时，薄膜显示薄片形状的晶体，这可能是由于形成了 CuSe 相和 SnSe 相[202]。有些 CZTSe 样品在 174 cm^{-1}、194－197 cm^{-1} 和 232～236 cm^{-1} 处出现峰，在 263 cm^{-1} 处出现 $Cu_{2-x}Se$ 相的峰，但无 ZnSe 相的峰。在使用 KCN 蚀刻样品后，$Cu_{2-x}Se$ 相被消除[196]。温度变化速率也会产生影响，可能会形成或抑制第二相。通过电沉积生长的 CZT/Se 叠层在退火后显示 CZTSe 相，可能会在 243cm^{-1} 处出现立方 ZnSe 相，并在 186 cm^{-1} 处出现与 Cu_2SnSe_3 相相关的窄峰。如前所述，Cu_2SnSe_3 相的峰出现在 180 cm^{-1} 处。根据相关文献，另一个 $SnSe_2$ 相的峰出现在 186 cm^{-1} 处，可能与 $SnSe_2$ 相相关，但在 XRD 中并未观察到。因此，可以排除 $SnSe_2$ 相存在的可能性。还在 173 cm^{-1}、193 cm^{-1}、216 cm^{-1}、234 cm^{-1} 和 246 cm^{-1} 处观察到 CZTSe 其他的峰。不同的是，首先在 180℃ 的温度条件下，Ar + 10% H_2 中将通过电沉积生长在 ITO 上的 CZT 进行退火处理，然后进行硒沉积。经退火的 CZT 或在 Ar 中再次退火的 Se 叠层显示 CZTSe 相及 Cu_2SnSe_3 相、$SnSe_2$ 相、Se 相、ZnSe 相和 Cu_xSe 相，如图 4.51 所示[203]。

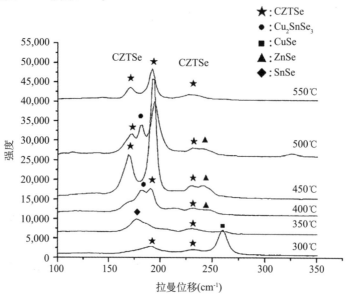

图 4.49　在不同温度条件下硒化的 CZTSe 薄膜的拉曼光谱

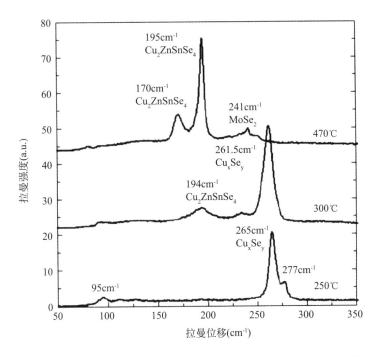

图 4.50　在不同温度条件下通过 CZT 前驱体硒化形成的 CZTS 薄膜的拉曼光谱

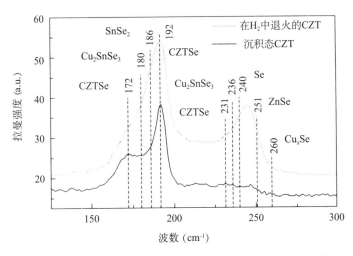

图 4.51　原生 CZTSe 薄膜和退火 CZTSe 薄膜的拉曼光谱

　　将一水合醋酸铜、乙酸锌和脱水氯化锡溶解在 2-甲氧基乙醇中，制备 3M 浓度的溶液。保持溶液的组分为 Cu/(Zn + Sn) = 0.9，Zn/Sn = 1.2，并在 50℃ 温度条件下搅拌 1 小时。以 3 100 rpm 的转速在镀钼（600 nm）玻璃衬底上旋涂 30 秒，得到前驱体膜，然后在 100℃ 温度条件下加热 2 分钟，在 200℃ 温度条件下加热 5 分钟。为了得到所需厚度的膜，重复此生长过程 3 ~ 12 次。最后，在硒蒸气下，将前驱体薄膜在 400℃ 和 560℃ 衬底温度下硒化。一般情况下，前驱体薄膜会在更高的硒化温度下发生分解，但适当的硒蒸气温度也会阻止样品的分解。XRD 和拉曼光谱显示，在 CZTSe 层和 Mo 层之间出现了单相 CZTSe 和 MoSe$_2$层。硒化后，CZTSe 前驱体膜的组分从 Cu/（Zn + Sn）= 0.70 变化成 Cu/（Zn + Sn）= 0.79，但是 Zn/Sn = 1.39 保持不变[296]。

4.10.3 Cu$_2$ZnSn（S$_{1-x}$Se$_x$）$_4$的拉曼分析

CZTS 在 287 cm^{-1}、336 cm^{-1}和 368 cm^{-1}处出现拉曼峰，而 CZTSe 在 174 cm^{-1}、196 cm^{-1}和 236 cm^{-1}处出现拉曼峰。CZTS 和 CZTSe 分别在 196 和 336 cm^{-1}处观察到 A$_1$模。在通过烧结法使用二元化合物造粒制成的 Cu$_2$ZnSn（S$_{1-x}$Se$_x$）$_4$化合物中，A$_1$模的值随着 x 的值从 1.0、0.77、0.51 降低至 0.31 而升高，如图 4.52 所示[267]。在 CZTSSe 样品中观察到 167 cm^{-1}、196 cm^{-1}、252 cm^{-1}、288 cm^{-1}和 374 cm^{-1}峰，以及 338 cm^{-1}强峰。CZTSSe 样品中的 CZTS（338 cm^{-1}）结构和 CZTSe（196 cm^{-1}）结构的 A$_1$峰会随 Se 蒸发温度的上升而向低频侧移动，如图 4.53 所示[164]。当 Cu/（Zn + Sn）为 0.91～1，Zn/Sn 为 0.9～1.0 时，可制备不同组分的 Cu$_2$ZnSn（S$_{1-x}$Se$_x$）$_4$（x = 0.3）单晶粒粉末样品:（1）富 Cu 化学计量样品 C$_{20}$（Cu/（Zn + Sn）= 1）显示多相: 163cm^{-1}（CZTSSe）、195cm^{-1}（CZTSSe）、226cm^{-1}（CZTSSe）、234cm^{-1}（CZTSSe）、251cm^{-1}（ZnSSe）、259cm^{-1}（Cu$_x$Se）、285cm^{-1}（CZTSSe）、336cm^{-1}（CZTSSe）和 355cm^{-1}（ZnSSe）;（2）富 Zn CZTSSe 样品 C$_{21}$（Zn/Sn = 1.04）显示多相: 163cm^{-1}（CZTSSe）、195cm^{-1}（CZTSSe）、205cm^{-1}（ZnSSe）、226cm^{-1}（CZTSSe）、234cm^{-1}（CZTSSe）、251cm^{-1}（ZnSSe）、259cm^{-1}（Cu$_x$Se）、

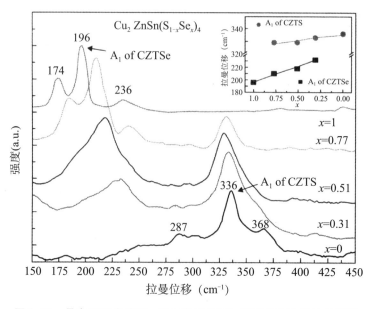

图 4.52　具有不同 S 或 Se 组分的 CZTSSe 烧结化合物的拉曼光谱

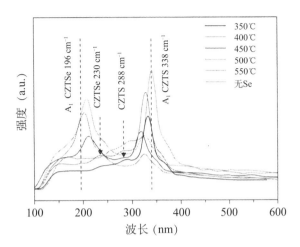

图 4.53 在不同温度下硒化的 CZTSSe 纳米晶的拉曼光谱

$299 cm^{-1}$（$Sn(SSe)_2$）、$336 cm^{-1}$（ZTSSe）、$355 cm^{-1}$（ZnSSe）和 $368 cm^{-1}$（CZTSSe）；（3）富 Sn 样品 C_{22}（$Zn/Sn = 0.9$）显示多相：$226 cm^{-1}$（CZTSSe）、$251 cm^{-1}$（ZnSSe）、$299 cm^{-1}$（$Sn(SSe)_2$）、$366 cm^{-1}$（CZTSSe）、$355 cm^{-1}$（ZnSSe）、$368 cm^{-1}$（CZTSSe），如图 4.54 所示。在 XRD 光谱中可能观察到第二相 ZnS、Cu_2Se_x 和 Cu_4Se_3，但是由于其衍射角与 CZTSSe 的衍射角重叠，因此很难识别这些相[297]。在 CZTSe 中也观察到了第二相。在生长速度为 2 Å/s、腔室压力为 10^{-2} Pa 的条件下，将 600 ~ 800 nm 厚的 Cu、Zn 和 Sn（100）多分子层溅射在镀钼玻璃衬底上，同时旋转样品。在叠层顶部，Se 被蒸发，随后在 S 气氛中进行退火，得到 CZTSSe 样品。激发波长为 633 nm 时，组分为 $Cu/(Zn + Sn) = 0.8$ 且 $Zn/Sn > 1$ 的样品在 $173 cm^{-1}$ 和 $231 cm^{-1}$ 处显示 CZTSe 模，在 $190 cm^{-1}$ 处显示 $SnSe_2$ 模，在 $355 cm^{-1}$ 处显示 CZTS 模。此外，对于 CZTSe 和 CZTS，分别在 $200 cm^{-1}$ 和 $325 cm^{-1}$ 处观察到 A_1 模。位于 $355 cm^{-1}$ 处的峰与 CZTS 相相关，也可能与 ZnS 相相关。位于 $250 cm^{-1}$ 处的另一个峰也可能与 ZnSe 相相关[298]。在 $Cu_2ZnSn(S_{1-x}Se_x)_4$ 单晶粒样品中，ZnSe 峰出现在 $249 cm^{-1}$ 处，$SnSe_2$ 峰出现在 $191 cm^{-1}$ 处，如图 4.55 所示。$Cu_2ZnSn(S_{0.25}Se_{0.75})_4$ 中 ZnS 峰出现在 $353 cm^{-1}$ 处，SnS 峰出现在 $196 cm^{-1}$ 和 $217 cm^{-1}$ 处。$Cu_2ZnSn(S_{0.45}Se_{0.55})_4$ 中 ZnS 峰出现在 $351 cm^{-1}$ 处。在 $Cu_2ZnSn(S_{0.74}Se_{0.26})_4$ 中，ZnSe 峰出现在 $205 cm^{-1}$ 和 $251.5 cm^{-1}$ 处，ZnS 峰出现在 $351 cm^{-1}$ 处。但是，在 CZTS 中，$355 cm^{-1}$ 处并没有出现 ZnS 峰。通过在熔融 KI 中混合 CuSe、SnSe 和 ZnSe 生长出单晶粒系统[299]。在低温研究中，随着温度从 86 K 升高至 323 K，A_1 模的位置会从 $340 cm^{-1}$ 移至 $330 cm^{-1}$，而其强度会由于热效应而降低。前者可以归因于样品的热膨胀以及与其他声子的非调谐耦合[140]。在 $Cu_2ZnSn(S_{1-x}Se_x)_4$ 中，$x = 1$ 和 0 时分别观察到 $193 cm^{-1}$（A_1）和 $338 cm^{-1}$（A_1）模；x 从 0 增加到 1 时，位于 $338 cm^{-1}$ 处的 A_1 模

会逐渐移至低频侧，然后消失。另一方面，随着 x 的增加，会在 $193 \sim 234 \ \text{cm}^{-1}$ 处逐渐显现出宽峰[204]。

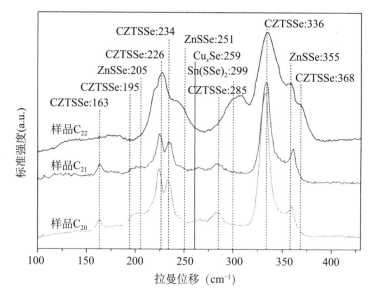

图 4.54 CZTSSe 单晶粒粉末样品的拉曼光谱

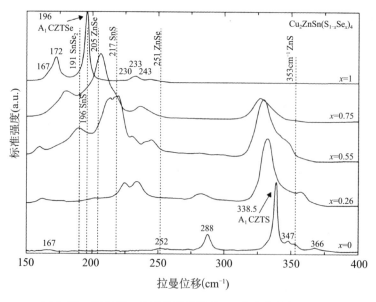

图 4.55 CZTSSe 单晶粒样品随 Se 组分变化的拉曼光谱

将 4 mM 的 $CuSO_4$、80 mM 的 $ZnSO_4$、20 mM 的 $SnCl_4$、5 mM 的 Na_2SeO_3 和 500 mM 的乳酸混合制成化学溶液，使用该化学溶液通过恒电位法使 CZTSe 膜沉积到玻璃/Mo 衬底上，其活性面积为 $0.7 \ \text{cm}^2$。加入 NH_3 溶液，将溶液的 pH 值调整为 $2.5 \sim 2.6$，在 $-0.60 \ \text{V}$（Ag/AgCl）电位下生长 60 分钟，得到 Zn/Sn 值为 0.85 的

1.7 μm 厚薄膜。将生长层在 450℃ 的 H_2S 气氛中进行退火处理，显示反射为（112）、（200）、（211）、（105）、（220）、（312）和（008）的锌黄锡矿结构，呈 SnSe 相。在 500℃ 温度条件下退火的薄膜显示 Cu/（Zn + Sn）= 1.16、Zn/Sn = 1.19、S/（S + Se）= 0.82，而在 550℃ 温度条件下退火的薄膜显示 Cu/（Zn + Sn）= 1.15、Zn/Sn = 1.16、S/（S + Se）= 0.86。薄膜的拉曼光谱显示 338 cm^{-1}、288 cm^{-1}、367 cm^{-1} 峰及 240 cm^{-1} 弱峰，前者与 CZTS 相相关，而后者与 CZTSe 相相关[300]。

4.11　$Cu_2ZnSn(S_{1-x}Se_x)_4$ 薄膜的电性能

$Cu_2ZnSn(S_{1-x}Se_x)_4$ 薄膜具有 p 型导电性，这与 Cu_{Zn} 缺陷控制的组分无关。Cu_{Zn} 缺陷的形成能较低。与 Zn_{Cu} 和 Zn_{Sn} 缺陷相比，Cu_{Zn} 缺陷更加稳定。贫 Cu 样品和富 Zn 样品中通常会形成（V_{Cu} + Zn_{Cu}）、（Cu_{Zn} + Zn_{Cu}）和（Zn_{Sn} + Sn_{Zn}）成对缺陷能级。富 Sn 薄膜的电阻率很低[301]。这会钝化深陷阱能级，并减少非辐射复合[205]。实际上，由于形成能较低，Cu_{Zn} 是 CZTS 薄膜内的主要受主，位于价带之上 0.1 eV 处，而 V_{Cu} 是 Cu 基黄铜矿半导体的主要受主，位于价带之上 0.02 eV 处。CZTS 系统中最重要的缺陷复合体为 [Cu_{Zn} + Zn_{Cu}]。当 $Cu_2ZnSn(S_{1-x}Se_x)_4$ 中 Se 与 S 构成合金时，导带会向下侧移动。价带中的低效应说明阴离子在系统中的混溶性良好[302]。制备 CZTS 薄膜太阳能电池时选择较低 Cu/（Zn + Sn）值（0.9～0.98）和 Zn/Sn 值（1.10）的原因是，低 Cu 组分可以产生更多的铜空位，而高 Zn 浓度会阻碍较深受主能级（如反位 Zn_{Cu}）的形成[303]。正如所料，Cu 组分从 22.4% 增加至 23.1% 后，CZTS 薄膜的电阻率会从 $3.07 \times 10^{-1} \Omega \cdot cm$ 下降至 $3.43 \times 10^{-3} \Omega \cdot cm$，而载流子浓度从 1.03×10^{19} cm^{-3} 增加至 $0.83 \times 10^{21} cm^{-3}$[304]。需要进行全面检查，以确定 CZTS 层的质量。当 Cu/（Sn + Zn）值从 0.64 增大至 1.17 时，CZTS 薄膜的电阻率会下降，而当 Zn/Sn 值从 0.73 增大至 1.42 时，CZTS 薄膜的电阻率会增加。适用于制造薄膜太阳能电池的 CZTS 薄膜的典型组分为 Cu/（Zn + Sn）= 0.83、Zn/Sn = 1.15，其电阻率、迁移率和载流子浓度分别为 6.96 $\Omega \cdot cm$、$12.9 cm^2/(V \cdot s)$ 和 6.98×10^{16} cm^{-3}[269]。不同的是，在有些薄膜中，电阻率会随 Cu/（Zn + Sn）值的增大从 $2.5 \times 10^{-1} \Omega \cdot cm$ 降至 7×10^{-3} $\Omega \cdot cm$，而当 Zn/Sn 值为 0.95 时，电阻率为 10^{-2} $\Omega \cdot cm$，显然，此时不受 Cu/（Zn + Sn）值的变化的影响[120]。Zn 过量的薄膜的电阻率为 1～100 $\Omega \cdot cm$，而 Sn 过量的薄膜的电阻率则高出九个数量级。KCN 蚀刻后，薄膜的 Cu 含量会变少，CV 测量得出典型载流子浓度为 10^{18} cm^{-3}[124]。

生长温度是影响 CZTS 薄膜电性能的因素之一。当衬底温度从室温上升至 250℃ 时，CZTS 薄膜的电阻率会从 $4 \times 10^4 \Omega \cdot cm$ 降至 1.3 $\Omega \cdot cm$（如图 4.56 所示）[144]。在室温下将 0.1M 的乙酸铜、0.05M 的乙酸锌、0.05M 的氯化锡（II）、0.5M 的硫脲和甲醇混合形成化学溶液，通过化学浸渍法生长单相 CZTS 薄膜，然后在 200℃ 温度下进行退火处理，其电导率为 $0.5(\Omega \cdot cm)^{-1}$，空穴浓度为 3.4×10^{19} cm^{-3}，迁移率为 0.1 $cm^2/(V \cdot s)$，温差电势率（TEP）为 86 $\mu V/K$[257]。当 CZTS 的烧结温度从 400℃、450℃、500℃升高至 550℃时，薄膜的电阻率从 830 $\Omega \cdot cm$、158 $\Omega \cdot cm$、44 $\Omega \cdot cm$ 降至 6 $\Omega \cdot cm$，这表明当烧结温度从 500℃升高至 550℃时，由于 CuS 相金属性质的形成，电阻率会急剧降低，而当烧结温度从 400℃升高到 450℃时，有机溶剂的浓度会降低[174]。在衬底温度为 360℃和 400℃条件下通过 CVD 生长的 CZTS 薄膜的电阻率分别为 $2 \times 10^6 \Omega$ 和 $1.4 \times 10^6 \Omega$[188]。同样，在室温和 500℃温度条件下生长的薄膜具有相似的特征：~8 $\Omega \cdot cm$ 的电阻率、~$3 \times 10^{17} cm^3$ 的载流子浓度和 ~3 $cm^2/(V \cdot s)$ 的迁移率；在 200~400℃温度条件下生长的薄膜的载流子浓度更高，迁移率高出一个数量级，而电阻率低一个数量级[198]。在 300℃、400℃和 450℃的硫气氛中加热后，使用 CuS、ZnS 和 SnS 二元化合物制成的 CZTS 样品的电阻率分别为 0.05 $\Omega \cdot cm$、0.03 $\Omega \cdot cm$ 和 1.06 $\Omega \cdot cm$[166]。

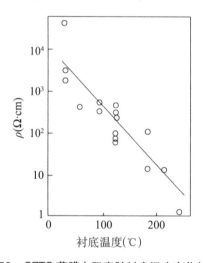

图 4.56　CZTS 薄膜电阻率随衬底温度变化的情况

在不同衬底上生长的 CZTS 薄膜的电学参数也不同：在钠钙玻璃衬底上生长的 CZTS 薄膜的载流子浓度为 $1.84 \times 10^{18}/cm^3$，霍尔迁移率为 0.67 $cm^2/(V \cdot s)$，而在蓝宝石/GaN/GaN 等高电阻衬底上生长的 CZTS 薄膜的载流子浓度更高，为 $1.33 \times 10^{20} cm^{-3}$；迁移率更低，为 0.24 $cm^2/(V \cdot s)$。这可能是由于外来原子从衬底扩散到了膜中[129]。不同的是，电沉积 CZTS 薄膜的迁移率更高，为 5.23 $cm^2/(V \cdot s)$，载流子浓度为 $1.7 \times 10^{19} cm^{-3}$，而通过电子束技术生长并经硫化的薄膜的载流子浓度为 $3.1 \times 10^{20} cm^{-3}$，霍尔迁移率为 6.36 $cm^2/(V \cdot s)$。可以看出，电沉积 CZTS 薄膜的光电导性在光照射下从 1.56×10^{-3} $(\Omega \cdot cm)^{-1}$ 增加到 1.8×10^{-3} $(\Omega \cdot cm)^{-1}$，通过电子束技术生长并经硫化的薄膜也显示出类似响应，其光电导性从 7.55×10^{-4} $(\Omega \cdot cm)^{-1}$ 变化至 1.48×10^{-3} $(\Omega \cdot cm)^{-1}$[176]。通过喷雾热分解技术生长的 CZTS 薄膜的电阻率随 Cu/(Zn + Sn) 值的增加从较高值下降到 $10^{-2} \Omega \cdot cm$。将薄膜在 550℃的硫气氛中退火处理后，薄膜的电阻率为 $2 \times 10^2 \Omega \cdot cm$[184]。通过类似技术生长的 CZTS 薄膜的电导率为

$0.8 \sim 6$（$\Omega \cdot cm$）$^{-1}$。在 $260 \sim 320$℃和 $320 \sim 360$℃温度条件下通过喷射沉积方法制成的 CZTS 薄膜的激活能分别为 0.16 eV 和 0.53 eV，电导率为 $0.8 \sim 6$（$\Omega \cdot cm$）$^{-1[187]}$。关于退火处理的影响是，将通过脉冲激光沉积法沉积的 CZTS 薄膜在 500℃的温度条件下、$N_2 + H_2S$（5%）气氛中以 2℃/min 的温度变化速率进行退火处理，在 N_2 和 $N_2 + H_2S$ 气氛中退火的沉积态薄膜的电阻率分别为 $5.2 \times 10^6 \Omega \cdot cm$、$1.2 \times 10^{-3} \Omega \cdot cm$ 和 $9.2 \times 10^{-4} \Omega \cdot cm^{[148]}$。CZTS 的典型电学参数见表 4.19。

表 4.19　CZTS 薄膜的电学性能

序号	CZTS 薄膜	ρ（$\Omega \cdot cm$）	p	μ（$cm^2/(V s)$）	参考文献
1	团块	1.3	5×10^{19}	0.1	[144]
2	反应溅射	5.4	4×10^{16}	30	[305]
3	反应溅射	2	2.2×10^{18}	1.4	[136]
4	丝网印刷	$2.42 \times 10^3 \Omega/sq$	3.81×10^{18}	12.61	[75]

当 Cu/(Sn + Zn) 值从 1.14 降低至 0.83 时，$Cu_2ZnSn(S_{1-x}Se_x)_4$（CZTSe）薄膜的电阻率从 $0.02 \Omega \cdot cm$ 增加到 $23 \Omega \cdot cm^{[264]}$。使用靶材生长的 CZTSe 薄膜在室温下的组分为 $CuSe:Cu_2Se:ZnSe:SnSe = 2:1.1:2:1$，薄层电阻为 $4.5 \times 10^4 \Omega/sq$，电阻率为 $9.066 \Omega \cdot cm$，而在 150℃温度条件下生长的薄膜的电阻率为 $1.482 \Omega \cdot cm$，薄层电阻为 $7.41 \times 10^3 \Omega/sq$，载流子浓度为 $5.12 \times 10^{17} \sim 1 \times 10^{19} cm^{-3}$，迁移率为 $1.6 \sim 21 cm^2/(V s)^{[193]}$。当 Cu/(Zn + Sn) 值从 0.7 增大至 0.9 时，CZTSe 薄膜的载流子浓度从 10^{17} 增大至 $>10^{20} cm^{-3}$，而迁移率从 $11 cm^2/(V s)$ 降至 $0.3 cm^2/(V s)$，电阻率从 $4 \Omega \cdot cm$ 降至 $2 \times 10^{-3} \Omega \cdot cm$。使用 10% KCN 蚀刻原生样品（Cu/(Zn + Sn) = 0.99、Zn/Sn = 0.95）30 分钟后，电阻率从 $4.8 \times 10^{-3} \Omega \cdot cm$ 增加到 $2.6 \Omega \cdot cm$，载流子浓度从 $6 \times 10^{20} cm^{-3}$ 降低至 $2.5 \times 10^{18} cm^{-3}$，迁移率从 $2.2 cm^2/(V s)$ 降低至 $0.9 cm^2/(V s)$，这是由于样品中 Cu_xSe 相被消除了[190]。在 700 K 温度条件下，$Cu_{2.1}Zn_{0.9}SnS_4$ 和 $Cu_{2.1}Zn_{0.9}SnSe_4$ 的热导率分别为 0.58 mW/mK^2 和 1.01 mW/mK$^{2[146]}$。对通过烧结法制备的 $Cu_2ZnSn_{1-x}In_xSe_4$ 体化合物的电导率和热电功率进行研究可知，当 x 从 0、0.05、0.10 增加至 0.15 时，样品的电导率（σ）从 4 500 S/m 增加到 29 000 S/m，载流子浓度相应地从 $1 \times 10^{19} cm^{-3}$ 增加到 $6 \times 10^{20} cm^{-3}$，热电功率或塞贝克系数（S）从 130 μV/K 减小至 75 μV/K。电导率、塞贝克系数和品质因数（$ZT = \mu/k_L$，其中 μ 表示迁移率，k_L 表示晶格热导率）随温度的变化情况如图 4.57 所示。温度为 850 K 时，品质因数达到最大值 $0.9^{[306,307]}$。

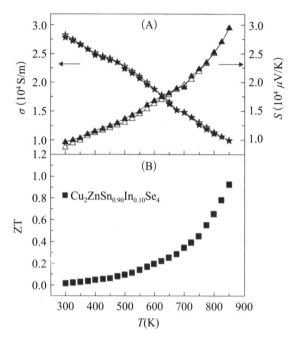

图 4. 57　$Cu_2ZnSn_{1-x}In_xSe_4$ （$x = 0.10$） 的
电导率、热电功率（双行冷却和加热过程）和品质因数

第五章　$Cu_2ZnSn(S_{1-x}Se_x)_4$薄膜太阳能电池的制备及其特征

5.1　异质结太阳能电池的能带结构

20 世纪 70 年代，贝尔实验室首次在 Cu_2CdSnS_4 单晶吸收层上制作出了太阳能电池，所使用的单晶吸收层为黄锡矿结构或锌黄锡矿结构。通过碘转运方法生长的单晶显示带隙、载流子浓度、迁移率和电阻率分别为 1.16 eV、$8×10^{17}$ cm^{-3}、2 cm^2/（V·s）、10～100 Ω·cm。在硫或镉蒸气中对样品进行退火处理后，晶体的电阻率从较低值增大至 10^4 Ω·cm。（112）择优取向晶体的晶格常数为 $a=5.586$ Å、$c=10.83$ Å。为了制作太阳能电池，通过单源蒸发，使用蚀刻溶液为 HCl：HNO$_3$ = 1：1 的盐酸硝酸混合物在蚀刻晶体上生长出 2μm 厚的 CdS 薄膜。在 CdS 和晶体上制备 In-Ga 合金及 Au 接触电极，并对电池的光伏参数进行测量。Au/Cu_2CdSnS_4/CdS/In-Ga 太阳能电池的效率为 1.6%（见表 5.1）[308]。在 170℃ 的衬底温度下，使 CZTS 在柔性不锈钢衬底上生长，然后通过沉积形成 Cd_2SnO_4 窗口层，从而制作薄膜太阳能电池结，这属首次尝试。SS/CZTS/Cd_2SnO_4 薄膜太阳能电池的开路电压为 167 mV[144]。十年间，CZTS 薄膜太阳能电池的效率从 0.66% 增长到 6.7%[309]。

表5.1　不同组分的贫 Cu 前驱体样品的光伏参数

样品	Cu/(Sn + Zn)	Cu/Sn	Zn/Sn	V_{oc} (mV)	J_{sc} (mA/cm^2)	FF (%)	η (%)	R_s (Ω·cm^2)	R_{sh} (Ω·cm^2)	参考文献
SC		–	–	500	7.9	30	1.6	–	–	[308]
CBD	–			218	2.4	–	0.17	–	–	[165]
D_{01}	0.91	1.92	1.10	371	16.2	35	2.1	5.4	95.01	[210]
D_{02}	0.97	2.02	1.08	563	14.8	41	3.4	5.8	190.3	
D_{03}	0.97	2.02	1.08	529	15.9	42	3.6	4.5	243.2	
D_{04}	0.97	2.02	1.08	378	14.5	40	2.2	1.9	221.5	
D_{05}	0.98	1.95	1.0	486	6.8	31.9	1.2	2.6	219.3	
PLD	0.8	–	–	615	6.85	32	1.35	–	–	[152]
	0.9	–	–	630	7.4	39	1.82	–	–	
	1.0	–	–	651	8.8	48	2.75	–	–	
	1.1	–	–	700	10.01	59	4.13	–	–	
	1.2	–	–	667	9.21	50	3.07	–	–	
	0.73	1.375	0.875	546	6.78	48	1.74	–	–	[222]

不同的吸收层和窗口层之间的能带排列在方向和结构上有所差异。事实上，CZTS 和 CdS 之间的能带排列可根据理论分析推导得出，如图 5.1 所示。从图中可以

看出，价带和导带随着立方和六方 CdS 取向的变化而变化。类似的，图 5.2 所示为 CZTS 和 ZnS 之间的能带排列，从图中可以看出，立方 ZnS 具有多种取向：（111）、（101）和（100）。由于 ZnS 和 CdS 作为缓冲层发挥着重要作用，故应对其进行研究。后者通过化学水浴沉积（CBD）技术生长，最终显示六方和立方混合相或六方相或立方相。显然，使用 CZTS 或 CZTSe 吸收层制造的薄膜太阳能电池显示贫 Cu（Cu/（Zn + Sn）= 0.8 ~ 0.9）和富 Zn（Zn/Sn = 1.1 ~ 1.3）组分。这是由于 Cu 在样品表面耗尽，形成金属性的 Cu_xS 第二相，使得薄膜太阳能电池的性能减弱。因此，应避免在贫 Cu CZTS 薄膜吸收层中形成 Cu_xS 金属性化合物，还应具有突变或整流 $p-n$ 结。另一方面，由于富 Zn CZTS 薄膜中包含 ZnS 基体（一种绝缘体），故其效率更高。如前所述，这可以对量子点太阳能电池产生影响。ZnS 的导带偏移和价带偏移都较大，分别为 >1.3 eV 和 >0.9 eV，这会引起电流密度降低。较大的正导带偏移（ΔE_c）会产生一个尖峰，阻挡光生载流子从吸收层向缓冲层流动，但理论上，$0 \leqslant \Delta E_c \leqslant 0.4$ 是获得合理的太阳能电池效率的最佳值。如果 $\Delta E_c < 0$，能带结构中会形成一个凹口，引起界面复合，从而导致太阳能电池的开路电压下降。据预测，$\Delta E_c = 0.2$ eV 时，制备的 CZTS 太阳能电池质量较高[17]。如图 5.3 所示，随着 CZTSSe 样品中硫含量的增加，导带或价带偏移降低，但硫对导带的影响也变小了。随着硫含量的增加，相对于 Cu-3d 和 Se-4p 来说，Cu-3d 和 S-3p 的反键杂化增强。因此，价带在带隙中下移，最终价带偏移降低[311]。

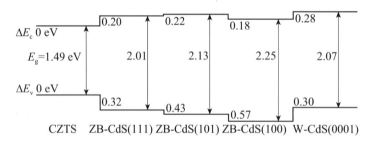

图 5.1　随着 CdS 取向的变化，CZTS/CdS 异质结中价带和导带边缘的变化情况

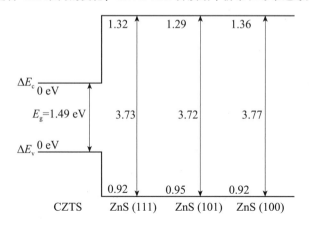

图 5.2　随着 ZnS 取向的变化，CZTS/ZnS 异质结中价带和导带边缘的变化情况

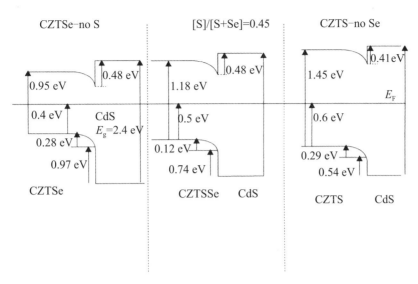

图 5.3　CZTS/CdS、CZTSe/CdS 和 CZTSSe/CdS 异质结的能带结构示意图

5.2　Cu₂ZnSnS₄薄膜太阳能电池

可采用多种方法制作 Cu₂ZnSnS₄薄膜太阳能电池。使 50 nm 的 CdS 膜（通过化学水浴沉积技术）及 100 nm 的 ZnO 和 350 nm 的 ZnO: Al（通过溅射技术）依次在玻璃/Mo/CZTS 上生长，以制作薄膜太阳能电池。在开发太阳能电池之前，将通过 CBD 技术生长的硫化 CZTS 样品在 KCN 溶液中处理 5 分钟，消除 Cu₂₋ₓS 相。最后，通过丝网印刷 Ag 浆，在 200℃温度条件下退火 30 分钟，完成电池结构（如图 5.4 所示）。扫描电子显微镜记录的典型 CZTS 薄膜太阳能横截面如图 5.4 所示，图中显示电池效率较低，为 0.165%，因此该电池性能不佳[165]。接下来探究吸收层化学组分对薄膜太阳能电池效率的影响。使用 3.5% 的 KCN: H₂O 对 CZTS 样品进行处理，随后快速浸入碱性溶液中进行 CdS 沉积，通过 CBD 和溅射技术依次沉积 CdS 和 ZnO/ZnO:Al。最后，在 ZnO/ZnO:Al 导电层上涂覆 Ni/Al 栅线，完成电池结构。在 Mo 和 CZTS 层之间观察到了 100nm 厚的 MoS₂层。带吸收层（Cu/(Sn + Zn) = 0.97）的 0.5 cm² 的玻璃/Mo/CZTS/CdS/ZnO/ ZnO：Al/Ni-Al 电池的效率为 3.4%。电池的效率随 CZTS 薄膜组分的变化而下降，如表 5.1 所示。随着 Cu/(Sn + Zn) 值从 0.8、0.9、1.0 增加到 1.1，CZTS 电池的效率也逐渐增加，从 1.35%、1.82%、2.75% 到 4.13%，其后，当 Cu/(Sn + Zn) 值增加至 1.2 时，效率下降至 3.07%[152]。在低 Zn 浓度样品中也观察到了类似的结果，即使在 Cu 浓度较低的情况下，电池的效率仍然较低，这可能是由于 Zn 浓度较低造成的[222]。显然，Cu/(Sn + Zn) 值为 0.8 ~ 0.9 时，CZTS 薄膜太阳能电池的效率较为合理。由于不同实验室在样品化学分析方面存在差异，在某些情况下，得出的比值可能相对较高。对电池进行光辐照 10 分钟后，

薄膜太阳能电池材料

电池效率下降。同一类别的一些样品显示出较差的性能，这可能是由于存在非突变 p-n 结所致。可通过外推 $h\upsilon \ln(1-EQE)^2$ 与 $h\upsilon$ 关系曲线，从 CZTS 薄膜太阳能电池外量子效率（EQE）与波长的关系曲线中可得出吸收层或窗口层的带隙。电池的外量子效率与波长的关系曲线显示，CZTS、CdS 和 ZnO 层的带隙分别为 1.54 eV、2.5 eV 和 3.33 eV，如图 5.5 所示[210]。但是，根据外量子效率估计的 CZTSSe 电池的带隙为 1.15 eV[205]。

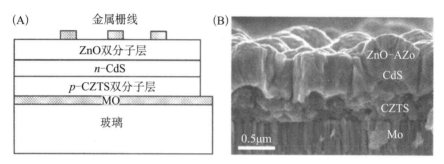

图 5.4 （A）CZTS 薄膜太阳能电池结构示意图和（B）CZTS 薄膜太阳能电池截面扫描电镜照片

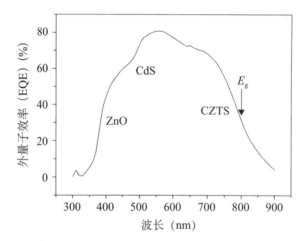

图 5.5 CZTS/CdS/ZnO 薄膜太阳能电池量子效率与波长关系

CZTS 吸收层的硫化温度会影响薄膜太阳能电池的效率。与在过高或过低温度下处理的电池相比，通过电子束蒸发技术制作并在 520℃ 温度下硫化的具有 CZTS 吸收层的电池显示出较高的效率，达到 4.53%，如表 5.2 所示。同样，根据薄膜太阳能电池的外量子效率和波长关系图，在 510℃ 和 520℃ 温度下处理的 CZTS 薄膜电池吸收层的带隙分别为 1.1 eV（$p=2\times10^{16}$ cm^{-3}）和 1.5 eV（$p=6\times10^{16}$ cm^{-3}）。使用在 510℃ 和 520℃ 温度下处理的膜制作的电池的效率不同，分别为 2.29% 和 4.53%[127]。

表5.2　面积为0.08~0.1 cm^{2}的太阳能电池的光伏参数

硫化温度（℃）	V_{oc}（mV）	J_{sc}（mA/cm^2）	FF（%）	η（%）	R_s（$\Omega \cdot$cm^2）	R_{sh}（$\Omega \cdot$cm^2）	参考文献
510	610	8.59	0.44	2.29	21.2	321	[127]
520	629	12.53	0.58	4.53	8.5	428	
530	633	6.96	0.47	2.05	24.5	837	
540	521	5.53	0.59	1.71	10.5	521	
550	486	5.79	0.46	1.30	13.7	207	
—	541	13	59.8	4.1	—	—	[125]

使用 KCN 进行蚀刻的 CZTS 薄膜的晶粒尺寸为 1μm，并采用了多孔结构。玻璃/Mo/CZTS/CdS(50 nm)CBD/ZnMgO/ZnO-Al 溅射/Ni-Al 前接触栅线（蒸发）器件的效率为 4.1%。当波长为 820nm 时，在外量子效率曲线中观察到了某种偏差，这可能是由于 CZTS 薄膜中存在带尾。电池 J-V 及外量子效率模拟显示：扩散长度为 100nm、复合中心密度为 10^{18} cm^{-3}、空间电荷宽度为 180nm、受主浓度为 2×10^{16}cm^{-3}[125]。使用等式（4.10）可从外量子效率中得出膜的带隙为 0.94 eV。将外量子效率响应与 AM 1.5 太阳光谱进行积分运算，得出 J_{sc} 值为 19.7 mA/cm^2，接近 J-V 值（20.7 mA/cm^2）[232]。

贫 Cu、轻微贫 Cu 和化学计量 CZTS 吸收层决定电池的效率。使用组分为 Cu/(Zn + Sn) = 0.80 的 CZTS 薄膜制造的玻璃/Mo/CZTS/CdS/ZnO：Al/Al 太阳能电池效率为 2.03%，CZTS 薄膜使用溶胶凝胶法形成，并在 500℃温度条件下在 N$_2$ + H$_2$S 中退火 1 小时。溶胶凝胶工艺开始时，将乙酸铜一水合物（Ⅱ）、脱水乙酸锌（Ⅱ）和脱水氯化锡（Ⅱ）溶于 2-甲氧基乙醇中，得到 0.35 M 的溶液，然后向溶液中添加去离子铵，作为稳定剂。但是，1.75 M 的溶胶凝胶溶液中使用的稳定剂为单乙醇胺。贫 Cu（Cu：Zn：Sn：S = 22.5：13.2：11.3：52.9）、轻微贫 Cu（Cu：Zn：Sn：S = 23.5：12.7：11.5：52.3）和化学计量 CZTS（Cu：Zn：Sn：S = 22.7：11.1：10.8：55.3）薄膜的带隙分别为 1.62 eV、1.58 eV 和 1.4 eV，使用这三种薄膜制作的电池的效率分别为 2.03%、0.872% 和 0.612%，如表 5.3 所示。只有在贫 Cu 膜中才会形成突变 p-n 结，这是因为贫 Cu 膜电阻适度，而在轻微贫 Cu 和富 Cu 样品中发挥作用的是非整流结。因此，后面两种样品的效率较低[312]。可以看出，在缓冲剂层的作用下，效率会发生变化。分别通过 CBD 和 RF 溅射技术将 CdS 和 In$_2$O$_3$ 沉积在玻璃/Mo/CZTS（溅射）上，在使用后者制造的电池中检测到的光伏效应比在使用前者制造的电池中检测到的低。使用经退火处理的 CZTS 薄膜（退火温度 520℃，持续 15 分钟）制造的电池，效率为 3%。在该类电池中，膜具有 SnS$_2$ 第二相。但是，电池并未显示出光伏活性，但 CZTS 样品中显示 SnS$_2$ 相的情况除外。使用经快速热退火工艺硫化的溅射沉积 CZTS 薄膜（E_g = 1.47 eV）制造的电池，效率略高，为 3.7%，如表 5.3 所示。这是由于对 CZTS 进行快速热退火处理（退火过程在 590℃温度和 1.5 atm

硫压力条件下持续 7 分钟[135]）后，能够避免膜中出现孔洞并且防止 SnS_x 相分离。

表 5.3　使用不同工艺处理的 CZTS 薄膜太阳能电池的光伏参数

CZTS 电池	V_{oc} (mV)	J_{sc} (mA·cm²)	FF (%)	η (%)	R_s (Ω·cm²)	R_{sh} (Ω·cm²)	参考文献
贫 Cu CZTS 薄膜	575	9.69	36.4	2.03	—	—	[312]
轻微贫 Cu CZTS	442	5.39	36.6	0.872	—	—	
化学计量 CZTS	410	3.83	39.1	0.612	—	—	
在 590℃温度条件下退火 7 分钟	425	16.5	53	3.7	6.2	206.6	[135]
在 520℃温度条件下退火 15 分钟	523	15.1	38	3.01	13.8	87.9	
Cu/(Zn + Sn) = 0.73, Zn/Sn = 1.7, S/M = 1.1	644	9.23	66	3.93	5	—	[123]
Cu/(Zn + Sn) = 0.8, Zn/Sn = 1.1	480	15.3	45	3.2	—	—	[179]
Cu/(Zn + Sn) = 0.92, Zn/Sn = 0.94, S/金属 = 0.99	262	9.85	37.9	0.98	—	—	[180]
Cu: Zn: Sn: Cl = 24.68: 19.82: 25.2: 30.29	358	5.06	34.66	0.63	31.3	99.78	[169]

　　CZTS 层中的叠层厚度会影响电池的效率。分别使用 CdI 化学溶液和 ZnO: Al_2O_3 靶材通过化学水浴沉积和溅射技术在 CZTS 上生长 CdS 和 ZnO: Al，从而制备 CZTS 薄膜太阳能电池。使用 SLG/Mo/ZnS(340 nm)/Cu(120 nm)/Sn(160 nm) 叠层的 CZTS 制造的电池显示出较高的效率，为 3.8%。Cu 层厚度为 120nm 时，制作的电池效率最佳。将 Cu 的厚度从 90nm 增加到 130nm（增加步幅为 10nm），可得出有关电池的光伏性质的最佳厚度，如表 5.3 所示。对于厚度为 90～100nm 和 130nm 厚的 Cu 层，Cu/(Zn + Sn) 值分别低于 0.75 和 0.9。Cu 层厚度为 130nm 时，表面粗糙，有孔洞。为了提高膜的质量，将叠层顺序调整为 SLG/Mo/ZnS(340 nm)/Cu(120 nm)/Sn(160 nm)，显示出了更好的表面形态、较低的孔洞率以及更好的晶粒尺寸。同时还改变了硫化过程，即保持温度上升速率为 5℃/ min，达到 550℃后保持 3 小时。硫化后，使膜自然冷却至室温。随着膜中 Cu/(Zn + Sn) 值的增加，开路电压下降。可通过改变叠层顺序，如 ZnS(66 nm)/SnS_2(88 nm)/Cu(36 nm) 来制备样品，其中，使用 SnS_2 替代 Sn，这是由于叠层硫化时 Sn 体积膨胀率较高。在 540℃温度下硫化 1 小时（温度变化速率为 10℃/ min），此时，膜表面光滑，晶粒尺寸较大，组分为 Cu/(Zn + Sn) = 0.73、Zn/Sn = 1.7、S/金属 = 1.1，面积为 0.113 cm² 的电池效率为 3.93%[123]。不同的是，使用经 600℃高温硫化的富 Sn 电沉积前驱体制作薄膜太阳能电池时，使用的富 Sn 叠层前驱体组分为 Cu/(Zn + Sn) = 0.64、Zn/ Sn = 0.83，经

600℃高温硫化后，组分变化为 Cu/（Zn + Sn）= 0.92、Zn/Sn = 0.94、S/金属 = 0.99。有效面积为 0.129 cm^2 的硼硅酸盐玻璃/Mo/Pd/CZTS/CdS/ZnO：Al/Al 电池的效率为 0.98% [180]。

即使用铜含量非常低的吸收层制作 CZTS 电池，也能达到合理的转换效率。将电沉积 Cu/Sn/Cu/Zn 叠层与硫一起放在石墨箱中，然后置于加热炉中，在 575℃ 的温度条件下、10% H_2 + N_2 中退火 2 小时，保持压力为 500 mbar，再使用 5 wt% 的 KCN 对硫化后的叠层进行处理，持续 20 秒。在空气中，在 200℃温度条件下将玻璃/Mo/CZTS（E_g = 1.55eV）/CdS/i-ZnO/ZnO：Al/Ni/Al 栅线样品加热5分钟。检测设备显示，Cu/（Sn + Sn）= 0.8、Zn/Sn = 1.101 时，效率为 3.2%。根据 EQE 得出的短路电流密度为 14.6 mA/cm^2，接近于通过 I-V 测量得出的短路电流密度 15.3 mA/cm^2 [179]。当然，使用化学溶液吸收层制作的电池中含有杂质，如 Cl 或 C，这些杂质会降低电池的效率。CZTS（E_g = 1.51eV）膜的化学组分为 Cu：Zn：Sn：Cl：C = 24.68：19.82：25.2：30.29：0：0，而在预退火的样品中观察到了 0.47% 的 Cl。薄膜的拉曼光谱显示存在 256 ~ 257 cm^{-1}、288 cm^{-1} 和 338 ~ 339 cm^{-1} 峰，表明出现了锌黄锡矿结构。有效面积为 0.46 cm^2 的 CZTS 电池的效率为 0.63%（见表 5.3）[169]。使用两种类型的 CZTS 吸收层制成玻璃/Mo/CZTS/CdS/ZnO：Al（2 wt%）（10^{-4} Ω·cm）电池，一种在 N_2 气氛中退火，另一种在 N_2 + H_2S 气氛中退火，退火温度为 500℃。使用前一种吸收层制造的电池比使用后一种吸收层制造的电池质量高。这可能是由于 CZTS 薄膜存在组分差异 [150]。

使用 Mo/Zn/Cu/Sn 叠层 CZTS 制作的 SLG/Mo/CZTS/CdS/ZnO：Al/Al 电池的效率较高。如果 Cu 被用作第一层叠层，在 Mo 和叠层之间产生孔洞，则电池效率低，如表 5.4 所示。为了获得更好的性能，叠层中 Cu 和 Sn 应相邻 [223]。

表 5.4　通过 XRF 分析硫化 CZTS 薄膜的组分及各种电池（面积 0.120 ~ 0.166 cm^2）的光伏参数

叠层	样品	Cu/（Zn + Sn）	Zn/Sn	S/Sn	S/M	V_{oc} (mV)	J_{sc} (mA/cm^2)	FF (%)	η (%)
Mo/Zn/Cu/Sn	D_1	0.96	1.18	2.09	0.69	478	9.78	38	1.79
Mo/Zn/Sn/Cu	D_2	0.96	1.17	2.09	0.78	406	6.44	43	1.12
Mo/Cu/Sn/Zn	D_3	0.86	1.49	2.14	0.71	377	5.43	38	0.77
Mo/Cu/Zn/Sn	D_4	0.60	2.23	1.93	0.91	24	2.60	27	0.01
Mo/Sn/Cu/Zn	D_5	0.57	2.67	2.08	0.83	495	5.81	45	1.29
Mo/Sn/Zn/Cu	D_6	0.66	3.29	2.84	0.76	166	2.54	25	0.11

如前所述，由于组分不同，因此样品的厚度是决定电池效率的因素之一。使用电子束将 ZnS（300 nm）/Sn（450 nm）/Cu（600 nm）蒸发到镀 Mo 钠钙玻璃衬底上，并在550℃温度条件下在 H_2S（5%）+ N_2中硫化 1 小时，厚度为 0.95 μm（D_7型）、1.34 μm（D_8型）和 1.63 μm（D_9型）的 CZTS 薄膜的电阻率分别为5.6 × 10^3Ω·cm、1.0 × 10^3Ω·cm 和 3.9 × 10^2Ω·cm，带隙为 1.45 ~ 1.6 eV。使用 D_8 和 D_9

型样品制作的电池性能较差，如表 5.5 所示。D_8 和 D_9 型样品可能含有双电层，即顶部和底部分别为富 Cu 层和贫 Cu 层，因此，电池性能较低。由此证明，Cu/（Zn + Sn）值随着厚度的增加而增大。另一方面，样品显示出第二相，这也会降低电池的性能。如前所述，富 Cu 样品并不能帮助薄膜太阳能电池获得较高的效率。通过改变 CZTS 薄膜的生长过程，即在 200℃ 温度下蒸发 ZnS 和 Sn、在 400℃ 温度下蒸发 Cu，能够提高电池的性能。通过这种方法制成的有效面积为 0.1279cm² 的 CZTS 电池的效率为 2.62%[313]。因此，使用低 Cu 浓度样品能够获得更高的效率。使用直径近 4 in 的 ZnS、Cu 和 SnS 靶材通过射频溅射技术生长 CZTS 薄膜，采用的 Ar 流量为 50 sccm、压力为 0.5 Pa、衬底转速为 20rpm、衬底温度为室温、ZnS 靶材功率为 160W、SnS 靶材功率为 100W、Cu 靶材功率为 95W，使用 H_2S（10%），在 580℃ 的内联硫化室中将生成的样品硫化 3 小时，温度变化速率为 5℃/min。随着样品厚度的增加，S/金属的值降低。使用厚度为 2.5 μm 的 CZTS 样品通过溅射技术（45 分钟）制成的电池（D_{11}）的效率为 5.33%，CZTS 样品的组分为 Cu/（Zn + Sn）= 0.94、Zn/Sn = 1.18。Cu/（Zn + Sn）值随着 Cu 溅射功率的增大而增大，Zn/Sn = 1.12、S/金属 = 1.17。使用组分为 Cu/（Zn + Sn）= 0.87、Zn/Sn = 1.15 的吸收层制成的电池（D_{12}）的效率为 5.74%[314]。

表 5.5　CZTS 薄膜太阳能电池的光伏参数［M1 =（Zn + Sn）、M =（Cu + Zn + Sn）］

电池	Cu (%)	Zn (%)	Sn (%)	S (%)	Zn/Sn	Cu/M	S/M	V_{oc} (mV)	J_{sc} (mA/cm²)	FF (%)	η (%)	R_s (Ω·cm²)	R_{sh} (Ω·cm²)	参考文献
D_7	22.3	14.3	12.8	50.5	–	0.823	1.02	415	7.01	50.3	1.46	–	–	[313]
D_8	23.2	13.3	12.7	50.8	–	0.892	1.03	425	3.41	26.5	0.384	–	–	
D_9	24.1	13.1	12.5	50.3	–	0.941	1.01	525	1.53	26.6	0.214	–	–	
D_{10}	–	–	–	–	–	–	–	522.4	14.11	35.54	2.62	–	–	
D_{11}	–	–	–	–	1.18	0.94	–	645	13.7	60	5.33	6.41	424	[314]
D_{12}	–	–	–	–	1.15	0.87	–	662	15.7	55	5.74	9.04	612	

　　目前，通过溅射技术生长的 ZnO 或 ZnO：Al 窗口层已用于制作高效率的薄膜太阳能电池。然而，通过低成本的旋转涂布技术也能制作薄膜太阳能电池的窗口层。使用 3.51 mm 的 CdI_2、0.1 M 的硫脲、2.9 M 的氨，在 65℃ 衬底温度下通过化学水浴沉积方法将 CdS 层沉积在旋转涂布形成的 CZTS 层（Cu：Zn：Sn：S = 25：14：12：48、S/金属 = 0.94）上，该过程持续 5 ~ 25 分钟，然后使用加热板在 200℃ 温度下退火 30 分钟。对 ZnO：Al（10 Ω·cm）膜进行旋转涂布并使用同一加热板在 300℃ 温度下干燥 5 分钟。重复该涂布过程 5 次。在 45℃ 温度下将脱水乙酸锌（II）、六水合氯化铝、2-甲基和单乙醇胺（MEA）的化学溶液搅拌 2 小时。生长时间为 23 分钟的 CdS 膜的效率最高，达到 1.61%。出现效率低的情况可能是由于 ZnO 层的薄层电阻较高[171]。丝网印刷的 PI（125 μm）/Mo（1 μm）/CZTS（3 μm）/CdS（50 nm）/ZnO：Al（1 μm）/Al-栅线薄膜太阳能电池（有效面积为 0.15cm²）的效率较低，为

0.49%[173]，量子化后电池效率更低，为0.03%[241]。相关文献对此进行了探讨[315]。

薄膜太阳能电池是使用真空蒸发技术制备的。将Cu、Zn、Sn和Se共同蒸发到温度为330℃的镀钼玻璃衬底上，得到Cu/(Sn + Zn)值为0.9、Zn/Sn值为1.1的CZTS薄膜。将这些薄膜在过量硫气氛中以560℃的温度退火2小时。将样品D_{13}置于石墨箱中，在合成气体和硫蒸气中使用硫颗粒进行退火处理，保持压力为1 mbar。样品D_{14}的制作条件与样品D_{13}类似，不同的是，在S蒸气中使用1 mg的Sn进行退火处理。使用样品D_{14}（$E_g = 1.2$ eV）制作的电池效率为5.4%，使用样品D_{13}制作的电池效率较低，仅为0.02%。在500℃真空条件下退火的CZTS样品分离成了Cu_2S和ZnS固体二元相以及气相SnS和S。样品D_{13}的表面缺乏Sn，因此使用样品D_{13}制作的电池性能不佳，而样品D_{14}克服了Sn缺乏问题，可以将SnS吸收到材料层中，或者通过材料层表面的超压阻止Sn分离。为了测试二元化合物的作用，在镀钼玻璃衬底上沉积Cu和Zn叠层，并在560℃温度条件下硫化2小时，得到$Cu_xS + ZnS$二元化合物，形成ZnS、Cu_9S_5和MoS_2，其中Cu/Zn值为1.6。EDS分析显示，ZnS和Cu_9S_5未发生混合。使用同样的叠层和同样的退火条件，并在生成CZTS的箱子中加入SnS_2粉末，将CZTS在560℃的真空环境下退火6小时，形成Cu_xS和ZnS相[316,317]。在150℃的衬底温度下蒸发CZTS薄膜，然后在570℃温度下进行退火处理，依次在CZTS薄膜上生成90~100nm厚的CdS、80nm的i-ZnO、450nm厚的掺铝ZnO、Ni-Al以及100nm的MgF_2减反涂层，从而制作太阳能电池。这种电池（D_{16}）的效率为8.4%。应注意，在镀钼层附近观察到了ZnS微晶[318]。将Cu、Zn、Sn和S共蒸发到温度为110℃的镀钼玻璃衬底上，然后在S中以540℃的温度退火5分钟。类似地，通过CBD和溅射技术依次将CdS和ZnO:Al涂覆在玻璃/Mo/CZTS上。在涂层背面形成了MoS_x，而且在MoS_x和CZTS层之间观察到了孔洞。拉曼光谱显示出了287 cm^{-1}、338 cm^{-1}和368 cm^{-1}峰，但没有证据表明出现了第二相$Cu_{2-x}S$（475 cm^{-1}）、ZnS（355 cm^{-1}）、Cu_2SnS_3（318 cm^{-1}）和Sn_2S_3（304 cm^{-1}）。带吸收层（Cu/Sn = 1.8，Zn/Sn = 1.2）的CZTS电池的效率为6.81%。然而，如果吸收层中Zn/Sn≥1.5，电池的效率更低。V_{oc}与T（200~350 K）的关系图显示，效率为6.63%的电池的激活能为1.05eV，效率为2.44%、4.4%和6.81%的电池的激活能分别为0.76eV、1.03eV和1.1eV。根据V_{oc}与T的关系曲线（如图5.6所示），CZTS电池符合$E_g/q - V_{oc} = 0.8$ V的规律[228,319]。

通过电沉积技术制作的CZTS薄膜太阳能电池也很有发展前景，因为这种技术成本低，可大规模应用。用管式炉在580℃和600℃两种不同温度（升温速率为10℃/min）下将包含CuZn、Cu_5Zn_8、Cu和Sn相的电沉积Cu-Zn-Sn前驱体膜硫化2小时，其中N_2流速为10 sccm。硫化后，单相锌黄锡矿或黄锡矿结构以无效二相态的形式存在。与在580℃温度下硫化的CZTS薄膜相比，使用在600℃温度下硫化的CZTS薄膜制作的玻璃/Mo/CZTS/CdS/ZnO:Al/Al电池的效率较高，为3.16%。这是因为后者晶粒尺寸较大，结晶度较好，如图5.7和表5.6所示[175]。使用在560℃硫

131

薄膜太阳能电池材料

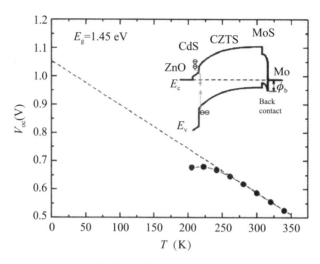

图 5.6　CZTS 薄膜太阳能电池的 V_{oc} 与温度的关系曲线

化温度下处理的 CZTS 吸收层制作的面积为 0.44 cm² 的玻璃/Mo/CZTS/CdS（70nm）/
ZnO（50nm）/ZnO：Al/Al 太阳能电池的效率为 4.59%，而使用在较高的硫化温度
（580℃）下处理的 CZTS 吸收层制作的电池性能较差，效率仅为 0.6%，这是因为其
吸收层中有较大的孔洞和孔隙。在两种不同衬底温度下硫化后，CZTS 薄膜的组分不
同，这表明硫化温度会影响材料层的组分，如表 5.6 所示。在 580℃ 温度下硫化的
CZTS 的带隙为 1.51eV，载流子浓度为 $6.6 \times 10^{16} cm^{-3}$，电阻率为 0.2 Ω·cm[220]。一
个实验室研究得出的最优硫化温度为 600℃，而另一个实验室得出的最优硫化温度
却是 580℃。这种差异可能是由于实验过程的不同所致。使用硫化后的电沉积 CZTS
薄膜制作的 CZTS 薄膜太阳能电池的最高效率为 7.3%[320]。

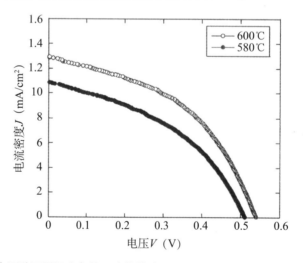

图 5.7　使用在两种不同温度条件下硫化的 CZTS 制作的 CZTS 薄膜电池的 $I-V$ 曲线

表5.6 不同生长工艺制备的 CZTS 薄膜太阳能电池的光伏参数

硫化温度（℃）/生长技术	Cu（Zn+Sn）	Zn/Sn	S/金属	V_{oc}（mV）	J_{sc}（mA/cm²）	FF（%）	η（%）	R_s（Ω·cm²）	R_{sh}（Ω·cm²）	参考文献
旋转	0.96	1.17	0.9	554	6.7	43.4	1.61	20	190	[171]
丝网印刷	1.0	1.0	1.0	386	4.76	27	0.49	–	70	[173]
样品 D_{15}	–	–	–	80	0.72	–	0.02	–	–	[316]
样品 D_{16}	–	–	–	497	20	–	5.4	3	–	
	–	–	–	661	19.5	65.8	8.4	4.5	–	[318]
	–	–	–	587	17.8	65	7.3	3.4	6.81	[319]
580	0.93	1.3	0.85	511	10.7	42.7	2.34	13.9	132	[175]
600	1.0	1.1	0.89	540	12.6	46.4	3.16	11.7	161	
560	0.67	1.45		545	15.44	54.6	4.59	–		[220]
580	< 1	1.1		–	–	–	0.6			
–	–	–		400	6	27.7	0.66			[321]
–	–	–		372	8.36	34.7	1.08			
	0.99	1.01	1.07	522	14.1	35.5	2.62			
	–	–		659	10.3	63	4.25			
ZnS/Cu/Sn	–	–		629	12.5	58	4.53			
	–	1.7	1.1	644	9.23	66	3.93			
Na_2S/CZTS	–	–		582	15.5	60	5.45			
	0.87	1.15	1.18	662	15.7	55	5.74	9.04	612	
DW 处理	–	–	–	610	17.9	62	6.77	4.25	370	

通过调整 CZTS 薄膜的组成，可以显著提高电池的效率。用电子束蒸发方法制备 Zn、Sn 和 Cu 叠层，得到 SLG/Mo/Zn/Sn/Cu 叠层，然后在500℃温度条件下进行硫化，以制备 CZTS 薄膜。这种 CZTS 电池的效率很低，仅为 0.66%。这可能是因为 CZTS 薄膜的质量不高，而且 ZnO∶Al 的电阻较高，为 10^1 Ω·cm。将 SLG/Mo/Zn/Sn/Cu 叠层中的 Zn 替换成 ZnS，在 H_2S（5%）+ N_2 中以530℃的温度硫化1小时，然后在 N_2 中退火6小时，可以将电池效率从 0.66% 提高到 1.08%。使用 ZnS 后，CZTS 薄膜呈现出了更大的晶粒尺寸和更好的附着性。使用这种 CZTS 薄膜制作的电池的组分为 Cu/(Zn + Sn) = 0.99，Zn/Sn = 1.01，S/金属 = 1.07。如果将叠层的硫化温度从530℃提高到550℃（硫化1小时），并将衬底温度从150℃提高到450℃，电池的效率将从 1.08% 进一步提高到 2.62%。如果将硫化时间增加到3小时，使用不锈钢处理室、550℃的硫化温度以及掺铝氧化锌导电层（AZO）（2 wt%），电池效率将提高到 4.25%。在沉积 CdS 层时，应使用 CdI_2 源而非 $CdSO_4$ 源。在某些情况下，吸收层的厚度从 0.95μm 增加到 1.34μm 和 1.63μm 时，由于第二相形成的增加，电池效率从 1.46% 下降到 0.38% 和 0.21%。如果将叠层从 SLG/Mo/ZnS/Cu 改变成 SLG/Mo/ZnS/Cu/Sn，电池效率将从 4.25% 微增至 4.53%。如果在叠层中加入 Na_2S，SLG/SiO_2/Mo/Na_2S/CZTS 电池的效率将提高到 5.45%。但是，如果在 SLG/Mo/ZnS/SnS_2/Cu 叠层中将 Sn 替换成 SnS，在400℃的温度下硫化1小时，电池效率将降低至 3.93%。这些 CZTS 薄膜的组分为 Zn/Sn = 1.7，S/金属 = 1.1。在线性系统中使用 Cu、ZnS 和 SnS 靶材通过溅射技术制成高质量 CZTS 层，并在580℃的温度下

薄膜太阳能电池材料

硫化 3 小时，显示组分为 Cu/(Zn + Sn) = 0.87，Zn/Sn = 1.15，S/金属 = 1.18。使用这种 CZTS 层制作的电池效率可以提高到 5.74%。在制作电池之前，如果将 CZTS (2.2 μm) 样品在去离子水 (DIW) 中浸泡 10 分钟，电池效率将提高到 6.77%[321]。

沉积 CZTS 薄膜所使用的靶材类型是提高电池效率的一个关注点。可以通过 DC 溅射技术使 Cu(60%) + Sn(40%) 靶材和 Zn 金属靶材共溅射，形成金属叠层 (M)。用 ZnS 靶材代替 Zn，通过 RF 溅射形成叠层 (S)。在石英管中硫单质环境下以 520℃ 的温度将这些叠层退火 2 小时（其中 1 小时为温度上升阶段），将其转化成高质量 CZTS 薄膜。得到的玻璃/Mo/CZTS/CdS/ZnO/ZnO:Al 电池含有富 Cu 贫 Zn 吸收层，其性能较低。这类富 Cu 贫 Zn 样品的效率约为 3%，如表 5.7 所示。贫 Zn 样品效率较低，这可能是由于其具有导电的 Cu_xS 和 Cu_xSnS_y 相[208]。

表 5.7 电池效率随组分的变化情况

调整前			靶材类型	调整后			V_{oc} (mV)	J_{sc} (mA)	FF (%)	η (%)	参考文献
Cu	Zn	Sn		Cu	Zn	Sn					
46	25	29	S	48	25	27	718	10.9	41	3.2S	[208]
45	27	28	S	46	30	24	650	12.6	33.3	2.7S	
45	27	28	M	46	31	24	692	9.0	43.2	2.7M	
47	24	29	S	49	25	26	40	1.1	24.9	0.0S	

注：S 为硫化物，M 为金属。

H_2S 用于硫化金属前驱体或 CZTS 薄膜，其浓度对 CZTS 薄膜太阳能电池的效率有很大的影响。将使用溶胶凝胶法生长的 CZT 前驱体在 3% H_2S + N_2 环境下以 500℃ 硫化 1 小时，电池效率可达 2.23%。如果 H_2S 浓度超过 3%，比如达到 5%、10% 和 20%，由于结晶不充分，电池效率将低于 0.5% (见表 5.8)。H_2S 浓度为 3%、5%、10% 和 20% 时，薄膜的带隙分别为 1.57 eV、1.48 eV、1.59 eV 和 1.63 eV。若硫化温度较低，为 250℃，H_2S 浓度为 3%，叠层中会出现 $Cu_{7.2}S_4$ 相[322]。

表 5.8 在不同 H_2S 浓度下以 500℃ 温度硫化 1 小时的 CZTS 薄膜的组分以及使用此类薄膜制作的电池的光伏参数

H_2S (%)	Cu (%)	Zn (%)	Sn (%)	S (%)	Cu/(Zn + Sn)	Zn/Sn	S/M	V_{oc} (mV)	J_{sc} (mA/cm²)	FF (%)	η (%)
3	25.2	16	12	46.8	0.9	1.32	0.88	529	10.2	41.6	2.23
5	27.2	15.1	13	44.8	0.97	1.16	0.81	524	2.91	24.2	0.37
10	26.2	15.3	12.6	46	0.94	1.22	0.85	522	2.99	36.1	0.56
20	25	15.5	11.8	47.6	0.92	1.31	0.91	505	2.34	42.8	0.51

为了去除通过化学溶液法生长的薄膜中的有机溶剂，通常在较高的温度下对样品进行退火处理，但这会造成 Sn 损失，不利于生长出高质量的 CZTS 吸收层。吸收

层质量不佳的电池的光伏性能较差。将氯化铜（2M）、氯化锌（1.2M）、氯化锡（1M）和硫脲（8M）混合在水和乙醇体积比为70:30的溶液中，得到黄色的溶胶凝胶溶液。使用溶胶凝胶溶液，通过旋转涂布法生长薄膜。在110℃的温度下加热，去除薄膜中的有机溶剂，然后在250℃的氮气中进行预退火处理，使CZTS前驱体分解，形成纳米晶。整个过程重复两遍，沉积得到CZTS厚膜（$\geq 2\ \mu m$）。最后，在550℃温度下对CZTS厚膜进行退火处理。预退火处理可以去除CZTS薄膜中的碳，高温退火则会造成Sn损失。在CZTS薄膜的拉曼光谱中通常可以观察到$256 \sim 257\ cm^{-1}$、$288\ cm^{-1}$和$338 \sim 339\ cm^{-1}$峰。化学反应为：$2CuCl_2 + ZnCl_2 + SnCl_2 + 4SC(NH_2)_2 + 8H_2O \rightarrow Cu_2ZnSnS_4 + 4CO_2 + 8NH_4Cl$。$Cu_xS$、$Sn_xS$和$Zn_xS$的带隙分别为2.35 eV、2.0 eV和$2.99 \sim 3.8$ eV，比CZTS薄膜的带隙（1.51eV）大。以此方法制作的面积为0.46 cm^2的电池的效率为0.63%，且并联电阻（R_{sh}）较低，为99.78 $\Omega \cdot cm^2$；串联电阻（R_s）较高，为31.30 $\Omega \cdot cm^{2[169]}$。

化学气相沉积（CVD）是一种用于沉积CZTS薄膜的可行技术。可通过大气开放式CVD技术分别在120℃、150℃和190℃温度下使用$Zn(C_5H_7O_2)_2$、$Sn(C_5H_7O_2)_2$和$Cu(C_5H_7O_2)_2$沉积Cu-Zn-Sn-O-S前驱体层。使用流量为4L/min的N_2通过喷嘴将醋酸盐喷射到衬底上，衬底温度保持在200℃，喷嘴和衬底之间的距离保持在2cm。在$520 \sim 560$℃温度下将Cu-Zn-Sn-O前驱体退火3小时，温度变化速率为5℃/min，然后降温至200℃，随后自然冷却至室温。硫化后，Cu-Zn-Sn-O前驱体膜转化为CZTS层，其厚度从1.4 μm增加到2.4 μm，带隙从2.52 eV降至1.57 eV。CBD-CdS膜是通过分别对Cd使用CdI_2和对S使用硫脲形成的。使用ZnO + 2 wt% Al_2O_3靶材通过RF溅射技术制备ZnO:Al叠层，制作的SLG/Mo/CZTS/CdS/ZnO:Al/Al电池的效率为6.03%[323]。类似地，将乙酰丙酮铜（II）[Cu(acac)₂]、乙酸锌[Zn(O₂CCH₃)₂]、脱水氯化锡（II）[SnCl₂·2H₂O]和单质硫混合到油胺中，在氩气气氛中以280℃的温度加热1小时，收集到的$Cu_{2.08}Zn_{1.01}Sn_{1.2}S_{3.7}$纳米晶的带隙为1.3 eV，有效面积为8 mm^2的SLG/Au(溅射)/CZTS(喷涂)/CdS(CBD)/ZnO/ITO电池的效率为0.23%[324]。

可使用普通溶剂将块状化合物制成薄膜太阳能电池的CZTS前驱体墨水，无须使用有毒溶剂。将Cu_2S、Zn、Sn和S研磨均匀，得到纳米尺度的颗粒，并在乙醇中混和，得到悬浊液。这种悬浊液被用作墨水，通过旋转涂布法沉积薄膜。重复进行三次旋转涂布，以获得2.9 μm厚的CZTS薄膜。类似地，在80℃的温度下将使用块状化合物通过旋转涂布法制备的前驱体层加热30分钟，然后在530℃的温度条件下、$N_2 + H_2S$（5%）气氛中处理30分钟。这种用于CZTS/CdS-CBD/i-ZnO（50 nm）/ITO（250 nm）/Ni/Al电池的CZTS吸收层的组分为Cu/(Zn + Sn) = 0.8，Zn/Sn = 1.2。以机械方式将面积为$2 \times 2.5\ cm^2$的样品分成有效面积为0.25cm^2的电池，其效率显示为5.14%（如图5.8所示）[272]。黑暗和照明环境下的$I-V$曲线相交，说明样品中仍然存在二次结。效率较高的太阳能电池中不会出现这种现象，因为样品中的突变p-n结掩盖了二次结。二次结可能在金属接触面或半导体中生成，它可能来自吸收体的第二相。依次使 50nm 厚的 CdS（CBD）、80nm 的 i-ZnO 和 300nm 的 ZnO：Al（溅射）生长在通过旋转涂布法制备的 CZTS 层上，以制作薄膜太阳能电池，其效率为 0.25%[167]。依次将通过 CBD 生长的 55nm 厚的典型 CdS 薄膜以及 ZnO 和 ZnO：Al 层涂覆在反应溅射的 CZTS 上，显示效率为 1.35%（见表 5.9）[134]。使用 KCN 溶液蚀刻 CZTS 样品，去除 $Cu_{2-x}S$ 相，样品显示出 288 cm^{-1}、338 cm^{-1}、349 cm^{-1} 和 368 cm^{-1} 拉曼模。MoS_2 相出现在 CZTS 样品背面，显示出 383 cm^{-1}、408 cm^{-1} 和 454 cm^{-1} 模以及 CZTS 模。通过 DC 溅射法使 Zn/Sn/Cu 叠层在玻璃/Mo 上生长，并使用流量为 40 mL/min 的 N_2 气流在 $5.6×10^{-1}$ mbar 的压力下以 525℃ 的温度硫化 10 分钟。这种玻璃/Mo/CZTS/CdS（CBD）/ZnO/ZnO：Al 薄膜太阳能电池（有效面积为 0.5 cm^2）的效率为 0.68%，这可能是由于吸收层质量较差所致[325,326]。

表 5.9　薄膜太阳能电池的光伏参数

电池	Cu/(Zn + Sn)	Zn/Sn	V_{oc} (mV)	J_{sc} (mA/cm²)	FF (%)	η (%)	R_s (Ω·cm²)	R_{sh} (Ω·cm²)	参考文献
CZTS	0.86	1.04	289	1.79	47.9	0.25	–	–	[167]
CZTS	–	–	343	9.52	41.3	1.35	–	147	[134]
CZTS	–	–	345	4.42	44.3	0.68	5.6	517	[325]
CZTS	–	–	358	5.06	34.66	0.63	31.30	99.78	[169]
CZTS	–	–	516.9	18.9	52.8	5.15	–	–	[272]
CZTS	–	–	321	1.95	37	0.23	–	–	[324]
CZTS	0.78	1.29	658	16.5	55	6.03	–	–	[323]

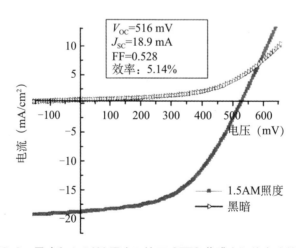

图 5.8　黑暗和 1.5AM 照度环境下 CZTS 薄膜太阳能电池的 I-V 曲线

　　CdS 的生长时间对 CZTS 薄膜太阳能电池的效率有很大影响。在 45℃温度条件下将 1.76 M 的化学溶液搅拌 1 小时，将 0.35 M 的溶液搅拌 30 分钟，然后在 60℃温度条件下搅拌 1 小时。以 3 000 rpm 的转速将 CZTS 前驱体旋转涂布在 SLG/Mo 上，持续 30 秒，然后在 300℃的加热板上加热 5 分钟。重复这一过程若干次，以获得所需厚度的薄膜。接着，在 $H_2S(5\%) + N_2$ 中以 500℃的温度将前驱体硫化 1 小时。通过 CBD 方法制备 CdS，将其在 65℃温度条件下涂覆在 SLG/Mo/1.76 M（五层涂层）和 SLG/Mo/0.35M（三层涂层）/1.76 M（五层涂层）CZTS 样品上，然后在 200℃的空气中退火 30 分钟。使用含锌化学溶液通过旋转涂布法在 SLG/Mo/CZTS/CdS 上生长 ZnO:Al 薄膜。将脱水乙酸锌（0.35 M）和 $AlCl_3$（2 wt%）溶解到 2-甲氧基苯基乙酸和 MEA 溶液中，得到化学溶液。将旋转涂布得到的 ZnO:Al 层在 300℃的空气中加热 5 分钟，重复这一过程 10 次。由此制得的有效面积为 0.15 cm^2、CdS 沉积时间为 5 分钟的 CZTS 薄膜太阳能电池的效率为 1.015%，R_s 为 27.7 $\Omega \cdot cm^2$、R_p 为 74.9 $\Omega \cdot cm^2$。但如果 CdS 的生长时间高于或低于 5 分钟，电池的性能将下降，如表 5.10 所示。生长的 ZnO:Al 的电阻为 10 $\Omega \cdot cm$，而溅射薄膜的电阻则在 $10^{-2} \sim 10^{-4} \Omega \cdot cm$ 量级。将旋转涂布的 ZnO 层在 500℃高温下退火，可以使电阻降低，但这样会导致相互扩散，以致于得不到 p-n 结。这样生长的 CZTS 的组分为 Cu/(Zn + Sn) = 0.82，其电阻为 10$\Omega \cdot cm$，比光伏电池常规吸收层的电阻（100$\Omega \cdot cm$ 量级）低得多。另一方面，这些吸收层晶粒尺寸较小，仅为 1 μm，未显示出柱状结构[327]。

表 5.10　CdS 沉积时间对光伏参数的影响

CdS 沉积时间（min）	0	1	3	5	10	20
V_{oc}（mV）	27	228	278	390	392	470
J_{sc}（mA/cm²）	0.29	2.06	1.51	7.81	5.5	4.05
FF（%）	26	26	25	33	30	26
η（%）	0.002	0.12	0.11	1.01	0.64	0.50

　　In_2S_3 可用作 CZTS 薄膜太阳能电池的环保窗口层。使用 0.025 M 的氯化亚铜、0.01 M 的乙酸锌、0.007 M 的氯化锡和 0.12 M 的硫脲，通过喷射沉积技术（喷射率为 6 mL/min）在温度为 350℃的镀 ITO 的玻璃衬底上沉积 550 nm 厚的 CZTS 薄膜。在衬底温度为 330℃的条件下，使用 0.03 M 的氯化铟和 0.3 M 的硫脲通过喷射沉积技术（喷射率为 6 mL/min）沉积 In_2S_3 层。在 β-In_2S_3 的 XRD 中可以观察到（103）、（109）、（220）和（309）峰以及 2.64 eV 的带隙。In_2S_3 的 XPS 光谱显示在 444.9 eV 和 452.9 eV 处分别出现了 S-2p-162.5、In-$3d_{5/2}$ 和 In-$3d_{3/2}$，光致发光光谱显示在 540 nm 和 680 nm 处出现峰。将生成的 ITO/CZTS/In_2S_3 电池在 100℃下退火 1 小时，其效率为 1.85%（见表 5.11）[328]。表 5.11 列出了使用不同材料制作的 D_{17} 和 D_{18} 型电池的光伏参数[126]。

表 5.11　使用不同前驱体吸收层制作的 CZTS 薄膜太阳能电池的光伏参数

样品	前驱体	t_2 阶段 （℃）	V_{oc} （mV）	J_{sc} （mA/cm²）	FF （%）	R_s （Ω·cm²）	R_{sh} （Ω·cm²）	η （%）	参考 文献
In₂S₃	喷射	–	430	8.3	52	9.7	252	1.85	[328]
D₁₇	CTS – 380℃	380	501	4.2	35	–	–	0.7	[126]
D₁₈	ZnS – 180℃	380	436	6.0	41	–	–	1.1	
	–	–	250	8.76	27			0.6	[329]
	丝网印刷	–	484	8.91	45.1	–	–	1.94	[269]
	–	45	442	7.43	44.4			1.45	
	–		280	3.19	A = 1.56	198	5623	1.85	[244]

　　可使用新型窗口层通过非真空工艺制作 CZTS 薄膜太阳能电池。将摩尔比为 0.5 的钛酸异丙酯和已酰丙酮化学溶液加入乙醇中，在衬底温度为 450℃ 的条件下通过低成本喷射沉积技术在镀 FTO 玻璃衬底上生长出 100nm 的 TiO₂ 薄膜，作为窗口层。在 70℃ 的温度下使用 40 mM 的 TiCl₄ 水溶液处理 30 分钟，然后沉积缓冲层。在衬底温度为 200℃ 的条件下，使用 0.01M 的 InCl₃ 和 0.02M 硫脲通过喷射沉积技术在玻璃/FTO/TiO₂ 上生长出 300nm 厚的 In₂S₃ 缓冲层。将 CZTS 粉末与 α-萜品醇和乙基纤维素混合，制成 CZTS 浆料，然后用丝网印刷方法将其印刷到玻璃/FTO/TiO₂/In₂S₃ 上。在 125℃ 的空气中将玻璃/FTO/ TiO₂/In₂S₃/CZTS 结构热处理 5 分钟，然后在 N₂ 气氛中以 600℃ 的温度快速热退火（RTA）7.5 分钟。用丝网印刷方法制作碳电极，然后在 125℃ 温度下进行空气退火 1 小时，以完成薄膜太阳能电池结构。这种玻璃/FTO/ TiO₂（窗口层）/In₂S₃（缓冲层）/CZTS/C 电池效率很低，仅为 0.6%。此类电池中使用的 CZTS 化合物具有多晶特性，制作方法是：将 Cu₂S∶ZnS∶SnS₂∶S = 2∶1∶1∶4 的混合粉末以不同的旋转速度球磨 1 小时[329]。用另一种环保 ZnS 缓冲层制作的 CZTS 电池的效率可达 1.94%，但将其弯曲至 45°角时，由于辐照不足，其效率将降至 1.45%。制作方法是：首先在 CZTS 薄膜上生成 50nm 厚的 ZnS 层，然后通过直流磁控溅射技术制备 50nm 厚的 i-ZnO、100nm 厚的 ITO 层和 Ni/Al 栅线叠层。通过卷对卷印刷技术在 1.5μm 厚的镀钼铝箔衬底上生成 1.2μm 厚的 CZTS NC 层（200 ~ 500nm），然后在单质硫气氛中以 500℃ 的温度退火 20 分钟，最后在 CZTS 上制备 ZnS/i-ZnO/ITO/Ni/Al[269]。在 30 mW/cm² 的照度条件下，这种 CZTS 电池的效率可达 1.85%，其中 CZTS 作为工作光电极，0.1 M Eu(III)(NO₃)₃ 作为电解质，Pt 作为对电极，Ag/AgCl 作为参考电极[244]。

5.3　Cu₂ZnSnSe₄ 薄膜太阳能电池

　　将组分为 Cu∶Zn∶Sn = 38∶39∶23 的金属 CZT 前驱体样品与 4 mg 的 Se 置于密封石英管中，然后用 500℃ 的 Se 蒸气进行硒化。硒化后的前驱体薄膜显示贫 Cu 富 Zn 组分，即 Cu∶Zn∶Sn = 32∶47∶21，适用于太阳能电池。在硒化薄膜中，由于 Mo 层和

CZTSe 层之间形成了 1.2μm 厚的 MoSe$_2$，因此 Mo 层厚度从 350nm 降低至 200nm。通过 TEM，可在 CZTSe 膜顶部观察到 ZnSe 相。ZnSe 相不利于结的形成，这是由于大尖峰起到了阻挡层的作用。因此，这种电池的效率较低，仅为 3%。根据对薄膜太阳能电池进行的量子效率测量，CZTSe 薄膜的带隙为 1.04 eV[330]。有效面积为 0.09 cm^2 的类似玻璃/Mo/CZTSe/50 nm CdS/90 nm i-ZnO/1.1 μm ZnO:Al/Ni-Al 电池的效率为 1.7~2.76%[277,296]（见表 5.12）。CZTSe 材料与 CIGS 材料是有可比性的。效率为 1.7% 的电池中使用的 CZTSe（Cu:Zn:Sn:Se=20:11:13:56）层通过电沉积技术生长并经硒化，其电阻为 1200 Ω·cm，$p=7.1\times10^{16}$cm^{-3}，$\mu=0.1$ cm^2/(V s)。CIGS 电池中使用了具有上述类似电学参数的 CuInGaSe$_2$（CIGS）层，效率为 8.6%。如果同样的电池中 CIGS 层的迁移率达到 8 cm^2/(V s)，电阻达到合理的 100 Ω·cm 量级，其效率将提升至 15.5% 左右。因此，我们可以得出结论：要使电池达到更高的效率，所用的吸收层要有较高的迁移率和合理的电阻[317]。低效率 CZTSe 电池的黑暗和照度 I-V 曲线具有交叉性，这是由于二次结掩盖了 p-n 结。效率合理的电池是用真空蒸发 CZTSe 薄膜制作的。分别通过 CBD、溅射和电子束蒸发方法在玻璃/Mo/NaF(150 Å)/CZTSe 叠层上生成 CdS、ZnO:Al 和 Ni/Al 栅线。在沉积这些叠层之前，在 170℃ 的温度下将 CZTSe 样品加热 5 分钟，使其表面氧化。通过电子束蒸发方法，在玻璃/Mo/NaF/CZTSe/CdS/ZnO:Al/Ni/Al 上制备 MgF$_2$ 减反层。最后，用光刻技术分割该器件，得到 0.419 cm^2 的有效面积，其效率为 9.15%，其中 1.4 μm 厚的 CZTSe 层的组分为 Cu/(Zn+Sn)=0.86、Zn/Sn=1.15[192]。

表 5.12　CZTSe 薄膜太阳能电池的光伏参数

样品	V_{oc} (mV)	J_{sc} (mA/cm^2)	FF (%)	η (%)	A	R_s (Ω·cm^2)	R_{sh} (Ω·cm^2)	J_o (mA/cm^2)	参考 文献
CZTSe	395	20.1	38	3	2.0	1.1	4.2×10^2	2.3×10^{-4}	[330]
CZTSe	377	37.4	64.9	9.15	–	0.2	–	–	[192]
CZTSe	171	28	35.1	1.7	–	5.2	–	–	[277]
CZTSe	381	15.8	42.1	2.76	–	4.3	50.9	–	[296]
D$_{19}$	412	36.4	62	9.3	–	–	–	–	[331]
D$_{20}$	516	28.6	65	9.66					

在薄膜太阳能电池中，选择最佳的硒化工艺对于获得高质量吸收层是至关重要的。依次通过 CBD 技术和 RF 溅射技术在 CZTSe 薄膜上制备 70nm 厚的 CdS 和 1.2μm 厚的 i-ZnO/ZnO:Al 双层，以制作薄膜太阳能电池。使用金属前驱体通过化学溶液法制备并在 600℃ 温度下进行硒化处理的 CZTSe 在 XRD 光谱中显示出了 CZTSe 以及 ZnSe 和 Cu$_{2-x}$Se 相，这说明由于高温硒化，发生了 Sn 损失。拉曼光谱显示，CZTSe 层在 192 cm^{-1}、170 cm^{-1} 和 232 cm^{-1} 处出现了峰。由于有机溶剂未分解，Mo 和 CZTSe 之间出现了 2.5 μm 厚的碳层。面积为 0.09 cm^2 的 CZTSe 电池的效率为

4.28%，其CZTSe吸收层是在$T_s = 470$℃且腔室压力为10 mbar的最佳硒化条件下制备的，这种吸收层的组分为Cu/(Zn + Sn) = 0.88、Zn/Sn = 1.17[199]。用ITO层代替ZnO：Al，作为电池中的透明传导层，在2 μm厚的CZTSe膜（$E_g = 0.94$ eV）上依次通过CBD技术生长出70 nm的CdS膜、通过RF溅射技术生长出50 nm的i-ZnO/400 nm的ITO和通过溅射技术生长出Ni/Al。XRD显示，CuZnSn金属叠层中含有单质Zn和Sn、Cu_5Zn_8以及η-Cu_6Sn_5，不含Cu。在生长CZTSe膜时，沉积了过量的Cu，以提高薄膜对衬底的附着性。金属前驱体硒化后，组分从Cu/(Zn + Sn) = 0.85、Zn/Sn = 1.08变成了Cu/(Zn + Sn) = 0.83、Zn/Sn = 1.15、Se/(Cu + Zn + Sn) = 1.02。（312/116）和（400/008）等双峰说明CZTSe具有良好的晶体结构。有效面积为0.229 cm^2的CZTSe（2 μ）/CdS（70 nm）/i-ZnO（50 nm）（RF溅射）/ITO（400 nm）（RF溅射）/Ni-Al电池的效率为3% ~ 3.2%，如表5.13所示[197,232]。CZTSe层的组分决定了电池的效率：使用在320℃温度条件下生长的吸收层制作的玻璃/Mo/CZTSe/CdS/i-ZnO/ZnO：Al显示效率为1.78%，其组分为Cu/(Zn + Sn) = 0.83、Zn/Sn = 1.58，而组分为Cu/(Zn + Sn) = 0.57、Zn/Sn = 2.35的电池效率较高，为2.88%[225]。此外，还制作了Cd电池，这种石墨/$Cu_2Zn_{1-x}Cd_xSnSe_4$（$x = 0.2$）/CdS/ZnO/In（1 ~ 2μm）电池的效率为2.16%[284]。

表5.13　CZTSe薄膜太阳能电池的光伏参数

样品温度	V_{oc} (mV)	J_{sc} (mA/cm^2)	FF (%)	η (%)	E_g (eV)	A	$J_o \times 10^{-6}$ (mA/cm^2)	τ (ns)	R_s ($\Omega \cdot cm^2$)	R_{sh} ($\Omega \cdot cm^2$)	参考文献
450℃	188	10.5	37.2	0.73	–	–	–	–	–	–	[154]
500℃	210	11.5	33.1	0.80	–	–	–	–	–	–	
	362	22.2	49.6	4.28	–	–	–	–	–	–	[199]
D_{21}	304	20.6	48	3	–	–	–	–	2.2	0.125	[232]
D_{22}	359	20.7	43	3.2	–	–	–	–	3.9	0.11	
D_{23}	213	16.91	49.7	1.78	–	–	–	–	–	–	[225]
D_{24}	247	26.84	43.5	2.88	–	–	–	–	–	–	
	422	12	44	2.16	–	–	–	–	–	–	[284]
	400	24.9	41.2	4.1	–	–	–	–	8.3	560	[205]
D_{25}	–	–	–	4	–	–	–	–	–	–	
D_{26}	390	31.5	49	6	–	–	–	–	2.8	1300	
	622	15.87	60	5.9	–	–	–	–	–	–	[334]
	499.3	29.58	64.3	9.5	1.21	1.32	13.7	–	2.24	–	[332]
	438	24.07	60	8.13	1.29	1.41	4.18	–	4.42	–	
	517	30.8	63.7	10.1	1.15	1.31	6.6	3.1	2.47	–	[12]
	423	38.7	61.9	10.1	1.04	1.30	150	10	1.43	–	

注：D_{23}：Cu/(Zn + Sn) = 0.83，Zn/Sn = 1.58；D_{24}：Cu/(Zn + Sn) = 0.57，Zn/Sn = 2.35。

5.3.1　$Cu_2ZnSn(S_{1-x}Se_x)_4$薄膜太阳能电池

使用热注入工艺方法制作 CZTS 纳米晶体（$Cu_{2.12}Zn_{0.84}Sn_{1.06}S_4$，$E_g = 1.5$ eV），在450℃和500℃的温度下进行硒化处理，将其转化成 CZTSSe（S，5% ~ 6%）薄膜。在450℃和500℃的温度下硒化 20 分钟后，玻璃/Mo/CZTSSe/CdS（50 nm）/i-ZnO（50 nm）/ITO（250 nm）电池（面积为 0.12 cm²）显示的效率分别为 0.73% 和 0.8%。造成低效率的原因可能是样品中 Cu 含量较大[154]。通过旋转涂布法制成的 CZTSSe 吸收层被直接用于薄膜太阳能电池中，此时电池效率较高。通过旋转涂布法沉积 $Cu_{1.8}Zn_{1.2}Sn_{1.06}(S_{0.19}Se_{0.81})_{3.95}$ 薄膜，通过 CBD 技术沉积 50 nm 的 CdS，然后通过 RF 溅射技术沉积 50 nm 的 ZnO 及 250 nm 的 ITO。使用掩模法依次沉积 Ni 和 Al，作为电极。这种玻璃/Mo/CZTSSe/CdS/ZnO/ITO/Ni-Al 电池的效率为 4.1%。在退火过程中，将前驱体转化为吸收层时，由于 Sn 的损失，Zn/Sn 值会增大[205]。分别将 Cu_2S-S（1.2 M）和 SnSe-Se 溶解在联氨中，其中向 SnSe-Se 中加入了 Zn 粉，形成 $ZnSe(N_2H_4)$，并向 Cu 或 Sn/Zn 硫属化合物溶液中加入了 S/Se。混合溶液中 Cu/(Zn + Sn) = 0.8、Zn/Sn = 1.22。向溶液中加水，将浓度从 0.4 M 稀释至 0.2 M。以 800 rpm 的转速将 CZTSSe 旋转涂布到玻璃/Mo 上，连续六次，并在氮气氛中以 540℃ 的温度进行退火处理。依次将 Ni-Al 栅线和 MgF_2 减反层涂覆在面积为 0.45 cm² 的玻璃/Mo/$Cu_2ZnSn(S,Se)_4$/CdS/ZnO 电池上，这种电池的效率为 9.6%（吸收层用未稀释的联氨制备）和 8.1%（吸收层用稀释的联氨制备）（见表 5.13）[332]。类似地，将 Cu_2S 和 S 溶解在联氨中，可制成 1.2 M 的 Cu_2S-S 溶液；将 SnSe、Se 和 Zn 溶解在联氨中，可制成 0.57 M 的 SnSe-Se 和 Zn 溶液。在溶液中加入额外的 Se，将两种溶液混合在一起，形成 Cu_2S-S + SnSe-Se + $ZnSe(N_2H_4)$ 悬浮液。以 800 rpm 的转速进行旋转涂布，连续进行五次沉积，得到2 ~ 2.5μm厚的 CZTSSe 薄膜。最终制成的薄膜的组分为 Cu/(Zn + Sn) = 0.8、Zn/Sn = 1.22 和 S/(S + Se) = 0.03。在 540℃ 的温度下使用加热板对 CZTSSe 前驱体层进行加热，加热时不使用硫，只是在前驱体溶液中加入额外的 Se。退火后，CZTSSe 样品中出现了硫损失，且背面形成了 300 nm 厚的 $MoSe_2$ 相。依次通过 CBD 技术和 RF 溅射技术在 CZTSe 样品上生长出 CdS 和 ZnO/ITO。通过电子束蒸发方法生长出 Ni/Al 栅线和 110 nm 的 MgF_2。在 Mo 和 CZTSSe 之间可以观察到 300 nm 厚的 $MoSe_2$。这种太阳能电池中使用的 CZTSSe 薄膜显示出了 1.04 eV 的带隙，面积为 0.447 cm² 的电池的最高记录效率为 10.1%，见表 5.13。在 V_{oc} 与温度关系图中，可以使用插值法得出 E_A[12]。与之前的电池相比，这种高效电池具有较低的 V_{oc}（423 mV）、较低的串联电阻（1.43 Ω·cm²），其短路电流为 38.7 mA/cm²。从 V_{oc} 与温度的关系图中可以看出，其激活能为 0.82 eV，少数载流子寿命为 10 ns[12]。

记录 CZTSSe 单一晶粒太阳能电池在不同温度下的 I-V 曲线，如图 5.9 所示，据此绘制出 V_{oc} 与 T 关系曲线。V_{oc} 与 T 关系曲线（如图 5.10）显示，激活能为 1.2 eV，接近 CZTSSe 的带隙[333]。当 $Cu_2ZnSn(SSe)_4$ 薄膜中的硫含量从 0%、25%、45%、75% 增加到 85% 时，$Cu_2ZnSn(SSe)_4$ 单一晶粒太阳能电池的激活能从 746 ± 2.5 mV、1001 ± 7.5 mV、1086 ± 2.4 mV、1177 ± 5.5 mV 增大至 1254 ± 7.5 mV，如图 5.11 所示。吸收层的带隙也随硫含量的增加而增大。电池中使用的单一晶粒吸收层是使用二元化合物通过 KI 溶液制成的。将二元化合物 CuSe(S)、ZnSe(S) 和 SnSe(S) 混入熔融的 KI 中，并在排空的石英管中密封，然后在 727° C 的温度下进行退火处理。KI 溶液中形成了 CZTSSe 晶体。将 CZTSSe 晶体收集起来，用去离子水清洗，以制作单一晶粒太阳能电池。制成的石墨/$Cu_2ZnSn(S_{1-x}Se_x)_4$/CdS/ZnO 电池（S:Se = 75:25）的效率最高可达 5.9%。吸收层为化学计量 Cu_2ZnSnS_4 的太阳能电池性能不佳（V_{oc} = 541mV），这是由于 SnS 和 Cu_2SnS_3 等第二相的存在（根据 XRD 分析）[334]。

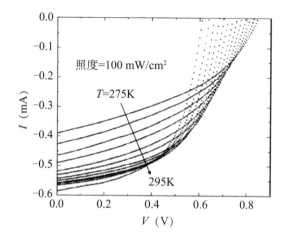

图 5.9　单一晶粒 CZTSSe 太阳能电池的 I-V-T 曲线

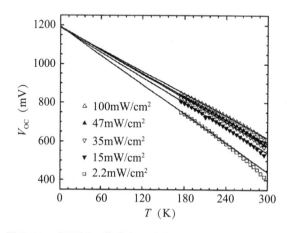

图 5.10　CZTSSe 薄膜太阳能电池的 V_{oc} 与温度关系图

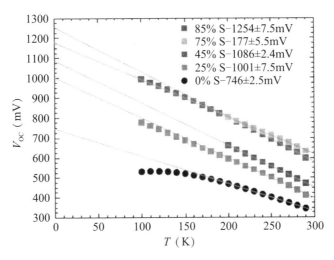

图5.11　不同硫浓度的 CZTSSe 薄膜太阳能电池的 V_{oc} 与温度关系图

薄膜太阳能电池的组分决定其光伏参数。0.9 μm CZTSSe 的 D_{27} 叠层组分为 Cu/(Zn + Sn) = 1、Zn/Sn = 1.3、(S + Se)/金属 = 0.91、S/Se = 0.11,1.5 μm CZTSSe 的 D_{28} 叠层组分为 Cu/(Zn + Sn) = 0.91、Zn/Sn = 1.2、(S + Se)/金属 = 0.88、S/Se = 0.13,且其晶粒尺寸等于样品厚度。使用这两种叠层制作的玻璃/Mo/$CZTS_{0.15}Se_{0.85}$/70 nm CdS/70 nm i-ZnO/400 nm ZnO:Al 电池的效率分别为 4% 和 6%,这说明电池效率随着吸收层厚度的增加而提高。电池中使用的 CZTS 和 $CZTS_{0.15}Se_{0.85}$ 样品的带隙分别为 1.47 eV 和 1.1 eV[226]。CZTSe 和 CZTSSe 电池的制作方法是:将 Cu、Zn、Sn 和 Se 共同蒸发到温度为 320℃ 的镀钼玻璃衬底上,通过分子束外延(MBE)技术生成 CZTSe 膜,分别使用 Se、SnSe 或 Sn、S 以及 SnS 或 Sn 作为源在管式炉中的石墨箱里进行硒化或硫化。CZTSe 样品的组分为 Cu/(Zn + Sn) = 0.8、Zn/Sn = 1.3,CZTSSe 膜的组分为 Cu/(Zn + Sn) = 0.9、Zn/Sn = 1.1。最终,样品表面出现了 $Cu_{2-x}Se$ 相。为了去除 $Cu_{2-x}Se$ 相,可将样品在 5 wt% KCN 溶液中浸泡 30 秒。表5.14 列出了 CZTSe 和 CZTSSe 电池的光伏参数。根据太阳能电池的 EQE 曲线,CZTSe 和 CZTSSe 吸收层的带隙分别为 0.93 eV 和 1.23 eV。在从室温到 120K 的温度范围内,对这些样品进行 $I-V$ 测量,如图5.12 所示。根据 $I-V-T$ 曲线的数据,绘制出了 CZTSe 和 CZTSSe 电池的 V_{oc} 与温度关系图,从图中可以看出,CZTSe 和 CZTSSe 电池的激活能分别为 0.95 eV 和 1.09 cV。与 CZTSe 电池相比,CZTSSe 电池的串联电阻受温度的影响较大(如图5.12)[335]。对于面积为 1.34 cm^2 的玻璃/Mo/CZTSSe/CdS/i-ZnO(60 nm)/n-ZnO 电池,组分为 Cu/(Zn + Sn) = 0.73、Zn/Sn = 1.3 时效率为 6.6%,组分为 Cu/(Zn + Sn) = 0.91、Zn/Sn = 1.3 时效率为 6%。在图中还可以看出,效率为 5.9% 的样品的组分为 Cu/Zn = 0.74、Zn/Sn = 0.85[298]。

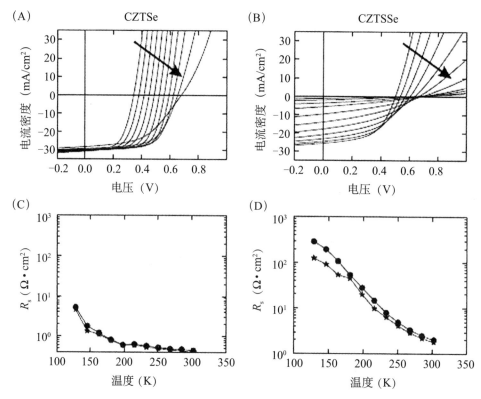

图 5.12　CZTSe 和 CZTSSe 薄膜太阳能电池的 $I–V–T$ 曲线

表 5.14　CZTSSe 薄膜太阳能电池的光伏参数

电池	V_{oc} (mV)	J_{sc} (mA/cm²)	FF (%)	η (%)	R_s (Ω·cm²)	R_{sh} (Ω·cm²)	A	J_o (mA/cm²)	参考文献
CZTSSe	310	31.5	42	4.1	–	180			[226]
CZTSSe	390	31.5	49	6.0	2.8	1300		–	
CZTSe	353	34	52	6.2	0.6	0.43	1.8	1×10^{-2}	[335]
CZTSSe	508	24	51	6.3	2.7	0.31	1.6	5×10^{-5}	
CZTSSe	462	22.8	62.1	6.6	–	–	–	–	[298]
CZTSSe	504	23.6	53.1	6.3	–	–	–	–	

　　通过化学溶液法生长出 $Cu_2Zn(Sn_{1-x}Ge_x)(S_{1-y}Se_y)_4$ 纳米晶，用于制作薄膜太阳能电池。当 $x = 0$ 和 0.7 时，使用 $Cu_2Zn(Sn_{1-x}Ge_x)_4$ 吸收层制作的电池的效率分别为 0.51% 和 6.8%。$Cu_2Zn(Sn_{1-x}Ge_x)_4$ 晶体是通过在 Cu_2ZnS_4 前驱体溶液中加入 $Sn(acac)_2$ Cl_2 和 $GeCl_4$ 制成的。$Cu_2Zn_{0.92}Sn_{1.11}S_{4.37}$（1.5 eV）、$Cu_2Zn_{0.97}(Sn_{0.69}Ge_{0.31})_{1.12}S_{4.73}$、$Cu_2Zn_{1.02}(Sn_{0.41}Ge_{0.59})_{1.10}S_{4.68}$ 和 $Cu_2Zn_{1.09}(Ge_{1.03})S_{4.80}$（1.94 eV）纳米晶的组分分别为 $Ge/(Sn+Ge) = 0.0$、0.3、0.5 和 1.0。将上述样品分别记为 CZTS、CZTGS 和 CZGS，其纳米晶的平均直径分别为 15.4 nm、13.3 nm、8.6nm。以 500℃ 的温度在 Se 气氛中将这些纳米晶退火 20 分钟，以每 200mg 纳米晶加入 1 mL 己硫醇的比例混合形成

浆体，然后用刮刀法将浆体涂覆到镀钼玻璃衬底上。组分为 $S/(S+Se)=0.5$、$Ge/(Ge+Sn)=0.7$、$Cu/(Zn+Sn+Ge)=0.8$ 和 $Zn(Sn+Ge)=1.2$，有效面积为 $0.47\ cm^2$ 的 SLG/Mo/CZGTSSe/CdS/i-ZnO/ITO/Ni-Al 电池的效率为 6.8%，如图 5.13 所示[336]。典型样品组分为 $Cu/(Zn+Sn)=0.79$、$Zn/Sn=1.11$ 的墨水"印刷"玻璃/Mo/CZTSSe($E_g=1.5\ eV$)/CdS-CBD(50 nm)/i-ZnO(50 nm)/ITO (200 nm)/Ni-Al 栅线（热蒸发）电池的效率为 $6.7\%\sim7.2\%$。ITO 和 Mo 的薄层电阻分别为 80 Ω/sq 和 5 Ω/sq。光辐照可以将电池效率从 6.7% 提高至 7.2%，但关闭光辐照后，效率返回原始值。电池出现低效率可能是由于吸收层厚度不够（见表 5.15）[157]。通过在 CZTS 纳米晶中添加 Ge，太阳能电池的效率可升高至 8.4%。随后，通过刮刀法在 SLG/Mo 上制备 CZTGS 纳米晶薄膜，并在 300℃ 的温度下加热 1 分钟。为了获得 1 μm 厚的膜，应沿着相反的方向吹扫两次。在石墨箱中以 500℃ 的温度在 Se 环境下将 CZTGS 薄膜退火 20 分钟，将 CZTGS 转化成 CZTGSSe，制作出有效面积为 $0.47\ cm^2$ 的 SLG/Mo/CZTGSSe/50 nm CdS/50 nm i-ZnO(1.5 W/cm^2，1 mTorr Ar) RF 溅射/50 nm ITO(1.5 W/cm^2，3 mTorr Ar + 0.1% O_2)/50 nm Ni/750 nm Al 的电池。$Cu_{1.6}Zn_{1.25}Sn_{0.75}Ge_{0.25}S_4$(CZTGS) 纳米晶的组分为 $Cu/(Sn+Zn)=0.82$、$Ge/(Ge+Sn)=0.25$。顶层的晶粒尺寸比底层的大。硒化的 CZTGSSe 薄膜组分为 $Cu/(Zn+Ge+Sn)=0.72$、$Ge/(Ge+Sn)=0.17$。这种电池的效率为 8.24%，如图 5.14 所示。XRD 分析表明，硒化样品中的晶体结构得到了改善[337]。目前，CZTSSe 薄膜太阳能电池的最高记录效率为 10.1%（如图 5.15 所示）。可以发现，这些电池的 $I-V$ 曲线仍然存在交叉，但交叉程度比前述低效率电池低。只要提高电池效率，就可以消除这种交叉[338]。

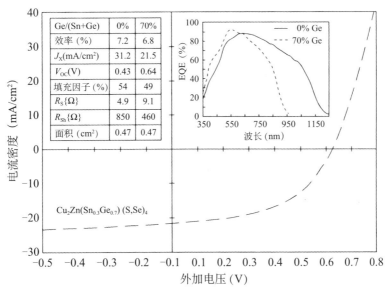

Ge/(Sn+Ge)	0%	70%
效率 (%)	7.2	6.8
J_X(mA/cm²)	31.2	21.5
V_{oc}(V)	0.43	0.64
填充因子 (%)	54	49
R_s(Ω)	4.9	9.1
R_{sh}(Ω)	850	460
面积 (cm²)	0.47	0.47

图 5.13　SLG/Mo/CZTSe/CdS/i-ZnO/ITO/Ni-Al 薄膜太阳能电池的 $I-V$ 曲线

薄膜太阳能电池材料

表 5.15　CZTSSe 薄膜太阳能电池的光伏参数

CZTSSe 工艺	V_{oc} (mV)	J_{sc} (mA/cm²)	FF (%)	η (%)	R_s (Ω·cm²)	R_{sh} (Ω·cm²)	A	参考文献
原始电池	420	30.4	52.7	6.73	5.65	1450	1.46	[157]
光辐照	430	31.2	53.9	7.23	4.93	851	1.56	

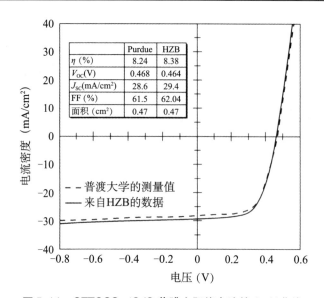

图 5.14　CZTGSSe/CdS 薄膜太阳能电池的 I-V 曲线

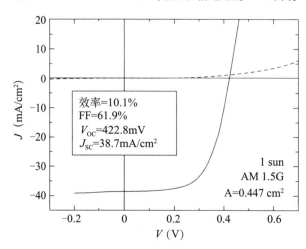

图 5.15　效率为 10.1% 的 CZTGSSe 薄膜太阳能电池的 I-V 曲线

5.4　结的 C-V 分析

对于肖特基二极管，可以通过电容（C）-电压（V）关系得到受主密度和耗尽层宽度。

$$1/C^2 = 2(V_{bi} - V)/A^2\varepsilon_0\varepsilon_r N_A \tag{5.1}$$

斜率为：

$$\frac{d(C^{-2})}{dV} = -\frac{2}{\varepsilon_0\varepsilon_r q N_A}$$

其中耗尽层宽度为[339]：

$$w = \frac{\varepsilon_0\varepsilon_r}{C} = \varepsilon_0\varepsilon_r \sqrt{C^{-2}} \tag{5.2}$$

根据关系式：

$$\Phi_b = V_{bi} + kT/q \ln(N_V/N_A) \tag{5.3}$$

可以得到势垒高度（Φ_b）。其中，N_A表示受主浓度，N_V表示价带中的态密度。

将乙酸铜一水合物（Ⅱ）、脱水乙酸锌（Ⅱ）、脱水氯化锡（Ⅱ）和硫脲 SC（NH$_2$）$_2$溶液与2-甲氧基乙醇混合，在45℃的温度下搅拌1小时，并使用单乙醇胺作为稳定剂制备CZTS前驱体溶液，以制作CZTS吸收层。以2 000 rpm的转速将前驱体溶液旋转涂布在Si衬底上，持续1分钟，制成CZTS薄膜。在500℃的温度下将生成的前驱体膜退火1小时，在CZTS的正面和Si的背面生长出Al膜，形成Al/p-CZTS/n-Si/Al。二极管内部的传导可以用以下公式表示：

$$I = I_o\exp(qV/nkT) \tag{5.4}$$

其中，k表示玻尔兹曼常数，T表示温度，I_o表示反向饱和电流，V表示外加电压。二级管的结参数为$n = 2.84$，$I_o = 2.73\times10^{-8}$ A。热离子发射公式如下：

$$I_0 = AA*T^2\exp(-q\Phi_b/kT) \tag{5.5}$$

其中，A表示理查森常数，势垒高度（Φ_b）确定为0.738 eV。如图5.16所示，根据$1/C^2$与V关系图上的两个明显区域得到的载流子浓度和内建电势分别为2.36×10^{13} cm^{-3}和0.426 eV[340]。另一个p-CZTSe/Al的肖特基结显示，载流子浓度为7.1×10^{16} cm^{-3}、迁移率为0.1 cm^2/（V s）、电阻为1.2×10^3 Ω·cm[277]。

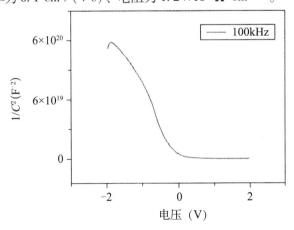

图5.16　p-CZTSe/Al肖特基结的$1/C^2$与电压关系曲线

5.5 时间分辨光致发光

在 $\lambda = 0.94$ eV 处获得的 CZTSSe 的时间分辨光致发光谱（PL）显示，少数载流子的寿命为 10 ns（如图 5.17 所示）[12]。三个时间分辨 PL 衰变曲线分别是在激光功率为 0.5 mW、1 mW 和 2 mW 时测量的。双指数曲线拟合显示，随着激光功率的下降，t_1 从 0.45 ns 增加到 0.60 ns，t_2 从 1.65 ns 增加到 2.5 ns，其中 t_2 的变化归因于少数载流子的寿命，t_1 的变化归因于高量注入工艺。根据 CZTS/CdS 薄膜太阳能电池的时间分辨 PL 光谱，载流子寿命（τ）为 7.8 ns，$\mu_e = 5$ cm^2/(V s)。

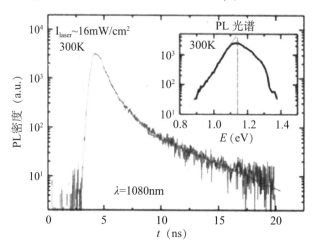

图 5.17 CZTSSe 薄膜样品 0.94 eV 峰的时间分辨 PL 谱

根据以下公式：

$$L_n = \left[\mu_e (kT/q) \tau \right]^{1/2} \tag{5.6}$$

得出电子的扩散长度为 350 nm。根据能带弯曲 $V_{bi} = 0.41$ eV 和 $N_a = 1 \times 10^{16}$ cm^{-3}，可以确定耗尽层宽度为 180 nm[318]。

$$w = \left(2\varepsilon_0 \varepsilon_r V_{bi}/qN_A \right)^{1/2} \tag{5.7}$$

实际上，高效薄膜太阳能电池的载流子寿命较高。

5.6 电子束诱导感生电流研究

图 5.18 所示为 CZTSe 电池的电子束诱导感生电流（EBIC）扫描图像。从图中可以看出，EBIC 线位于 CZTSe/CdS 结上，靠近吸收层。此外，曲线是不对称的，即曲线左边为一个粗糙斜坡，说明载流子浓度剖面在吸收层中是缓变的，而在 CdS 窗口层中发生了突变[191]。

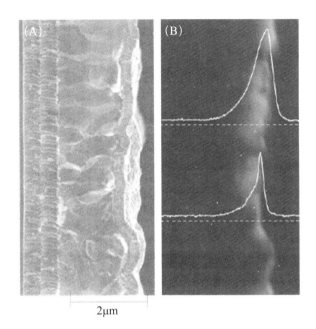

图 5.18 CZTSe/CdS 薄膜太阳能电池的 (A) SEM 和 (B) EBIC 扫描图像

参考文献

［1］ Orelin, IEEE Power Energ. Mag. 10（2012）4.

［2］ H. Altomonte, IEEE Power Energ. Mag. 10（2012）94.

［3］ M. I. Hoffert, K. Caldeira, G. Benford, D. R. Criswell, C. Green, H. Herzog, et al.,
Science 298（2002）981.

［4］ S. Mehta, IEEE Power Energ. Mag. 9（2011）94. Available from：http：//dx. doi. org/
10. 1109/MPE. 2011. 940418.

［5］ Available from：http：//www. altenergystocks. com/archives/2012/06/staying_ alive_
could_ thinfilm_ manufacturers_ come_ out_ ahead_ in_ the_ pv_ wars_ part_ 2_
1. html.

［6］ M. I. Hossain, Chalcogenide Lett. 9（2012）231.

［7］ H. Wang, J. Bell, The Fifth World Congress on Engineering Assest Management
（WCEAM 2010）, 25-27 October 2010, Brisbane Convention and Exhibition Center,
Brisbane, Queensland University of Technology.

［8］ W. Thumma, et al., Proceedings of the World Conference on Photovoltaic Energy
Conversion-1, Hawaii, 1994, p. 262.

［9］ S. Ito, T. N. Murakami, P. Comte, P. Liska, C. Gratzel, M. K. Nazeeruddin, et al.,
Thin Solid Films 516（2008）4613.

［10］ J. Emsley, The Elements, third ed., Oxford University Press, Oxford, 1998. p. 289.

［11］ P. Jackson, D. Hariskos, E. Lotter, S. Paetel, R. Wuerz, R. Menner, et al., Prog.
Photovoltaics Res. Appl. 19（2011）894.

［12］ S. Bag, O. Gunawan, T. Gokmen, Y. Zhu, T. K. Todorov, D. B. Mitzi, Energy Environ. Sci. 5（2012）7060.

［13］ A. Jager-Waldau, Sol. Energy Mater. Sol. Cells 95（2011）1509.

［14］ D. Barkhouse, O. Gunawan, T. Gokmen, T. Todorov, D. B. Mitzi, Prog. Photovoltaics
（2011）. Available from：http：//doi. 10. 1002/pip. 1160.

［15］ http：//blog. nus. edu. sg/msewq/files/2010/03/MLE4208-Lecture-8. pdf.

［16］ K. Zweibel, Sol. Energy Mater. Sol. Cells 63（2000）375.

［17］ S. R. Kodigala, $CuIn_{1-x}Ga_xSe_2$-Based Thin Film Solar Cells, Academic Press, New
York, 2010.

［18］ A. Luque, A. Marti, Phys. Rev. Lett. 78（1997）5014.

[19] L. Cuadra, A. Marti, A. Luque, Physica E 14 (2002) 162.

[20] T. Sugaya, S. Furue, H. Komaki, T. Amano, M. Mori, K. Komori, et al. , Appl. Phys. Lett. 97 (2010) 183104.

[21] G. Jolley, H. F. Lu, L. Fu, H. H. Tan, C. Jagadish, Appl. Phys. Lett. 97 (2010) 123505.

[22] M. A. Green, Solar Cells: Operating Principles, Technology and System Applications, University of South Wales, Sydney, 1998.

[23] F. -J. Haug, T. Sodestrom, O. Cubero, V. Terrazzoni-Daudrix, C. Ballif, J. Appl. Phys. 104 (2008) 064509.

[24] K. Tanabe, Energies 2 (2009) 504.

[25] P. Spinelli, V. E. Ferry, J. V. de Groep, M. van Lare, M. A. Verschuuren, R. E. I. Schropp, et al. , J. Opt. 14 (2012) 024002.

[26] H. Matsushita, T. Ichikawa, A. Katsui, J. Mater. Sci. 40 (2005) 2003.

[27] D. M. Schleich, A. Wold, Mater. Res. Bull. 2 (1977) 111.

[28] W. Shockley, H. J. Queisser, J. Appl. Phys. 32 (1961) 510. B. Liao, W. -C. Hsu, Private Communication.

[29] A. A. Sagade, R. Sharma, Sens. Actuators, B 133 (2008) 135.

[30] M. Ramya, S. Ganesan, Iran. J. Mater. Sci. Eng. 8 (2011) 34.

[31] H. M. Pathan, J. D. Desai, CD. Lokhande, Appl. Surf. Sci. 202 (2002) 47.

[32] L. A. Isac, A. Dutta, A. Kriza, M. Nanu, J. Schoonman, J. Optoelectron. Adv. Mater. 9 (2007) 1265.

[33] Y. Zhao, H. Pan, Y. Lou, X. Qiu, J. Zhu, C. Burda, J. Am. Chem. Soc. 131 (2009) 4253.

[34] L. Soriano, M. Leon, F. Arjona, E. G. Camarero, Sol. Energy Mater. 12 (1985) 145.

[35] R. Wagner, H. D. Wiemhofer, J. Phys. Chem. Solids 44 (1983) 801. B. Rezig, S. Duckemin, F. Guastavino, Sol. Energy Mater. 44 (1983) 801.

[36] H. Okimura, T. Matsumae, Thin Solid Films 71 (1980) 53.

[37] D. C. Reynolds, Phys. Rev. 96 (1954) 533.

[38] A. M. Barnett, W. E. Devaney, G. M. Storti, J. D. Meakin, IEEE Trans. Electron Devices 25 (1977) 377.

[39] L. R. Shioawa, G. A. Sullivan, F. Augustine, Seventh IEEE Photovoltaic Spec. Conference, November 19-21, 1968, p. 39.

[40] G. Liu, T. Schulmeyer, J. Brotz, A. Klein, W. Jaegermann, Thin Solid Films 431-432 (2003) 477.

[41] J. A. Bragagnolo, A. M. Barnett, J. E. Phillips, R. B. Hall, A. Rothwarf, J. D. Meakin, IEEE Trans. Electron Devices 27 (1980) 645.

[42] M. Savelli, J. Bougnot, H. Luquest, M. Perotin, O. Maris, C. Grill, Sol. Cells 5

（1982）213.

[43] M. Fadly, F. E. Akkad, J. Bougnot, Sol. Energy Mater. 18 （1989）365.

[44] A. Goldenblum, G. Popovici, E. Elena, A. Oprea, C. Nae, Thin Solid Films 141 （1986）215.

[45] A. Ashour, J. Optoelectron. Adv. Mater. 8 （2006）1447.

[46] P. K. Bhat, S. R. Das, D. K. Pandya, K. L. Chopra, Sol. Energy Mater. 1 （1979）215.

[47] S. Duchemin, I. Youm, J. Bougnot, M. Cadene, Sol. Energy Mater. 15 （1987）337.

[48] E. Vanhoecke, M. Burgelman, L. Anaf, Thin Solid Films 144 （1986）223.

[49] Y. Wu, C. Wadia, W. Ma, B. Sadtler, A. P. Alivisatos, Nano Lett. 8 （2008）2551.

[50] A. S. Juarez, AT. Silver, A. Ortiz, Thin Solid Films 480-481 （2005）452.

[51] A. P. Lambros, D. Geraleas, N. A. Economou, J. Phys. Chem. Solids 35 （1974）537.

[52] S. A. Bashkirov, V. F. Gremenok, V. A. Ivanov, V. V. Lazenka, K. Bente, Thin Solid Films 520 （2012）5807.

[53] D. Avellaneda, M. T. S. Nair, P. K. Nair, J. Electrochem. Soc. 155 （2008）D517.

[54] K. T. R. Reddy, N. K. Reddy, R. W. Miles, Sol. Energy Mater. Sol. Cells 90 （2006）3041.

[55] O. E. Ogah, G. Zoppi, I. Forbes, R. W. Miles, Thin Solid Films 517 （2009）2485.

[56] M. Devika, N. K. Reddy, K. Ramesh, K. R. Gunasekhar, E. S. R. Gopal, K. T. R. Reddy, Semicond. Sci. Technol. 21 （2006）1125.

[57] P. Sinsermsuksakul, K. Hartman, S. B. Kim, J. Heo, L. Sun, H. H. Park, et al., Appl. Phys. Lett. 102 （2013）053901.

[58] H. Noguchi, A. Setiyadi, H. Tanamura, T. Nagatomo, O. Omoto, Sol. Energy Mater. Sol. Cells 35 （1994）325.

[59] A. A. Sharma, H. M. Zeyada, Opt. Mater. 24 （2003）555.

[60] A. Tanusevski, D. Poelman, Sol. Energy Mater. Sol. Cells 80 （2003）297.

[61] T. H. Sajeesh, A. R. Warrier, C. S. Kartha, K. P. Vijayakumar, Thin Solid Films 518 （2010）4370.

[62] R. W. Miles, O. E. Ogah, G. Zoppi, I. Forbes, Thin Solid Films 517 （2009）4702.

[63] O. E. Ogah, K. R. Reddy, G. Zoppi, 1. Forbes, R. W. Miles, Thin Solid Films 519 （2011）7425.

[64] D. Avellaneda, M. T. S. Nair, P. K. Nair, Thin Solid Films 517 （2009）2500.

[65] J. R. S. Brownson, C. Georges, C. L. Clement, Chem. Mater. 18 （2006）6397.

[66] Y. Wang, Y. B. K. Reddy, H. Gong, J. Electrochem. Soc. 156 （2009）H157.

[67] M. M. El-Nahass, H. M. Zeyada, M. S. Aziz, N. A. El-Ghamaz, Opt. Mater. 20 （2002）159.

[68] K. Deraman, S. Sakrani, B. Ismail, SP1E 2384 （1994）357.

[69] N. K. Reddy, K. T. R. Reddy, Thin Solid Films 325 (1998) 4.

[70] N. K. Reddy, K. T. R. Reddy, G. Fisher, J. Phys. D: Appl. Phys. 32 (1999) 988.

[71] P. Pramanik, P. K. Basu, S. Biswas, Thin Solid Films 150 (1987) 269.

[72] Z. Zainal, M. Z. Hussein, A. Ghazali, Sol. Energy Mater. Sol. Cells 40 (1996) 347. Z. Zainal, M. Z. Hussein, A. Kasseim, A. Ghazali, J. Mater. Sci. Lett. 16 (1997) 1446. A. Ghazali, Z. Zainal, M. Z. Hussein, A. Kassseim, Sol. Energy Mater. Sol. Cells 55 (1998) 1446.

[73] K. Hartman, J. L. Johnson, M. I. Bertoni, D. Recht, M. J. Aziz, M. A. Scarpulla, et al. , Thin Solid Films 519 (2011) 7421.

[74] S. Cheng, G. Conibeer, Thin Solid Films 520 (2011) 837.

[75] J. Malaquias, P. A. Fernandes, P. M. P. Salome, A. F. da Cunha, Thin Solid Films 519 (2011) 7416.

[76] N. K. Reddy, K. T. R. Reddy, Mater. Chem. Phys. 102 (2007) 13. M. Devika, N. K. Reddy, D. S. Reddy, Q. Ahsanulhaq, K. Ramesh, E. S. R. Gopal, et al. , J. Electrochem. Soc. 155 (2008) HI30.

[77] M. C. Rodriguez, H. Martinez, A. S. Juarez, J. C. Alvarez, A. T. Silver, M. E. Calixto, Thin Solid Films 517 (2009) 2497.

[78] C. Shi, Z. Chen, G. Shi, R. Sun, X. Zhan, X. Shen, Thin Solid Films 520 (2012) 4898. 534 (2013) 28.

[79] A. S. Juarez, A. Ortiz, Semicond. Sci. Technol. 17 (2002) 931.

[80] M. Khadraoui, N. Benramdane, C. Mathieu, A. Bouzidi, R. Miloua, Z. Kebbab, et al. , Solid State Commun. 150 (2010) 297.

[81] S. Lopez, S. Granados, A. Ortiz, Semicond. Sci. Technol. 11 (1996) 433.

[82] H. B. H. Salah, H. Bouzouita, B. Rezig, Thin Solid Films 480-481 (2005) 439.

[83] B. Subramanian, T. Mahalingam, C. Sanjeeviraja, M. Jayachandran, M. J. Chockalingam, Thin Solid Films 357 (1999) 119.

[84] M. Sharon, P. Veluchamy, C. Natarajan, D. Kumar, Electrochim. Acta 36 (1991) 1107.

[85] K. Bindu, M. T. S. Nair, P. K. Nair, J. Electrochem. Soc. 153 (2006) C526.

[86] S. Karadeniz, M. Sahin, N. Tugluoglu, H. Safak, Semicond. Sci. Technol. 19 (2004) 1098.

[87] M. Devika, N. K. Reddy, F. Patolsky, K. R. Gunasekhar, J. Appl. Phys. 104 (2008) 124503.

[88] A. W. Dweydari, C. H. B. Mee, Phys. Status Solidi A 27 (1975) 223.

[89] R. H. Williams, R. B. Murray, D. W. Govant, J. M. Thomas, E. L. Evans, J. Phys. C: Solid State Phys. 6 (1973) 3631.

[90] A. M. A. Haleem, M. Ichimura, J. Appl. Phys. 107 (2010) 034507.

[91] M. Gunasekaran, M. Ichimura, Sol. Energy Mater. Sol. Cells 91 (2007) 774.

[92] D. Avellaneda, G. Delgado, M. T. S. Nair, P. K. Nair, Thin Solid Films 515 (2007) 5771.

[93] B. Ghosh, M. Das, P. Banerjee, S. Das, Semiconductor Sci. Tech. 24 (2009) 025024.

[94] F. Jiang, H. Shen, W. Wang, L. Zhang, J. Electrochem. Soc. 159 (2012) H235.

[95] G. Yue, Y. Lin, X. Wen, L. Wang, D. Peng, J. Mater. Chem. 22 (2012) 16437.

[96] Y. Wang, H. Gong, B. Fan, G. Hu, J. Phys. Chem. C 114 (2010) 3256.

[97] B. Subramanian, C. Sanjeeviraja, M. Jayachandran, Mater. Chem. Phys. 71 (2001) 40.

[98] M. Ristov, G. Sinadinovski, M. Mitreski, M. Ristova, Sol. Energy Mater. Sol. Cells 69 (2001) 17.

[99] F. Zhenyi, C. Yichao, H. Yongliang, Y. Yaoyuan, D. Yanping, Y. Zewu, et al., J. Cryst. Growth 237 (2002) 1707.

[100] L. -X. Shao, K. -H. Chang, H. L. Hwang, Appl. Surf. Sci. 212-213 (2003) 305.

[101] N. H. Tran, R. N. Lamb, G. L. Mar, Colloids Surf., A 155 (1999) 93.

[102] S. D. Sartale, B. R. Sankapal, M. Lux-Steiner, A. Ennaoui, Thin Solid Films 480-481 (2005) 168.

[103] T. B. Nasr, N. Kamoun, M. Kanzari, R. Bennaceusr, Thin Solid Films 500 (2006) 4.

[104] X. D. Gao, X. M. Li, W. D. Yu, Thin Solid Films 468 (2004) 43.

[105] A. Antony, K. V. Murali, R. Manoj, M. K. Jayraj, Mater. Chem. Phys. 90 (2005) 106.

[106] J. Vidal, O. Vigil, O. de Melo, N. Lopez, O. Z. Angel, Mater. Chem. Phys. 61 (1999) 139.

[107] Y. S. Kim, S. J. Yun, Appl. Surf. Sci. 229 (2004) 105.

[108] K. Hirakawa, H. Nakamura, M. Aoki, Jpn. J. Appl. Phys. 24 (1985) 265.

[109] Y. C. Cheng, C. Q. Jin, F. Gao, X. L. Wu, W. Zhong, S. H. Li, et al., J. Appl. Phys. 106 (2009) 123505.

[110] M. Rusu, S. Sadewasser, T. Glatzel, P. Gashin, A. Simashkevich, A. J. Waldau, Thin Solid Films 403-404 (2002) 344.

[111] A. M. Chaparro, M. T. Gutierrez, J. Herrero, J. Klaer, M. J. Romero, M. M. Al-Jassim, Prog. Photovoltaics Res. Appl. 10 (2002) 465.

[112] W. Eisele, A. Ennaoui, P. S. Bischoff, M. Giersig, C. Pettenkofer, J. Krauser, et al., 28th IEEE Photovoltaic Specialists Conference, 2000, p. 692.

[113] S. A. Monolache, L. Andronic, A. Duta, E. Enesca, J. Optoelectron. Adv. Mater. 9 (2007) 1269.

[114] A. Nagaoka, K. Yoshino, H. Taniguchi, T. Taniyama, H. Miyake, Jpn. J. Appl. Phys.

50 (2011) 128001.

[115] A. Nagaoka, K. Yoshino, H. Taniguchi. T. Taniyama, H. Miyake, J. Cryst. Growth 341 (2012) 38.

[116] S. C. Riha, B. A. Parkinson, A. L. Prieto, J. Am. Chem. Soc. 131 (2009) 12054.

[117] I. D. Olekseyuk, I. V. Dudchak, L. V. Piskach, J. Alloys Compd. 368 (2004) 135.

[118] H. Katagiri. K. Jimbo, M. Tahara, H. Araki, K. Oishi, Mater. Res. Soc. Symp. Proc. 1165 (2009) 1165-M04-01.

[119] T. Tanaka, D. Kawasaki, M. Nishio, Q. Guo, H. Ogawa, Phys. Status Solidi C 3 (2006) 2844.

[120] T. Tanaka, A. Yoshida, D. Saiki, K. Saito, Q. Guo, M. Nishio, et al. , Thin Solid Films 518 (2010) S29.

[121] B. Shin, O. Gunawan, Y. Zhu, N. A. Bojarczuk, S. J. Chey, S. Guha, Prog. Photovoltaics Res. Appl. (2011) . Available from: http: //doi. l0. 1002/pip. 1174.

[122] A. -J. Cheng, M. Manno, A. Khare, C. Leighton, S. A. Campbell, E. S. Aydil, J. Vac. Sci. Technol. A 29 (2011) 051203.

[123] H. Katagiri, Thin Solid Films 480- 481 (2005) 426.

[124] T. M. Friedlmeier, H. Dittrich, H. W. Schock, 11th International Conference on Ternary and Multinary Compounds, ICTMC-11, Salford, September 8-12, 1997, p. 345.

[125] B. -A. Schubert, B. Marsen, S. Cinque, T. Unold, R. Klenk. S. Schorr, et al. , Prog. Photovoltaics Res. Appl. 19 (2011) 93.

[126] A. Weber, H. Krauth, S. Perlt, B. Schubert, I. Kotschau, S. Schorr, et al. , Thin Solid Films 517 (2009) 2524.

[127] T. Kobayashi, K. Jimbo, K. Tsuchid, S. Shinoda. T. Oyanagi, H. Katagiri, Jpn. J. Appl. Phys. 44 (2005) 783.

[128] A. Weber, R. Mainz, H. W. Schock, J. Appl. Phys. 107 (2010) 013516.

[129] H. F. Lui, K. K. Leung, W. K. Fong, C. Surya, 35th IEEE PUSC Conf. (2010) 001977978-1-4244-5892-9; Available from: http: //dx. doi. Org/10. 1109/ PUSC. 2010. 5616592.

[130] T. Yamaguchi, T. Kubo, K. Maeda, S. Niiyama, T. Imanishi, A. Wakahara, The International Conference on Electrical Engineering, 2009.

[131] PV-Tech, January 2012.

[132] H. Yoo, J. H. Kim, AIP Conf. Proc. 1399 (2011) 157.

[133] J. P. Leitao, N. M. Santos, P. A. Fernandes, P. M. P. Salome, A. F. da Cunha. J. C. Gonzalez, et al. , Phys. Rev. B 84 (2011) 024120.

[134] V. Chawla, B. Clemens, 35th IEEE PUSC Conf. (2010) 001902.

[135] N. Momose, M. T. Htay, T. Yudasaka, S. Igarashi, T. Seki, S. Iwano, et al., Jpn. J. Appl. Phys. 50 (2011) 01BG09.

[136] F. Liu, K. Zhang, Y. Lai, J. Li, Z. Zhang, Y. Liu, Electrochem. Solid-State Lett. 13 (2010) H379.

[137] H. Katagiri, K. Jimbo, S. Yamada, T. Kamimura, W. S. Maw, T. Fukano, et al., Appl. Phys. Express 1 (2008) 041201.

[138] J. Ge, W. Yu, H. Cao, J. Jiang, J. Ma, L. Yang, et al., Phys. Status Solidi A 209 (2012) 1493.

[139] J. Ge, Y. Wu. C. Zhang, S. Zuo, J. Jiang, J. Ma, et al., Appl. Surf. Sci. 258 (2012) 7250.

[140] T. Maeda, S. Nakamura, T. Wada, Mater. Res. Soc. Symp. Proc. 1165 (2009) 1165-M04-03.

[141] W. M. H. Laingoo, J. L. Johnson, A. Bhatia, E. A. Lund, M. M. Nowell, M. A. Scarpulla, J. Electron. Mater., doi: 10. 1007/sl 1664-011-1729-3.

[142] J. He, L. Sun, K. Zhang, W. Wang, J. Jiang, Y. Chen, et al., Appl. Phys. Sci. 264 (2013) 133.

[143] J. -S. Seol, S. -Y. Lee, J. -C. Lee, H. -D. Nam, K. -H. Kim, Sol. Energy Mater. Sol. Cells 75 (2003) 155.

[144] K. Ito, T. Nakazawa, Jpn. J. Appl. Phys. 27 (1988) 2094.

[145] J. Wang, S. Li, J. Cai, B. Shen, Y. Ren, G. Qin, J. Alloys Compd. 552 (2013) 413.

[146] M. -L. Liu, F. -Q. Huang, L. -D. Chen, I. -W. Chen, Appl. Phys. Lett. 94 (2009) 202103.

[147] K. Sekiguchi, K. Tanaka., K. Moriya, H. Uchiki, Phys. Status Solidi C 8 (2006) 2618.

[148] S. M. Pawar, A. V. Moholkar, I. K. Kim, S. W. Shin, J. H. Moon, J. I. Rhee, et al., Curr. Appl. Phys. 10 (2010) 565.

[149] L. Sun, J. He, H. Kong, F. Yue, P. Yang, J. Chu, Sol. Energy Mater. Sol. Cells 95 (2011) 2907.

[150] K. Moriya, K. Tanaka, H. Uchiki, Jpn. J. Appl. Phys. 47 (2008) 602.

[151] A. V. Moholkar, S. S. Shinde, A. R. Babar, K. -U. Sim, H. K. Lee, K. Y. Rajpure, et al., J. Alloys Compd. 509 (2011) 7439.

[152] A. V. Moholkar, S. S. Shinde, G. L. Agawane, S. H. Jo, K. Y. Rajpure, P. S. Patil, et al., J. Alloys Compd. 544 (2012) 145.

[153] S. C Riha, B. A. Parkinson, A. L. Prieto, J. Am. Chem. Soc. 133 (2011) 15272.

[154] Q. Guo, H. W. Hillhouse, R. Agrawal, J. Am. Chem. Soc. 131 (2009) 11673.

[155] C. Chang, Private Communication, 2011, Oregon State Universtiy. < www. pbs. org >.

P. A. Hersh, C. J. Curtis, M. F. A. M. Van Hest, J. J. Kreuder, R. Pasquarelli, A. Miedaner, et al. , Prog. Photovoltaics Res. Appl. 19 (2011) 973.

[156] J. Wang, X. Xin, Z. Lin, Nanoscale 3 (2011) 3040.

[157] Q. Guo, G. M. Ford, W. -C. Yang, B. C. Walker, E. A. Stach, H. W. Hillhouse. et al. , J. Am. Chem. Soc. 132 (2010) 17384.

[158] C. Zou, L. Zhang, D. Lin, Y. Yang, Q. Li, X. Xu, et al. , Cryst. Eng. Commun. 13 (2011) 3310.

[159] X. Lu, Z. Zhuang, Q. Peng, Y. Li, Chem. Commun. 47 (2011) 3141.

[160] J. Li, J. Shen, Z. Li, X. Li, Z. Sun, Z. Hu, et al. , Mater. Lett. 92 (2013) 330.

[161] T. Todorov, J. Mi Kita, Carda, P. Escribano, Thin Solid Films 517 (2009) 2541.

[162] Z. Su, C. Yan, D. Tang, K. Sun, Z. Han, F. Liu, et al. , Cryst. Eng. Commun. 14 (2012) 782.

[163] M. Cao, Y. Shen, J. Cryst. Growth 318 (2011) 1117.

[164] S. W. Shin, J. H. Han, Y. C. Park, G. L. Agawane, C. H. Jeong, J. H. Yun, et al. , J. Mater. Chem. (2012) . Available from: http: //doi. 10. 1039/b000000x.

[165] A. Wangperawong, J. S. King, S. M. Herron, B. P. Tran, K. P. Okimoto, S. F. Bent, Thin Solid Films 519 (2011) 2488.

[166] Y. Wang, H. Gong, J. Electrochem. Soc. 158 (2011) H800.

[167] B. Flynn, W. Wang, C. -H. Chang, G. S. Herman, Phys. Status Solidi A (2012) 1-9. doi: 10. 1002/pssa. 201127734.

[168] X. Lin, J. Kavalakkat, K. Kornhuber, S. Levcenko, M. Ch. , Lux-Steiner, et al. , Thin Solid Films 535 (2013) 10.

[169] M. Jiang, Y. Li, R. Dhakal, P. Thapaliya, M. Mastro, J. D. Caldwell, et al. , J. Photonics Energy 1 (2011) 019501-1

[170] K. Tanaka, N. Moritake, H. Uchiki, Sol. Energy Mater. Sol. Cells 91 (2007) 1199.

[171] N. Moritake, Y. Fukui, M. Oonuki, K. Tanaka, H. Uchiki, Phys. Status Solidi C 6 (2009) 1233.

[172] T. Kameyama, T. Osaki, K. -I. Okazaki, T. Shibayama, A. Kudo, S. Kuwabata, et al. , J. Mater. Chem. 20 (2010) 5319.

[173] Z. Zhou, Y. Wang, D. Xu, Y. Zhang, Sol. Energy Mater. Sol. Cells 94 (2010) 2042.

[174] Y. Wang, Y. Huang, A. Y. S. Lee, C. F. Wang, H. Gong, J. Alloys Compd. 539 (2012) 237.

[175] H. Araki, Y. Kubo, K. Jimbo, W. S. Maw, H. Katagiri, M. Yamazaki, et al. , Phys. Status Solidi C 6 (2009) 1266.

[176] C. P. Chan, H. Lam, C. Surya, Sol. Energy Mater. Sol. Cells 94 (2010) 207.

[177] B. S. Pawar, S. M. Pawar, S. W. Shin, D. S. Choi, C. J. Park, S. S. Kolekar, et

al. , Appl. Surf. Sci. 257 (2010) 1786.

[178] Y. Cui, S. Zuo, J. Jiang, S. Yuan, J. Chu, Sol. Energy Mater. Sol. Cells 96 (2011) 2136.

[179] J. J. Scragg, D. M. Berg, P. J. Dale, J. Electroanal. Chem. 646 (2010) 52.

[180] H. Araki, Y. Kubo, A. Mikaduki, K. Jimbo, W. S. Maw, H. Katagiri, et al. , Sol. Energy Mater. Sol. Cells 93 (2009) 996.

[181] X. Zhang, X. Shi, W. Ye, C. Ma, C. Wang, Appl. Phys. A: Mater. Sci. Process 94 (2009) 381.

[182] J. J. Scragg, P. J. Dale, L. M. Peter. , Electrochem. Commun. 10 (2008) 639.

[183] P. K. Sarswat, M. Snure, M. L. Free, A. Tiwari, Thin Solid Films 520 (2012) 1694.

[184] N. Nakayama, K. Ito, Appl. Surf. Sci. 92 (1996) 171.

[185] N. Kamoun, H. Bouzouita, B. Rezig, Thin Solid Films 515 (2007) 5949.

[186] Y. B. K. Kumar, G. S. Babu, P. U. Bhaskar, V. S. Raja, Sol. Energy Mater. Sol. Cells 93 (2009) 1230.

[187] W. Daranfed, M. S. Aida, N. Attaf, J. Bougdira, H. Rinnert, J. Alloys Compd. 542 (2012) 22.

[188] K. Ramasamy, M. A. Malik, P. O. Brien, Chem. Sci 2 (2011) 1170.

[189] D. Park, D. Nam, S. Jung, S. An, J. Gwak, K. Yoon, et al. , Thin Solid Films 519 (2011) 7386.

[190] T. Tanaka, T. Sueishi, K. Saito, Q. Guo, M. Nishio, K. M. Yu, et al. , J. Appl. Phys. 111 (2012) 053522.

[191] I. Repins, N. Vora, C. Beall, S. -H. Wei, Y. Yan, M. Romero, et al. , Mater. Res. Soc. (2011) San Francisco, CA, NREL CP/5200-51286, Available from: http://dx. doi. org/ 10. 1557/Opl. 2011. 844.

[192] I. Repins, C. Beall, N. Vora, C. DeHart, D. Kuciauskas, P. Dippo, et al. , Sol. Energy Mater. Sol. Cells 101 (2012) 154.

[193] P. U. Bhaskar, G. S. Babu, Y. B. K. Kumar, V. S. Raja, Appl. Surf. Sci. 257 (2011) 8529.

[194] P. M. P. Salome, P. A. Femandes, A. F. da Cunha, Phys. Status Solidi C 7 (2010) 913.

[195] R. A. Wibowo, W. S. Kim, E. S. Lee, B. Munir, K. H. Kim, J. Phys. Chem. Solids 68 (2007) 1908.

[196] P. M. P. Salome, P. A. Fernanades, A. F. da Cunha, J. P. Leitao, J. Malaquias, A. Weber, et al. , Sol. Energy Mater. Sol. Cells 94 (2010) 2176.

[197] G. Zoppi, I. Forbes, R. W. Miles, P. J. Dale, J. J. Scragg, L. M. Peter, Private Communication.

[198] R. A. Wibowo, E. S. Lee, B. Munir, K. H. Kim, Phys. Status Solidi A 204 (2007) 3373.

[199] CM. Fella, A. R. Uhl, Y. E. Romanyuk, A. N. Tiwari, Phys. Status Solidi A 209 (2012) 1043.

[200] Z. Q. Li, J. H. Shi, Q. Q. Liu, Y. W. Chen, Z. Sun, Z. Yang, et al. , Nanotechnology 22 (2011) 265615.

[201] L. Shi, C. Pei, Y. Xu, Q. Li, J. Am. Chem. Soc. 133 (2011) 10328.

[202] L. Han, Z. Chen, L. Wan, J. Xu, 3rd International Conference on Mechanical and Electronics Engineering, vol. 1, Science and Technology Press, Hong Kong, 2011. p. 230.

[203] R. Juskenas, S. Kanapeckaite, V. Karpavicience, A. Mockus, V. Pakstas, A. Selskiene, et al. , Sol. Energy Mater. Sol. Cells 101 (2012) 277.

[204] K. -L. Ou, J. -C. Fan, J. -K. Chen, C. -C. Huang, L. -Y. Chen, J. -H. Ho, et al. , J. Mater. Chem. 22 (2012) 14667.

[205] W. Ki, H. W. Hillhouse, Adv. Energy Mater. 1 (2011) 732.

[206] P. A. Femandes, P. M. P. Salome, A. F. da Cun, Semicond. Sci. Technol. 24 (2009) 105013.

[207] T. Tanaka, T. Nagatomo, D. Kawasaki, M. Nishio, Q. Guo, A. Wakahara, et al. , J. Phys. Chem. Solids 66 (2005) 1978.

[208] C. P. Bjorkman, J. Scragg, H. Flammersberger, T. Kubart, M. Edoff, Sol. Energy Mater. Sol. Cells 98 (2012) 110.

[209] F. Jiang, H. Shen, J. Jin, W. Wang, J. Electrochem. Soc. 159 (2012) H565.

[210] A. Ennaoui, M. Lux-Steiner, A. Weber, D. Abou-Ras, I. Kotschau, H. -W. Schock, et al. , Thin Solid Films 517 (2009) 2511.

[211] P. A. Femandes, P. M. P. Salome, A. F. da Cunha, Thin Solid Films 517 (2009) 2519.

[212] C. Gao, H. Shen, F. Jiang, H. Guan, Appl. Surf. Sci. 261 (2012) 189.

[213] Available from: http: //galilei. chem. psu. eduAVelcome. html.

[214] Bob Hafner, private communication, characterization facility, University of Minnesota. < http: //www. microscopy. ethz. ch/aed. htm >.

[215] J. Lopez, X-ray fluorescence [lecture], SI: The University of Texas at El Paso, Nov. 2011.

[216] Available from: http: //en. wikipedia. 0rg/wiki/File: Copper_ K_ Rontgen. png.

[217] G. Cliff, G. W. Lorimer, J. Microsc. 103 (1974) 203.

[218] T. Rath, W. Haas, A. Pein, R. Saf, E. Maier, B. Kunert, et al. , Sol. Energy Mater. Sol. Cells 101 (2012) 87.

[219] J. L. Johnson, H. Nukala, E. A. Lund, W. M. H. Oo, A. Bhatia, L. W. Rieth, et al., Mater. Res. Soc. Symp. Proc. 1268 (2010) 1268-EE03-03

[220] R. B. V. Chalapathy, G. S. Jung, B. T. Ahn, Sol. Energy Mater. Sol. Cells 95 (2011) 3216.

[221] H. Yoo, J. Kim, Sol. Energy Mater. Sol. Cells 95 (2011) 239.

[222] K. Moriya, K. Tanaka, H. Uchiki, Jpn. J. Appl. Phys. 46 (2007) 5780.

[223] H. Araki, A. Mikaduki, Y. Kubo, T. Sato, K. Jimbo, W. S. Maw, et al., Thin Solid Films 517 (2008) 1457.

[224] S. -J. Ahn, S. Jung, J. Gwak, A. Cho, K. Shin, K. Yoon, et al., Appl. Phys. Lett. 97 (2010) 021905.

[225] S. Jung, J. Gwak, J. H. Yun, S. Ahn, D. Nam, H. Cheong, et al., Thin Solid Films 535 (2013) 52.

[226] L. Grenet, S. Bernardi, D. Kohen, C. Lepoittevin, S. Noel, N. Karst, et al., Sol. Energy Mater. Sol. Cells 101 (2012) 11.

[227] Y. Kayser, D. Banas, W. Cao, J. -Cl. Dousse, J. Hoszowska, P. Jagodzinski, et al., Spectrochim. Acta B 65 (2010) 445.

[228] K. Wang, B. Shin, K. B. Reuter, T. Todorov, D. B. Mitzi, S. Guha, Appl. Phys. Lett. 98 (2011) 051912.

[229] T. R. Ireland, Hand Book of Stable Isotope Analystical Techniques, vol. 1, Elsevier B. V., 2004.

[230] Available from: http://www.files.chem.vt.edu/chem-ed/Ms/quadrupo.html.

[231] Courtesy of Scientific Analysis Instruments Ltd; Millbrok Instruments Limited.

[232] G. Zoppi, I. Forbes, R. W. Miles, P. J. Dale, J. J. Scragg, L. M. Peter, Prog. Photovoltaics Res. Appl. 17 (2009) 315.

[233] Dussubieux, private communication, 2004.

[234] ThermoFisher Scientific, From fist principles: an introduction to the ICP-MS technique.

[235] Y. Kishi, Agilent Technologies Applications Journal, August 1997, Courtesy of Agilent Technologies Inc, H. P. Longerich, W. Diegor, Introduction to mass spectrometry, laser ablation-ICPMS in the earth sciences: principles and applications 29 (2001) 1-19.

[236] R. Thomas, Beginner's Guide to ICP-MS Part IV: The Interface Region Spectroscopy, July 16, 2001, p. 26-34.

[237] B. Van den Broek, Laser Ablation-Inductively Coupled Plasma-Mass Spectrometry, 2004.

[238] K. Hunter, Atomic Spectroscopy, 15 (1) (1994) 17, R. Thomas, Beginners

Guide to ICP-MS Part X: Detectors, April 17, 2002, p. 34-39.

[239] H. Jiang, P. Dai, Z. Feng, W. Fan, J. Zhan, J. Mater. Chem. 22 (2012) 7502.

[240] Y. Wang, H. Gong, J. Alloys Compd. 509 (2011) 9627.

[241] P. Dai, X. Shen, Z. Lin, Z. Feng, H. Xu, J. Zhan, Chem. Commun. 46 (2010) 5749.

[242] Y. Liu, M. Ge, Y. Yue, Y. Sun, Y. Wu, X. Chen, et al. , Phys. Status Solidi RRL 5 (2011) 113.

[243] S. W. Shin, J. H. Han, C. Y. Park, A. V. Moholkar, J. Y. Lee, J. H. Kim, J. Alloys Compd. 516 (2012) 96.

[244] S. S. Mali, B. M. Patil, CA. Betty, P. N. Bhosale, Y. W. Oh, S. R. Jadkar, et al. , Electrochim. Acta 66 (2012) 216.

[245] S. W. Shin, J. H. Han, C. Y. Park, S. -R. Kim, Y. C. Park, G. L. Agawane, et al. , J. Alloys Compd. 541 (2012) 192.

[246] S. W. Shin, S. M. Pawar, C. Y. Park, J. H. Yun, J. H. Moon, J. H. Kim, et al. , Sol. Energy Mater. Sol. Cells 95 (2011) 3202.

[247] W. Liu, M. Wu, L. Yan, R. Zhou, S. Si, S. Zhang, et al. , Mater. Lett. 65 (2011) 2554.

[248] M. Danilson, M. Altosaar, M. Kauk, A. Katerski, J. Krustok, J. Raudoja, Thin Solid Films 519 (2011) 7407.

[249] K. Maeda, K. Tanaka, Y. Nakano, Y. Fukui, H. Uchiki, Jpn. J. Appl. Phys. 50 (2011) 05FB09.

[250] O. Volobujeva, J. Raudoja, E. Mellikov, M. Grossberg, S. Bereznev, R. Traksmaa, J. Phys. Chem. Solids 70 (2009) 567.

[251] H. Yoo, J. H. Kim, Thin Solid Films 518 (2010) 6567.

[252] C. Persson, J. Appl. Phys. 107 (2010) 053710.

[253] T. A. Oliveira, J. Coutinho, V. J. B. Torres, Thin Solid Films 535 (2013) 311.

[254] H. Nozaki, T. Fukano, S. Ohta, Y. Seno, H. Katagiri, K. Jimbo, J. Alloys Compd. 524 (2012) 22.

[255] B. D. Cullity (Ed.), Elements of X-Ray Diffraction, Addision-Wesley Publishing Company Inc. , London, 1978. p. 137.

[256] S. R. Hall, J. T. Szymanski, J. M. Stewart, Can. Mineral. 16 (1978) 131.

[257] T. K. Chaudhuri, D. Tiwari, Sol. Energy Mater. Sol. Cells 101 (2012) 46.

[258] K. Oishi, G. Saito, K. Ebina, M. Nagahashi, K. Jimbo, W. S. Maw, et al. , Thin Solid Films 517 (2008) 1449.

[259] J. P. Leitao, N. M. Santos, P. A. Fernandes, P. M. P. Salome, A. F. da Cunha, J. C. Gonzalez, et al. , Thin Solid Films 519 (2011) 7390.

[260] R. Schurr, A. Holzing, S. Jost, R. Hock, T. Vob, J. Schulze, et al. , Thin Solid

Films 517（2009）2465.

[261] A. I. Inamdar, K. -Y. Jeon, H. S. Woo, W. Jung, H. Im, H. Kim, ECS Trans. 41 （2011）167.

[262] H. Matsushita, T. Maeda, A. Katsui, T. Takizawa, J. Cryst. Growth 208 （2000）416.

[263] I. D. Olekseyuk, L. D. Gulay, I. V. Dydchak, L. V. Piskach, O. V. Parasyuk, O. V. Marchuk, J. Alloys Compd. 340 （2002）141.

[264] G. S. Babu, Y. B. K. Kumar, P. U. Bhaskar, V. S. Raja, Semicond. Sci. Technol. 23 （2008）085023 Sol. Energy Mater. Sol. Cells 94, 2010, p. 221.

[265] R. A. Wibowo, W. H. Jung, K. H. Kim, J. Phys. Chem. Solids 71 （2010）1702.

[266] P. M. P. Salome, J. Malaquias, P. A. Fernandes, M. S. Ferreira, A. F. D. Cunha. J. P. Leitao, et al. , Sol. Energy Mater. Sol. Cells 101 （2012）147.

[267] J. He, L. Sun, S. Chen, Y. Chen, P. Yang, J. Chu, J. Alloys Compd. 511 （2012）129.

[268] W. Li, K. Jiang, J. Zhang, X. Chen, Z. Hu, S. Chen, et al. , Phys. Chem. Chem. Phys. 14 （2012）9936.

[269] Q. Tian, X. Xu, L. Han, M. Tang, R. Zou, Z. Chen, et al. , Cryst. Eng. Commun. 14 （2012）3847.

[270] O. Zaberca, A. Gillorin, B. Durand, J. Y. C. Ching, J. Mater. Chem. 21 （2011）6483.

[271] M. Pal, N. M. Mathews, R. S. Gonzalez, X. Mathew, Thin Solid Films 535 （2013）78.

[272] K. Woo, Y. Kim, J. Moon, Energy Environ. Sci. 5 （2012）5340.

[273] K. Maeda, K. Tanaka, Y. Nakano, H. Uchiki, Jpn. J. Appl. Phys. 50 （2011）05FB08.

[274] J. J. Scragg, P. J. Dale, L. M. Peter, Thin Solid Films 517 （2009）2481.

[275] W. Xinkun, L. Wei, C. Shuying, L. Yunfeng, J. Hongjie, J. Semicond. 33 （2012）022002-1.

[276] Y. B. K. Kumar, P. U. Bhaskar, G. S. Babu, V. S. Raja, Phys. Status Solidi A 206 （2009）1525 Phys. Status Solidi A 207, 2010, p. 149.

[277] J. Li, T. Ma, M. Wei, W. Liu, G. Jiang, C. Zhu, Appl. Surf. Sci. 258 （2012）6261.

[278] P. J. Dean, Phys. Rev. 157 （1967）655.

[279] F. Williams, Phys. Status Solidi 25 （1968）493.

[280] K. Hones, E. Zscherpel, J. Scragg, S. Siebentritt, Physica B 404 （2009）4949.

[281] Y. Miyamoto, K. Tanaka, M. Oonuki, N. Moritake, H. Uchiki, Jpn. J. Appl. Phys. 47 （2008）596.

[282] K. Tanaka, Y. Miyamoto, H. Uchiki, K. Nakazawa, H. Araki, Phys. Status Solidi A 203 （2006）2891.

[283] F. Luckert, D. I. Hamilton, M. V. Yakushev, N. S. Beattie, G. Zoppi, M. Moynihan, et al., Appl. Phys. Lett. 99 (2011) 062104.

[284] M. Altosaar, J. Raudoja, K. Timmo, M. Danilson, M. Grossberg, J. Krustok, et al., Phys. Status Solidi A 205 (2008) 167.

[285] M. Grossberg, J. Krustok, K. Timmo, M. Altosaar, Thin Solid Films 517 (2009) 2489.

[286] T. Gurel, C. Sevik, T. Cagan, Phys. Rev. B 84 (2011) 205201.

[287] P. K. Sarswat, M. L. Free, A. Tiwari, Phys. Status Solidi B 248 (2011) 2170.

[288] N. Beigom, M. Amiri, A. Postnikov, Phys. Rev. B 82 (2010) 205204.

[289] M. Himmrich, H. Haeuseler, Spectrochim. Acta A 47 (1991) 993.

[290] P. A. Femandes, P. M. P. Salome, A. F. da Cunha, J. Alloys Compd. 509 (2011) 7600.

[291] L. S. Price, I. P. Parkin, A. M. E. Hardy, R. J. H. Clark, Chem. Mater. 11 (1999) 1792.

[292] X. Fontane, L. C. Barrio, V. I. Roca, E. Saucedo, A. P. Rodriguez, J. R. Morante, et al., App. Phys. Lett. 98 (2011) 181905.

[293] R. Caballero, V. I. Roca, J. M. Merino, E. J. Friedrich, A. C. Font, E. Saucedo, et al., Thin Solid Films 535 (2013) 62.

[294] R. S. Kumar, B. D. Ryu, S. Chandramohan, J. K. Seol, S. -K. Lee, C. -H. Hong, Mater. Lett. 86 (2012) 174.

[295] M. Ganchev, J. Iljina, L. Kaupmees, T. Raadik, O. Volobujeva, A. Mere, et al., Thin Solid Films 519 (2011) 7394.

[296] G. M. Ilari, CM. Fella, C. Ziegler, A. R. Uhl, Y. E. Romanyuk, A. N. Tiwari, Sol. Cells 104 (2012) 125.

[297] K. Muska, M. K. Kuusik, M. Grossberg, M. Altosaar, M. Pilvet, T. Varema, et al., Thin Solid Films 535 (2013) 35.

[298] R. Lechner, S. Jost, J. Palm, M. Gowtham, F. Sorin, B. Louis, et al., Thin Solid Films 535 (2013) 5.

[299] M. Grossberg, J. Krustok, J. Raudoja, K. Timmo, M. Altosaar, T. Raadik, Thin Solid Films 519 (2011) 7403.

[300] W. Septina, S. Ikeda, A. Kyoraiseki, T. Harada, M. Matsumura, Electrochim. Acta 88 (2013) 436.

[301] D. B. Mitzi, O. Gunawan, T. K. Todorov, K. Wang, S. Guha, Sol. Energy Mater. Sol. Cells 95 (2011) 1421.

[302] I. Repins, N. Vora, C. Beall, S. -H. Wei, Y. Yan, M. Romero, et al., Mater. Res. Soc. (2011) April 25-29, San Francisco, CA.

[303] S. Chen, X. G. Gong, A. Walsh, S. -H. Wei, Appl. Phys. Lett. 92 (2010) 0121902.

[304] V. G. Rajeshmon, C. S. Kartha, K. P. Vijayakumar, C. Sanjeeviraja, T. Abe, Y. Kashiwaba, Sol. Energy 85 (2011) 249.

[305] F. Liu, Y. Li, K. Zhang, B. Wang, C. Yan, Y. Li, et al., Sol. Energy Mater. Sol. Cells 94 (2010) 2431.

[306] X. Y. Shi, F. Q. Huang, M. L. Liu, L. D. Chen, Appl. Phys. Lett. 94 (2009) 122103.

[307] C. Sevik, T. Cagin, Appl. Phys. Lett. 95 (2009) 112105.

[308] S. Wagner, P. M. Bridenbaugh, J. Cryst. Growth 39 (1977) 151.

[309] H. Katagiri, N. Sasaguchi, S. Hando, S. Hosino, J. Ohashi, T. Yokota, Sol. Energy Mater. Sol. Cells 49 (1997) 407.

[310] A. Nagoya, R. Asahi, G. Kresse, J. Phys. Condens. Matter 23 (2011) 404203.

[311] R. Haight, A. Barkhouse, O. Gunawan, B. Shin, M. Copel, M. Hopstaken, et al., Appl. Phys. Lett. 98 (2011) 253502.

[312] K. Tanaka, Y. Fukui, N. Moritake, H. Uchiki, Sol. Energy Mater. Sol. Cells 95 (2011) 838.

[313] H. Katagiri, K. Sitoh, T. Washio, H. Shinohara, T. Kurumadani, S. Miyajima, Sol. Energy Mater. Sol. Cells 65 (2001) 141.

[314] K. Jimbo, R. Kimura, T. Kamimura, S. Yamada, W. S. Maw, H. Araki, et al., Thin Solid Films 515 (2007) 5997.

[315] V. A. Akhavan, B. W. Goodfellow, M. G. Panthani, C. Steinhagen, T. B. Harvey, C. J. Stolle, et al., J. Solid State Chem. 189 (2012) 2.

[316] A. Redinger, D. M. Berg, P. J. Dale, S. Siebentritt, J. Am. Chem. Soc. 133 (2011) 3320.

[317] A. Weber, R. Mainz, H. W. Shock, J. Appl. Phys. 107 (2010) 013516.

[318] B. Shin, O. Gunawan, Y. Zhu, N. A. Bojarczuk, S. J. Chey, S. Guha, Prog. Photovoltaics Res. Appl. 21 (2013) 72.

[319] K. Wang, O. Gunawan, T. Todorov, B. Shin, S. J. Chey, N. A. Bojarczuk, et al., Appl. Phys. Lett. 97 (2010) 143508.

[320] S. Ahmed, K. B. Reuter, O. Gunawan, L. Guo, L. T. Romankiw, H. Deligianni, Adv. Energy Mater. 2 (2012) 253.

[321] H. Katagiri, K. Jimbo, W. S. Maw, K. Oishi, M. Yamazaki, H. Araki, et al., Thin Solid Films 517 (2009) 2455. H. Katagiri, K. Jimbo, S. Yamada, T. Kamiura, W. S. Maw, T. Fukano, et al., Appl. Phys. Express 1 (2008) 014120.

[322] K. Maeda, K. Tanaka, Y. Fukui, H. Uchiki, Sol. Energy Mater. Sol. Cells 95 (2011) 2855.

[323] T. Washio, T. Shinji, S. Tajima, T. Fukano, T. Motohiro, K. Jimbo, et al., J. Mater. Chem. 22 (2012) 4021.

[324] C. Steinhagen, M. G. Panthani, V. Akhavan, B. Goodfellow, B. Koo, B. A. Korgel. J. Am. Chem. Soc. 131 (2009) 12554.

[325] P. A. Femandes, P. M. P. Salome, A. F. da Cunha, B. -A. Schubert, Thin Solid Films 519 (2011) 7382.

[326] Y. Rodriguez-Lazcano, M. T. S. Nair, P. K. Nair, J. Electrochem. Soc. 152 (2005) G635.

[327] K. Tanaka, M. Oonuki, N. Moritake, H. Uchiki, Sol. Energy Mater. Sol. Cells 93 (2009) 583.

[328] V. G. Rajeshmon, N. Poornima, C. S. Kartha, K. P. Vijayakumar, J. Alloys Compd. 553 (2013) 239.

[329] Q. Chen, S. Cheng, S. Zhuang, X. Dou, Thin Solid Films 520 (2012) 6256.

[330] J. T. Watjen, J. Engman, M. Edoff, C. P. Bjorkman, Appl. Phys. Lett. 100 (2012) 173510.

[331] T. K. Todorov, K. B. Reuter, D. B. Mitzi, Adv. Mater. 22 (2010) E156.

[332] T. Todorov, O. Gunawan, S. J. Chey, T. G. Monsabert, A. Prabhakar, D. B. Mitzi, Thin Solid Films 519 (2011) 7378.

[333] J. Krustok, R. Josepson, M. Danilson, D. Meissner, Sol. Energy 84 (2010) 379.

[334] K. Timmo, M. Altosaar, J. Raudoja, K. Muska, M. Pilvet, M. Kauk, et al. , Sol. Energy Mater. Sol. Cells 94 (2010) 1889.

[335] A. Redinger, M. Mousel, M. H. Wolter, N. Valle, S. Siebentritt, Thin Solid Films 535 (2013) 291.

[336] G. M. Ford, Q. Guo, R. Agrawal, H. W. Hillhouse, Chem. Mater. 23 (2011) 2626.

[337] Q. Guo, G. M. Ford, W. -C. Yang, C. J. Hages, H. W. Hillhouse, R. Agrawal, Sol. Energy Mater. Sol. Cells 105 (2012) 132.

[338] D. Aaron, R. Barkhouse, O. Gunawan, T. Gokmen, T. K. Todorova dn, D. B. Mitzi, Progress in Photovoltaics: Research & Applications 20 (2012) 6.

[339] H. Tavakolian, J. R. Sites, 18th IEEE Photovoltaic Specialist Conference, 1985. p. 1065.

[340] F. Yakuphanoglu, Sol. Energy 85 (2011) 2518.